高等职业教育"十三五"规划教材（软件技术专业）

C++程序设计简明教程

黄能耿　黄致远　胡丽丹　编著

中国水利水电出版社
www.waterpub.com.cn
·北京·

内 容 提 要

本书是"Jitor 实训丛书"中的一本，以软件行业对编程人才的需求为导向，以培养应用型和创新型人才为目标，以 Visual C++ 6.0 为平台，重点讲解 C++程序设计基础、数组、函数、指针、面向对象的程序设计等内容，最后以一个综合项目结束。本书面向初学者，以程序设计的基本主线为重点，深入讲解程序设计的内涵，并将软件企业中的开发流程、编码规范等职业素养有机地融入到教材中。

本书的特点是提供了一个在线的 Jitor 校验器软件（下载地址为 http://ngweb.org/），提供了 160 个 Jitor 实训项目和 46 个 Jitor 综合实训项目，读者可以在 Jitor 校验器的指导下一步步地完成实训任务，每完成一步都提交给 Jitor 校验器检查，并实时得到通过或失败的反馈信息，校验通过后才能进入下一步操作。Jitor 校验器还会将成绩上传到服务器，让教师实时掌握学生的实训进展情况。此外，本书还针对 C++的重点和难点提供了 25 个微课。

本书既可作为高等职业院校的教材，也可作为应用型本科、中等职业院校、非学历培训机构的教材，还可供自学者使用。

本书中的 206 个 Jitor 实训项目也可配合其他教材使用。

图书在版编目（C I P）数据

C++程序设计简明教程 / 黄能耿，黄致远，胡丽丹编著. -- 北京：中国水利水电出版社，2019.9
高等职业教育"十三五"规划教材. 软件技术专业
ISBN 978-7-5170-7961-3

Ⅰ．①C… Ⅱ．①黄… ②黄… ③胡… Ⅲ．①C++语言－程序设计－高等职业教育－教材 Ⅳ．①TP312.8

中国版本图书馆CIP数据核字(2019)第189376号

策划编辑：石永峰　　责任编辑：石永峰　　加工编辑：尹国才　　封面设计：李　佳

书　　名	高等职业教育"十三五"规划教材（软件技术专业） C++程序设计简明教程 C++ CHENGXU SHEJI JIANMING JIAOCHENG
作　　者	黄能耿　黄致远　胡丽丹　编著
出版发行	中国水利水电出版社 （北京市海淀区玉渊潭南路 1 号 D 座　100038） 网址：www.waterpub.com.cn E-mail：mchannel@263.net（万水） 　　　　sales@waterpub.com.cn 电话：(010) 68367658（营销中心）、82562819（万水）
经　　售	全国各地新华书店和相关出版物销售网点
排　　版	北京万水电子信息有限公司
印　　刷	三河市鑫金马印装有限公司
规　　格	184mm×260mm　　16 开本　　20.5 印张　　501 千字
版　　次	2019 年 9 月第 1 版　　2019 年 9 月第 1 次印刷
印　　数	0001—3000 册
定　　价	48.00 元

Jitor 实训丛书使用说明

"Jitor 实训丛书"是一套 IT 类专业基础课程的教材，第一批出版的图书包括《C++程序设计简明教程》《C 程序设计简明教程》《Java 程序设计简明教程》《MySQL 数据库应用简明教程》和《Python 程序设计简明教程》，特色是采用 Jitor 校验器对读者的实训过程进行指导和校验。Jitor 的含义是即时校验（Just In Time，JIT），每做完一步操作即时进行校验。

丛书主编为"Jitor 实训丛书"开发了一个 Jitor 实训平台（软件著作权登记号 2014SR079784），支持 C、C++、Java、Python、MySQL 和 SQL Server 等语言的学习。该平台由 Jitor 校验器和 Jitor 管理器两部分组成。

丛书主页地址为 http://ngweb.org/，可以下载本书需要的软件和 Jitor 校验器。Jitor 管理器入口地址也在这个主页上。

一、Jitor 校验器

Jitor 校验器是一个绿色软件，下载后解压到合适的目录（目录名不能含有空格、汉字或特殊符号）中即可直接运行。

双击 Jitor 校验器的可执行文件，打开 Jitor 校验器的登录界面。

普通读者可以免费注册一个账号，注册时需要提供正确的 QQ 邮箱地址（一个 QQ 号只能注册一个账号）。学生则应该从教师处获取账号和密码。

登录后，选择《C++程序设计简明教程》，将看到本书的实训列表，第一次使用时选择【实训 1-1】，按照实训指导内容一步步地操作，每完成一步，单击【Jitor 校验第 n 步】，由 Jitor 校验器检查这一步的操作是否正确。校验成功则得到相应分数并进入下一步操作，校验失败则倒扣 1 分，改正错误后再次校验，直到成功为止。成绩将记录在服务器上，因此使用时需要连接互联网。

应该告诉 Jitor 校验器 C++项目保存的位置，这是在 Jitor 校验器的"配置"菜单中通过指定 C++的工作空间来完成的，Jitor 校验器的工作空间应该与 Visual C++ 6.0 的工作空间相同。

在 Jitor 校验器中，可以查看本次实训的成绩记录以及所有已做过的实训的成绩汇总，同时可以查看最近的错误日志。

Jitor 校验器的界面和使用说明详见第 1 章。

二、Jitor 管理器

Jitor 管理器是一个管理网站，为教师提供班级管理、学生管理、实训安排、成绩查询和汇总等功能。学生和普通读者不需要使用 Jitor 管理器。

三、Jitor 实训项目

本书提供了 160 个实训项目和 46 个综合实训项目，供普通读者和院校师生使用。

1．普通读者

本书的特点是内容简明扼要，以程序设计的基本主线为重点，深入讲解程序设计的内涵，通过实训来充分展现基本知识点和技能点，因此读者要认真阅读相关代码，深入领会代码中的要点，特别是代码中的注释部分。

在阅读本书的同时，根据自己对书中内容的理解程度有选择地做相应的实训。

- 简单的实训：不必花费太多时间。
- 中等难度的实训：通过实训得到执行结果，从结果中再来理解代码。
- 难度大的实训：通过实训和跟踪调试加深对代码的理解。

2．院校师生

对于院校师生，本书的实训项目分以下 4 种用途：

（1）课堂讲授：选用一些以基本知识点为主的实训作为课堂讲授，课后还可以让学生作为作业再做，对于简单的实训，也可以不做。

（2）机房实训：这类实训以巩固知识为主，可以直接让学生做；也可以由教师先讲一遍，然后再由学生做。

（3）机房测试：这是有一定综合性要求的实训，可以作为阶段小测或考试来使用；也可以事先让学生预习几个实训，小测或考试时从中选择一个或几个实训。

（4）课后作业：上述没有用到的实训选择一定数量作为课后作业。

实训的计分原则：只要完成了实训，就能够得到及格的分数（每个步骤扣分达到 3 分就不再扣分）。这些分数可以作为平时成绩和小测成绩计入学期总评分数，因此要鼓励学生完成教师布置的所有实训。

《C++程序设计简明教程》的实训资源列表见表 1。

表 1　Jitor 实训平台提供的 C++实训一览表

序号	实训标题	序号	实训标题
1	【实训 1-1】体验 C++程序和 Jitor 校验器	13	【实训 2-10】数据输入
2	【实训 1-2】C++的输入和输出	14	【实训 2-11】数据格式控制
3	【实训 1-3】C++程序的结构	15	【实训 3-1】if 语句的 3 种基本形式
4	【实训 2-1】变量及赋值	16	【实训 3-2】理解条件表达式
5	【实训 2-2】字面常量	17	【实训 3-3】巧用 if 语句
6	【实训 2-3】中文字符	18	【实训 3-4】if 语句的应用
7	【实训 2-4】程序调试：变量的查看	19	【实训 3-5】if 语句的嵌套
8	【实训 2-5】前置自增和后置自增	20	【实训 3-6】条件表达式
9	【实训 2-6】逻辑运算和关系运算的应用	21	【实训 3-7】switch 语句的基本形式
10	【实训 2-7】位运算符与位运算表达式	22	【实训 3-8】switch 语句的应用
11	【实训 2-8】数据类型转换	23	【实训 3-9】实例详解（一）：求给定年份和月份的天数
12	【实训 2-9】数据输出	24	【实训 3-10】while 循环——计算 1~n 的整数和

序号	实训标题	序号	实训标题
25	【实训 3-11】do…while 循环——计算 1～n 的整数和	60	【实训 5-10】数组元素作为函数参数
26	【实训 3-12】程序调试：循环的跟踪调试	61	【实训 5-11】一维数组作为函数参数
27	【实训 3-13】for 循环——计算 1～n 的整数和	62	【实训 5-12】二维数组作为函数参数
28	【实训 3-14】for 语句常见的两种变化	63	【实训 5-13】函数与源代码文件
29	【实训 3-15】while 语句的变化	64	【实训 5-14】作用域
30	【实训 3-16】循环语句的嵌套——输出乘法表	65	【实训 5-15】动态变量与静态变量
31	【实训 3-17】实例详解（二）：求 π 的近似值	66	【实训 5-16】局部变量与全局变量
32	【实训 3-18】实例详解（三）：斐波那契数列	67	【实训 5-17】外部变量
33	【实训 3-19】break 语句——输出三角形的乘法表	68	【实训 5-18】全局变量和全局静态变量
34	【实训 3-20】continue 语句——计算不能被 3 整除的整数的累加和	69	【实训 5-19】寄存器变量
35	【实训 3-21】exit()和 abort()函数	70	【实训 5-20】内联函数
36	【实训 3-22】实例详解（四）：求自然对数的底 e 的近似值	71	【实训 5-21】参数默认值
37	【实训 3-23】实例详解（五）：输出素数表	72	【实训 5-22】函数重载
38	【实训 3-24】实例详解（六）：百钱买百鸡问题	73	【实训 6-1】不带参数的宏定义
39	【实训 4-1】一维数组的输出和输入	74	【实训 6-2】带参数的宏定义
40	【实训 4-2】一维数组的最大值、最小值和平均值	75	【实训 6-3】包含系统头文件
41	【实训 4-3】一维数组逆序交换	76	【实训 6-4】包含自定义头文件
42	【实训 4-4】程序调试：一维数组的跟踪调试	77	【实训 6-5】嵌套的文件包含
43	【实训 4-5】实例详解（一）：冒泡排序法	78	【实训 6-6】条件编译
44	【实训 4-6】实例详解（二）：选择排序法	79	【实训 6-7】实例详解：文件包含
45	【实训 4-7】实例详解（三）：擂台排序法	80	【实训 7-1】指针变量与普通变量
46	【实训 4-8】二维数组的输出和输入	81	【实训 7-2】指针变量与一维数组
47	【实训 4-9】计算学生平均成绩	82	【实训 7-3】指针变量的运算
48	【实训 4-10】实例详解（四）：二维数组（矩阵）的转置	83	【实训 7-4】指针指向的值的运算
49	【实训 4-11】字符数组的输入和输出	84	【实训 7-5】指针运算的优先级
50	【实训 4-12】字符串处理函数	85	【实训 7-6】程序调试：变量、指针与内存
51	【实训 5-1】使用 C/C++库函数	86	【实训 7-7】一维数组与指针
52	【实训 5-2】使用自定义函数	87	【实训 7-8】二维数组与指针
53	【实训 5-3】函数返回值	88	【实训 7-9】字符数组与字符指针
54	【实训 5-4】无返回值的函数	89	【实训 7-10】传指针调用
55	【实训 5-5】函数原型说明	90	【实训 7-11】一维数组与指针作为函数参数
56	【实训 5-6】程序调试：函数的跟踪调试	91	【实训 7-12】字符串复制函数
57	【实训 5-7】传值调用——实参与形参	92	【实训 7-13】指针数组
58	【实训 5-8】嵌套调用——杨辉三角	93	【实训 7-14】数组指针
59	【实训 5-9】递归调用——阶乘	94	【实训 7-15】指针函数

序号	实训标题	序号	实训标题
95	【实训 7-16】函数指针	128	【实训 9-14】析构函数
96	【实训 7-17】实例详解（一）：通用求定积分函数	129	【实训 9-15】delete 运算符和析构函数
97	【实训 7-18】new 和 delete 运算符	130	【实训 9-16】调用成员对象的构造函数
98	【实训 7-19】实例详解（二）：一维数组的动态管理	131	【实训 9-17】多个成员对象的构造函数
99	【实训 7-20】实例详解（三）：二维数组的动态管理	132	【实训 9-18】静态成员变量
100	【实训 7-21】引用类型变量	133	【实训 10-1】父类与子类
101	【实训 7-22】传引用调用——引用变量作为函数参数	134	【实训 10-2】程序调试：内存中的父类对象和子类对象
102	【实训 7-23】const 指针	135	【实训 10-3】访问控制
103	【实训 8-1】枚举类型的使用	136	【实训 10-4】继承方式
104	【实训 8-2】枚举变量的输入和输出	137	【实训 10-5】构造函数的调用次序
105	【实训 8-3】结构体类型的使用	138	【实训 10-6】多重继承时的命名冲突——域运算符
106	【实训 8-4】结构体变量的输入和输出	139	【实训 10-7】父类与子类的命名问题——支配规则
107	【实训 8-5】结构体指针	140	【实训 10-8】对象的赋值兼容规则
108	【实训 8-6】结构体作为函数参数	141	【实训 10-9】虚基类（虚继承）
109	【实训 8-7】链表的基本操作	142	【实训 11-1】二元运算符重载（普通函数版）
110	【实训 8-8】程序调试：内存中的链表	143	【实训 11-2】二元运算符重载（成员函数版）
111	【实训 8-9】清空链表	144	【实训 11-3】二元运算符重载（友元函数版）
112	【实训 8-10】查找节点	145	【实训 11-4】一元运算符重载
113	【实训 8-11】删除节点	146	【实训 11-5】字符串类运算符重载
114	【实训 8-12】按序插入节点	147	【实训 11-6】虚函数
115	【实训 9-1】对象的使用	148	【实训 11-7】程序调试：内存中的虚函数
116	【实训 9-2】程序调试：内存中的对象和对象数组	149	【实训 11-8】纯虚函数和抽象类
117	【实训 9-3】对象的输入和输出	150	【实训 12-1】读写和复制文本文件
118	【实训 9-4】对象指针	151	【实训 12-2】读写文本文件（二维数组）
119	【实训 9-5】对象作为函数参数	152	【实训 12-3】读写文本文件（对象数组）
120	【实训 9-6】对象作为类的成员变量	153	【实训 12-4】复制二进制文件
121	【实训 9-7】引用性说明和定义性说明	154	【实训 12-5】插入和提取运算符的重载
122	【实训 9-8】访问控制修饰符	155	【实训 13-1】主菜单的设计与实现
123	【实训 9-9】友元函数	156	【实训 13-2】Person 类的设计和实现
124	【实训 9-10】友元类	157	【实训 13-3】Student 类的实现和实现
125	【实训 9-11】构造函数	158	【实训 13-4】链表类的实现（一、输入、输出、清空）
126	【实训 9-12】用构造函数建立一个对象的拷贝	159	【实训 13-5】链表类的实现（二、删除节点、查询节点）
127	【实训 9-13】new 运算符和构造函数	160	【实训 13-6】链表类的实现（三、排序、读写文件）

前　　言

本书根据高等职业教育特点，结合作者多年教学改革和应用实践经验编写而成。全书遵循项目导向的理念，在内容上做到简而精，在要求上实现高而严。本书不求面面俱到，但重点和难点会详细讲解，并通过 Jitor 校验器指导读者反复练习，通过动手做让学习更轻松、理解更深刻、记忆更久远。

本书的最大特点是采用了作者开发的 Jitor 实训平台（见表 2）。

表 2　Jitor 实训平台功能介绍

Jitor 实训平台是信息技术大类专业课程（C、C++、Java、Python、MySQL 和 SQL Server 等）的实训教学平台，提供实训项目供教师选用。每门课程提供 100~200 个实训项目，对学生编写的代码和运行结果进行实时评价，实时监测全班学生的实训进展情况。

Jitor 实训平台下载地址为 http://ngweb.org，包括 Jitor 校验器和 Jitor 管理器的入口地址。

教师容易使用，一步一步地教	学生乐于学习，一关一关地学
根据教学进度，在 Jitor 管理器中选择合适的 Jitor 实训项目发布给学生，要求学生在指定的时间内完成。可以安排在实训课的上课时间，也可以安排在课前课后时间里完成，教师可以实时掌握每位学生每个步骤的成功或失败情况。	每个实训项目由若干步骤组成，就像通关游戏一样，每个步骤如同关卡，每通过一个关卡就能得到一定的分数，如果通关失败，则倒扣 1 分。只要通过所有关卡，就能得到及格以上分数，如果想得高分，就要尽量避免失败。
实训项目的每个步骤都有实训指导内容，详细描述了该步骤的要求。教师只要布置好实训，Jitor 校验器就会自动地一步一步教学生如何去完成，并检查完成的效果。	学生按照每一关卡的要求进行编程操作，完成后提交给 Jitor 校验器检查，成功通关并得到分数后才能进入下一个关卡。学生只需跟着一关一关地学，就能学到编程技能。

本书每个章节都有代码实例，提供了 206 个在线 Jitor 实训项目，供读者选择使用；最后一章是"综合项目"，综合运用本书知识完成一个学生成绩管理系统的开发。

本书特点如下：

（1）实例：本书包含大量实例，实例简明扼要、容易理解。

（2）实训：所有实例都有配套的实训，通过 Jitor 校验器在线使用，实时反馈结果。

（3）综合实训：每章结尾都有一些综合实训，测试读者综合运用所学知识的能力。

（4）综合项目：最后一章是一个综合性项目，可以安排在单独的课程设计专用周中完成。

（5）微课：针对 C++的重点和难点提供了 25 个微课。

本书遵循高职学生的认知和技能形成规律，使用通俗易懂的语言，配合数量众多的实例，由易到难、由浅入深、循序渐进地介绍各个知识点，通过大量的 Jitor 实训项目进行验证和巩固，并通过每章结尾的综合实训进行综合练习。在最后一章的综合项目中进行全面综合运用，将知识融于形象的案例中，提高学习的兴趣和效果。

本书面向初学者，起点低、无门槛，不需要任何编程基础知识，高中生就能学习。读者学完本书后，可以阅读更多的 C++书籍，进一步提高编程水平。

本书第 1 章至第 8 章以 C 语言程序设计为主（仅有输入/输出和内存分配采用 C++语言），

因此本书也可用作 C 语言程序设计课程的教材；第 9 章至第 13 章为面向对象程序设计部分，全面讲解了面向对象程序设计的三大特征：封装性、继承性和多态性。教师可以根据学生情况和教学安排（通常分为两个学期）来组织教学内容（见表 3），如果课时不够可以跳过某些内容。

表 3　课时安排建议

章	课时	章	课时
第 1 章　C++概述	4	第 8 章　枚举和结构体	8
第 2 章　C++语言基础	8	第 9 章　类和对象——封装性	12
第 3 章　程序结构和流程控制	12	第 10 章　父类和子类——继承性	8
第 4 章　数组	10	第 11 章　重载和覆盖——多态性	8
第 5 章　函数	12	第 12 章　文件操作	4
第 6 章　编译预处理	4	第 13 章　综合项目（课程设计）	专用周
第 7 章　指针与引用	12	合计	102

本书提供的课件、软件等相关资源可以从本书主页 http://ngweb.org/下载。

本书由无锡职业技术学院的黄能耿和胡丽丹、无锡赛博盈科科技有限公司的黄致远共同编写，由无锡职业技术学院的刘德强副教授主审。其中黄致远和胡丽丹各执笔 100 千字，Jitor 实训平台由黄能耿研发，Jitor 实训项目由黄致远制作，全书由黄能耿统稿。在本书编写过程中编者得到单位领导和同事的大力支持和帮助，在此表示衷心感谢。

由于编者水平有限，加之时间仓促，书中不足甚至错误之处在所难免，恳请读者批评指正。

编者
2019 年 7 月

目　　录

第 1 章   C++概述

本章所有实训可以在 Jitor 校验器的指导下完成。

1.1   为什么学 C++

因为 C++是编程语言排行榜上长期居于前三的语言。TIOBE 排行榜是对编程语言流行程度的权威解读，见表 1-1。

表 1-1   TIOBE 排行榜（https://www.tiobe.com/tiobe-index/，2019 年 4 月）

编程语言	2004	2009	2014	2019	说明
Java	1	1	2	1	吸收 C 语言精华，降低编程难度，是大型网站和安卓手机的开发语言
C	2	2	1	2	编程语言的一代宗师，开创了 C 编程风格，是通用开发语言
C++	3	3	4	3	在 C 语言的基础上，增加了面向对象的功能，是通用开发语言
Python	9	5	7	4	一种 AI（人工智能）时代的编程语言
VB.NET	—	—	10	5	微软公司力推的编程语言，前身 Basic 语言有 60 年的历史
C#	7	6	5	6	微软公司力推的编程语言，采用 Java 所创建的技术
JavaScript	8	8	8	7	最初是用于网站前端开发的语言，现已扩展应用到众多领域
PHP	5	4	6	8	用于开发网站后端的一种语言
SQL	6	—	—	9	数据库设计和开发的通用语言
Objective-C	44	36	3	10	是 C 语言的一种扩展，是苹果操作系统和苹果手机的开发语言

因为 C++是对 C 语言的扩充和完善，C++包含了 C 语言，所以学会了 C++，相当于同时也学会了 C 语言。

还因为 Java 是基于 C++开发的，因此学好了 C++，再学习 Java 就会更容易。这样学好了 C++，相当于排行榜上前三位的语言都学会了，至少是有了初步的了解。

更因为 C++是一种使用最广泛的计算机编程语言，可以用来开发各种应用程序，我们日常用的计算机软件几乎都是用 C++开发的，包括 Word、Excel、QQ、微信、各种浏览器等，Windows 操作系统本身也是用 C 语言和 C++语言开发的。

如果专业方向是电子类、控制类，那么合适的选择是学习 C 语言。
如果专业方向是软件、信息类，那么合适的选择是学习 C++、Java 和 SQL。
如果专业方向是大数据、人工智能，那么合适的选择是学习 Python。

1.2   安装 VC++ 6.0 开发软件

本书使用的所有软件都可以从本书主页下载，下载地址是：http://ngweb.org。

学习编程语言必须选择一种合适的开发软件。C++的开发软件有 Visual C++ 6.0、Visual Studio、Borland C、Eclipse 等。本书采用 Visual C++ 6.0（英文版），虽然软件比较老，但是最适合初学者使用。

从本书主页中下载 Visual C++ 6.0，解压后直接单击安装程序，全部单击"下一步"按钮即可，一两分钟即可完成安装。

 安装时不要改变安装目录和盘符，否则有可能引起配置异常而出现错误。

1.3 体验 C++

1.3.1 体验 C++程序和 Jitor 校验器

本节通过一个例子来学习 Visual C++开发环境的使用，掌握 C++程序最基本的开发过程，学会使用 Jitor 校验器校验你的每一步操作。

体验 C++程序　学习使用 Jitor 校验器

【例 1-1】体验 C++程序和 Jitor 校验器（参见 Jitor 实训平台【实训 1-1】）。

运行并登录 Jitor 校验器，选择《C++程序设计简明教程》，将看到本书的实训列表，如图 1-1 所示。

图 1-1　Jitor 校验器的实训列表界面（普通读者界面）

 Jitor 校验器的安装参见扉页后的"Jitor 实训丛书使用说明"，其中有关于账号和密码的说明，详细使用说明参见"1.3.2　Jitor 校验器的使用"。

单击【实训 1-1】，将看到该实训项目的实训指导内容，如图 1-2 所示。

阅读【第 1 步】实训内容介绍，然后单击【Jitor 校验第 1 步】，这时会得到"签到送 2 分"的提示信息，同时在这个超链接的后面加上文字"【已过关】"，表示你已完成这一步，参见图 1-2。

1. 启动 Visual C++开发环境

按照实训指导内容的要求，从操作系统启动 Visual C++ 6.0 开发环境，打开的窗口如图 1-2 所示。

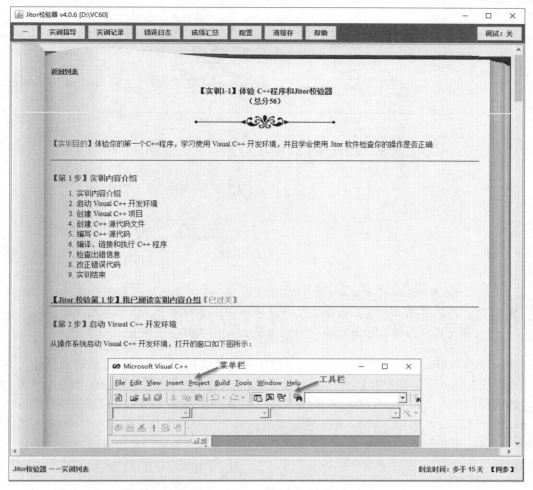

图 1-2　Jitor 实训项目的实训指导内容

单击【Jitor 校验第 2 步】，告诉 Jitor 校验器你已完成这一步并得到相应的分数。

　　VC++ 6.0 的运行文件是 MSDEV.COM，位于默认安装路径 C:\Program Files (x86)\Microsoft Visual Studio\Common\MSDev98\Bin 下。如果找不到快捷图标，可以直接运行这个文件。

2. 创建 Visual C++项目

按 Ctrl＋N 组合键（或从菜单 File 中选择 New 命令），将弹出 New 对话框，如图 1-3 所示。

（1）在对话框中选择 Projects 选项卡。

（2）在左侧列表中选择 Win32 Console Applicaion。

（3）输入项目名称（Project name）：cpp1。这个名称表示 C++课程的第 1 章，项目名称不能更改，因为 Jitor 校验器要求项目名称为 cpp 加上每章的编号。

（4）输入保存项目的位置（Location）：D:\VC60\cpp1。可以直接输入目录的路径，也可以通过右侧的···按钮来选择目录（图中选择的是 D:\VC60 目录，后面的\cpp1 会自动添加）。

图 1-3　New 对话框

　　保存位置中前半部分"D:\VC60"是 VC++ 6.0 的工作空间目录，可以替换成你自己的目录名，例如用你姓名的汉语拼音作为目录名，但不要用汉字，也不要加空格或其他符号。工作空间可以在其他盘（如 E:\或 F:\）上。

完成后单击 OK 按钮，在接下来的对话框中单击默认按钮，直到完成项目的创建。

在单击【Jitor 校验第 3 步】之前，需要设置 Jitor 校验器的工作空间目录。参考"1.3.2　Jitor 校验器的使用"中"2. Jitor 校验器的配置"的说明配置好 Jitor 校验器的工作空间目录。这时才可以单击【Jitor 校验第 3 步】，Jitor 校验器将检查工作空间中是否创建了名为 cpp1 的项目，如果检查到这个项目则校验通过；如果校验失败，请参考"1.3.2　Jitor 校验器的使用"中的说明进行改正。

3. 创建 C++源代码文件

按 Ctrl + N 组合键（或从菜单 File 中选择 New），弹出 New 对话框，如图 1-4 所示。

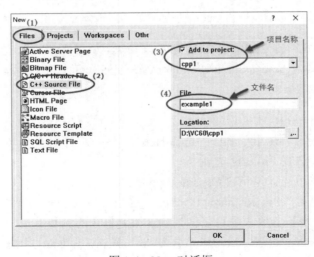

图 1-4　New 对话框

（1）在对话框中选择 Files 选项卡。

（2）在左侧列表中选择 C++ Source File。

（3）选择前一步创建的项目名称：cpp1。

（4）输入源代码的文件名：example1，文件后缀.cpp 将会自动添加。

完成后单击【Jitor 校验第 4 步】，Jitor 校验器会检查在 cpp1 项目中是否创建了源代码文件 example1.cpp。如果校验失败，请参考"1.3.2　Jitor 校验器的使用"中的说明进行改正。

4．编写 C++源代码

在右侧的源代码编辑区录入下述源代码。如果编辑区被关闭了，可以在左侧的 Workspace 窗格中找到 example1.cpp，双击文件名即可打开文件进行编辑。

```
#include <iostream.h>
void main(void)
{
    cout << "Welcome to C++!\n";
}
```

这个程序非常简单，就是在屏幕上输出字符串"Welcome to C++!"，其中"\n"是控制符，会将光标移到下一行。注意"\"是反斜线（按键位于 Enter 键的上方）。

完成后单击【Jitor 校验第 5 步】，Jitor 校验器会检查源代码文件 example1.cpp 中的代码是否正确。如果校验失败，请参考"1.3.2　Jitor 校验器的使用"中的说明进行改正。

5．编译、连接和执行 C++程序

源代码输入完成后，直接按 Ctrl + F5 组合键（或从菜单 Build 中选择 Execute cpp1.exe），VC++ 6.0 开发环境将完成一系列操作：对源代码进行编译、连接，生成可执行文件 cpp1.exe，然后执行这个文件并将执行的结果显示在控制台上。

这时在屏幕上将弹出一个控制台窗口（黑色的窗口，也称命令行窗口），如图 1-5 所示，显示运行结果"Welcome to C++!"屏幕上还显示一行文字"Press any key to continue"，表示按任意键将关闭这个窗口。

图 1-5　控制台窗口中的输出结果

同时在调试信息窗口上会输出这次编译、连接和执行过程中出现的警告和错误信息。图 1-6 显示的是 0 条错误信息和 0 条警告信息（0 error(s), 0 warning(s)），表示编译、连接和执行过程全部正常完成。

 　　错误 error：意思是程序代码中有错误，必须改正以后，程序才能通过编译，并连接和执行。

 　　警告 warning：意思是程序代码中存在可能影响正确运行的代码或潜在的问题，这时程序可以正常编译、连接和执行，但需要引起关注，以防真正出现问题。

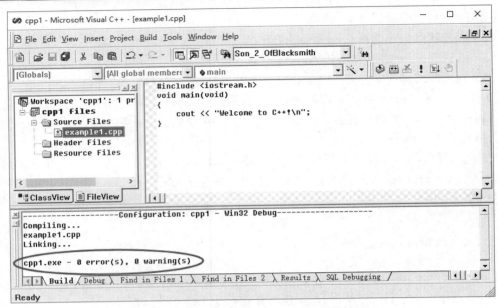

图 1-6　源代码正常录入和运行（无错误和警告）

完成后单击【Jitor 校验第 6 步】，Jitor 校验器会校验你的运行结果。如果校验失败，请参考"1.3.2　Jitor 校验器的使用"中的说明进行改正。

6. 检查出错信息

如果存在错误或警告，则 VC++ 6.0 会显示错误和警告的列表及其相应的详细信息。例如，故意将代码中的"cout"错误地写成"cut"，这时再编译执行，就会显示有两条错误，如图 1-7 所示。

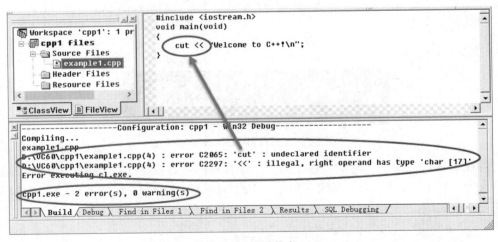

图 1-7　错误信息

错误信息中的"example1.cpp(4)"表示出现错误的文件名以及代码的行号，括号中的"4"表示第 4 行，双击这一行错误信息，可以将编辑窗口中的光标定位到这一行，立即看到这一行代码的内容。

双击错误信息能快速定位到出错的代码上，再根据错误信息的提示，就能很快改正代码中的错误。

这两条错误信息的意思如下：

example1.cpp 文件的第 4 行，错误编号 C2065：无法识别的标识符 'cut'
example1.cpp 文件的第 4 行，错误编号 C2297：非法使用 <<

VC++ 6.0 认为 cut 是一个没有定义过的标识符（正确的是 cout），所以不认识 cut 这个词，并且还认为<<的使用是非法的，因为<<的使用需要 cout。将 cout 错写成 cut 后，VC++ 6.0 给出了两条错误信息。

在出现编译错误时，单击【Jitor 校验第 7 步】，告诉 Jitor 校验器你尝试过这个错误，然后再回答一个问题。

7. 改正错误代码

只要改正这个拼写错误，再次编译、连接、执行，两条错误信息自然就消失了。有时一个错误会引起十几条错误信息，这时需要改正的是第一个错误，再次编译执行，可能就可以通过。如果仍然有错误信息，再改正新出现的第一个错误。

如果是警告信息（warning），对于初学者来说，通常可以不予理会。

这一步只要将 cut 改回正确的拼写 cout，再次编译、连接和执行，然后单击【Jitor 校验第 8 步】，Jitor 校验器将会确认你已经改正这个错误。

这个发现错误和改正错误的过程称为调试，因为程序中的错误被形象地称为臭虫（bug），调试的过程就是去除臭虫的过程（debug）。

1.3.2　Jitor 校验器的使用

Jitor 校验器是本书配套的一个软件，它能帮助读者根据实训指导内容完成实训项目。

1. Jitor 实训项目列表

运行并登录 Jitor 校验器，学生和普通读者的界面不同。

（1）普通读者界面。普通读者需要自行注册账号。登录后选择本书，即《C++程序设计简明教程》，可以看到本书的完整实训项目列表。实训项目列表界面中没有指定开放时间，表示所有实训项目都是开放的，由读者自由选做，参见图 1-1。

（2）学生界面。学生需要从老师处取得账号和密码。登录后只能看到本书实训项目的部分列表，列表的内容是由老师安排的，每个实训项目的开放时间由老师设置，学生只能做开放时间内的实训项目，其他的实训项目要等待老师的安排才能去做。

2. Jitor 校验器的配置

在实训项目开始之前需要配置 Jitor 校验器，告诉 Jitor 校验器你的 VC++ 6.0 工作空间在哪里。单击 Jitor 校验器菜单中的"配置"，将弹出"请选择工作空间的目录"对话框，选择在创建 VC++项目时使用的 VC++ 6.0 工作空间目录，完成后单击"工作空间"按钮。如图 1-8 中的双向箭头所示，要求 Jitor 校验器的工作空间设置为 VC++的工作空间。

 　　在实训中应该确保 Jitor 校验器的工作空间与 VC++ 6.0 的工作空间一致，否则 Jitor 校验器无法校验你编写的代码和运行的结果。

图 1-8　将 Jitor 校验器的工作空间设置为与 VC++ 6.0 的工作空间一致

3. 校验项目名称和项目类型是否正确

如果校验项目失败，Jitor 校验器会提示如下信息：

（1）项目找不到错误。这时会提示"在当前工作空间××××下找不到项目 cpp1"，如图 1-9 所示，其中的××××是你设置的 Jitor 校验器的工作空间。原因有以下两个：

- 项目名称拼写错误，第 1 章的项目名称应该是 cpp1，第 2 章的是 cpp2。
- Jitor 校验器的工作空间与 VC++ 6.0 的工作空间不一致，从而导致 Jitor 校验器无法找到在 VC++ 6.0 工作空间的项目，这时要参考图 1-8 将 Jitor 校验器的工作空间设置成与 VC++ 6.0 的工作空间一致。

图 1-9　"项目找不到错误"时的提示信息

（2）项目类型错误。这时会提示"项目类型不是 Win32 Concole Application"，如图 1-10 所示。这时虽然在工作空间中找到了 cpp1 目录，但项目的类型不是 Win32 Concole Application。这时要参考"1.3.6　C++工作空间和项目"的内容，找到 cpp1 项目所在的目录并将它删除，然后重新创建正确的项目。

图 1-10　项目类型错误时的提示信息

本书所有项目的类型都应该是 Win32 Concole Application，所以在以后的实训中遇到类似的问题，同样要采用这些办法解决。

4. 校验源代码文件名称和类型是否正确

校验失败时，Jitor 校验器提示创建源代码文件失败的信息，如图 1-11 所示。

图 1-11　创建源代码文件失败时的提示信息

这时要重新创建源代码文件，保证类型和文件名都要正确，通常不需要再修改 Jitor 校验器的工作空间，除非它与 VC++ 6.0 的工作空间不一致。

5. 校验编写的代码是否正确

校验失败时，说明编写的代码有错误，这时提示信息中显示该行的正确代码作为修改时的参考，根据正确的代码来修改你的代码。提示信息的一个例子如图 1-12 所示，这条信息提示正确的代码是 void main(void)，而你的代码在这一行有错误。

图 1-12　代码编写错误时的提示信息

6. 校验程序运行的结果是否符合要求

校验失败时，说明程序的运行结果有错误。提示信息的一个例子如图 1-13 所示。

图 1-13　程序的运行结果有错误时的提示信息

可能的原因只有一个，就是运行的结果无法满足预定的要求，可能是你的代码本身有错误，也可能是在录入或修改代码后并没有运行程序，这时 Jitor 校验器找不到可执行文件或者校验的是旧的可执行文件。

7. 校验一些其他的操作是否正确

还有一些其他的错误提示信息，这时要按照提示信息的要求修改代码，并提交 Jitor 校验器校验。

1.3.3 C++的输入和输出

本节将编写一个程序，从键盘输入两个整数，求这两个整数的和，通过这个程序了解 C++ 程序的输入和输出功能。

【例 1-2】C++的输入和输出（参见 Jitor 实训平台【实训 1-2】）。

运行并登录 Jitor 校验器，选择【实训 1-2】。下面详述实训过程。

1. 打开 cpp1 项目

本次实训在项目 cpp1 中进行。如果已经关闭了 VC++ 6.0，可以重新启动并打开项目，具体办法参见"1.4.3　VC++ 6.0 的项目和文件"和图 1-21。打开项目后，通常可以看到上一次打开的源代码文件。

如果找不到原来的项目（例如换了一台计算机或者是删除了原来的项目），这时可以再创建这个项目（项目名仍然是 cpp1），继续进行实训。Jitor 校验器的工作空间要通过配置与 VC++ 6.0 的工作空间保持一致。

2. 创建源代码文件 example2

在项目 cpp1 中创建源代码文件 example2。

3. 编写 example2 的代码

在源代码编辑区中录入以下源代码：

```
1.      #include <iostream.h>
2.      /* 求两个整数的和程序 */
3.      void main(void)
4.      {
5.          int a, b, sum;
6.          cout << "Input a, b:";
7.          cin >> a >> b;
8.          sum = a + b;
9.          cout << "sum = " << sum << endl;
10.     }
```

这个程序比上一个程序复杂一点，第 2 行是注释，是给程序员阅读的，VC++ 6.0 编译器会忽略所有的注释。

第 5 行代码定义了 3 个变量，名字分别是 a、b 和 sum，这 3 个变量就像用来存放数据的 3 个杯子，如图 1-14 所示。

a　　　　　b　　　　sum

图 1-14　定义的 3 个变量

第 6 行代码输出字符串"Input a, b:"到屏幕上，提示你要输入 a 和 b 的值。

第 7 行用 cin 语句将键盘输入的两个值顺序存放到变量 a 和 b 中，就像把一定数量的水倒入到图 1-14 中的杯子 a 和 b 中。

第 8 行将 a 和 b 的值相加，将相加的结果放入变量 sum 中，代码是"sum = a + b"，它的含义是将 a+b 的计算结果赋值给变量 sum，即 a + b → sum，如图 1-15 所示，就像把前面两个杯子的水都倒入后一个杯子中。

图 1-15　加法结束时 3 个变量的值

第 9 行输出字符串"sum ="以及变量 sum 中保存的值，其中 endl 是 end line 的缩写，表示一行的结束，光标会移到下一行，与【实训 1-1】中的"\n"有相同的效果。

 　　执行第 8 行的加法操作后，sum 中保存了相加的结果，而 a 和 b 中的数据仍然保留原来的值，数据是复制的。这不像杯子中的水倒出去以后就空了。

4. 连接错误

如果项目中还保留了上次实训的代码 example1.cpp，并且上述源代码录入没有错误，执行时将会出现下述错误信息。如果是新建的项目（不存在源代码文件 example1.cpp），则要重写 example1.cpp，目的是重现这种错误，学会识别并改正这种错误。

```
Compiling...
example1.cpp
example2.cpp
Linking...
example2.obj : error LNK2005: _main already defined in example1.obj
Debug/cpp1.exe : fatal error LNK1169: one or more multiply defined symbols found
Error executing link.exe.

cpp1.exe - 2 error(s), 0 warning(s)
```

其中 Linking...之后的信息表示是连接（Link）错误信息。如果错误信息不是这样的，那么先修改出现的错误，直到得到上述错误信息。

 　　错误分为两类：一类是编译（Complie）错误，它与某一行代码直接相关，在【实训 1-1】中讲解过；另一类是连接（Link）错误，这时出现的错误并不显示对应的源代码行号，也不能通过双击错误信息来定位到出错的代码行上。

5. 改正错误并执行

这个错误信息中关键的信息是"_main already defined in example1.obj"，意思是 main 这个名称已经在 example1.obj（对应的源代码文件是 example1.cpp）文件中出现过了，不应该在 example2.cpp 中重复出现。

在 Workspace 窗口中分别双击文件 example1.cpp 和 example2.cpp，检查这两个文件，它们都有下面这一行代码：

```
void main(void)
```

其中 main 这个名称在同一个项目中是不允许重复出现的。

解决的办法有以下两种（建议使用第二种办法）：

● 将 example1.cpp 中的 main 改为其他名称，例如改为 main1。

● 从项目中移除 example1.cpp 文件（选择该文件后按 Delete 键），这时项目中就只剩下 example2.cpp 一个文件了。

然后执行，这次成功了，弹出执行结果的窗口，如图 1-16 所示。

图 1-16　程序的输入和输出

一开始是提示用户输入 a 和 b 的值，用户需要输入想要相加的两个数，输入结束后按回车键，程序显示计算的结果。

输入两个值的时候要用空格或回车键将它们分隔开，可以用一个或多个空格。在输入整数时，不能键入字母或任何符号。

1.3.4　C++程序的结构

本节将编写一个程序，其中包含一个求两个整数和的函数（函数将在第 5 章详细讲解，现在只要简单了解一下即可），通过这个程序了解 C++程序的基本结构。

【例 1-3】C++程序的结构（参见 Jitor 实训平台【实训1-3】）。

运行并登录 Jitor 校验器，选择【实训 1-3】。下面详述实训过程。

1. 创建源代码文件 example3

本次实训在项目 cpp1 中进行。如果已经关闭了 VC++ 6.0，可以重新启动并打开项目，具体办法参见"1.4.3　VC++ 6.0 的项目和文件"和图 1-21。如果项目不存在，则需要先创建同名的项目。

2. 编写 example3 的代码

在源代码编辑区中输入以下源代码：

```
1.      #include <iostream.h>
2.      /*
3.      这个程序展现了 C++代码的基本结构
4.      程序由一个或多个函数组成
5.      */
6.      int add(int x, int y)      //实现两数相加的函数，名为 add
7.      {
8.          int z;
9.          z = x + y;
10.         return z;              //返回相加的结果
11.     }
12.
13.     //加上空行可以提高可读性
```

```
14.        void main(void)    //主函数，名称必须是 main
15.        {
16.            int a, b, sum;
17.            cout << "Input a, b:";
18.            cin >> a >> b;
19.
20.            sum = add(a, b);    //调用函数 add，这样可以把复杂的代码放到函数里
21.            cout << "sum = " << sum << endl;
22.        }
```

使用 Jitor 校验器的时候，Jitor 校验器提供了这个文件的电子版本供用户复制，只是在关键的几个地方需要用户用键盘录入代码，这样就大大减少了实训时要录入的代码量。

这个程序的功能与上一个程序完全相同，但结构复杂一点，展现了 C++程序的基本结构。因此，我们重点分析这个程序的结构。

（1）注释。注释是写给程序员阅读的，也包括以后自己阅读，主要内容是记录程序的设计思路。VC++ 6.0 编译器会忽略所有的注释。

注释的写法有两种：多行注释和单行注释。

● 多行注释：第 2 行到第 5 行是多行注释，它以 "/*" 开始，以 "*/" 结束，这两个符号之间的一行或多行内容都是注释。

● 单行注释：第 13 行是单行注释，它以 "//" 开始，直到行的末尾。第 6、10、14、20 行的后半部分（从 "//" 开始）也是单行注释。

（2）语句。C++要求每一条语句都以分号结束，因此第 8、9、10 行是语句，有些行，例如第 6、7、11 行，虽然不是以分号结束，也归入语句中，可以认为它们是语句的一部分。但是第 1 行是指令而不是语句。

（3）指令。第 1 行是指令，所有指令以 "#" 开始，不能用分号结束。

#include 是文件包含指令，它告诉 VC++ 6.0 编译器将指定文件的内容插入到这个位置上。

本书绝大多数程序的第 1 行都应该是#include <iostream.h>指令，就是说需要将 iostream.h 文件中的内容插入到源代码文件中。

（4）函数。函数是执行同一任务的若干行语句，用一个函数名来代表它。

一个函数要有一个函数头（也叫函数说明），就是下面这行代码。

```
int add(int x, int y)
```

其中包含了以下 3 个部分：

● 函数名：这个名字代表了函数里的整段代码，函数的命名要有一定的含义，例如 add 表示 "加"。运行这个名字就是运行这段代码。

● 形参列表：函数名后圆括号中的参数说明，这个例子是 int x, int y，表示需要两个整数作为参数。

● 返回值类型：函数名前面的类型说明，这个例子是 int，表示相加的结果是一个整数。

任何函数都有函数体，它是一段像下面这样的代码。

```
{
    int z;
    z = x + y;
    return z;    //返回相加的结果
```

}

函数体中的语句必须用一对花括号括起来。

我们将在第 5 章深入学习函数，现在只需要了解这些就够了。

（5）项目的组成。项目的组成如图 1-17 所示。

图 1-17　项目的组成

一个项目由一个或多个源代码文件组成。在 cpp1 项目中就有 3 个源代码文件：example1.cpp、example2.cpp 和 example3.cpp。

每个源代码文件的开头是编译预处理指令，其中最重要的是文件包含指令。

每个源代码文件里有一个或多个函数，例如 add 函数、main 函数。

每个函数由函数头和函数体组成，所有语句写在函数体内。

一个项目必须有且只有一个 main 函数，它是这个程序运行的起点。

 　　在一个项目中，不允许出现同名的函数，不论是否在同一个文件中，例如同名的 add 函数或者是同名的 main 函数。如果将一个源代码文件移出项目，那么这个文件中的函数就不属于这个项目，不会有同名之嫌。

（6）程序书写格式。

程序代码书写格式要求如下：

● 　C++区分大小写，即 cin 和 Cin 是不同含义的两个名字。

● 　每条语句以分号结束。

● 　一行可以有多条语句（不提倡这样写）。

● 　一条语句可以跨越多行（只有一行太长时才这样写）。

● 　括号严格匹配（圆括号、方括号、花括号）。

● 　花括号有特别的作用，用于将一条或多条语句组合在一起。

● 　开始花括号和结束花括号都各占一行（或者开始花括号在前一行的末尾）。

● 　花括号与代码缩进相关联，内层花括号中的代码要比外层的代码多一个 Tab 键（或用 4 个空格代表一个 Tab 键）。

 　　在代码中加适当的空格和空行可以使代码更容易阅读；代码行的正确缩进对提高代码的可读性有极其重要的作用。

3．执行程序

程序执行的结果与【实训 1-2】的执行结果完全相同（参见图 1-16）。

实现相同功能的程序可以有多种编写方法，需要根据问题的复杂程度选择最合适的方法，保证代码的结构清晰、可读性好、便于维护。

1.3.5　C++程序的开发过程

现在我们已经完成了本章的 3 个实训。总结一下，一个 C++程序的开发过程可以分成多个步骤，见表 1-2。

表 1-2　C++程序的开发过程

步骤	说明
1．分析问题	对问题进行分析，提出解决方案，并为这个问题创建一个项目（例子中是 cpp1）
2．编辑程序	创建 C++源代码文件（后缀为.cpp，例子中是 example1.cpp 等文件），在编辑窗口中录入程序代码，然后是修改代码、改正错误
3．编译程序	VC++ 6.0 编译源代码文件，生成后缀为.obj 的目标文件，例子中是 example1.obj
4．连接程序	VC++ 6.0 将一个或多个目标文件连接在一起，生成后缀为.exe 的可执行文件。可执行文件的名字与项目名相同，例子中是 cpp1.exe
5．运行程序	运行可执行文件 cpp1.exe，检查程序的结果

按 Ctrl+F5 组合键执行程序时，VC++ 6.0 会自动地依次对源代码进行编译、连接和执行，因此在使用 VC++ 6.0 时并没有感觉到其中有 3 个分开的步骤。

这样不断地编辑修改程序代码、执行（含编译、连接）程序，直到程序没有错误，得到预期的结果。这种反复进行的过程就是程序开发和调试的过程。

1.3.6　C++工作空间和项目

1．工作空间

VC++ 6.0 把保存项目的目录称为工作空间（Workspace），其中每一个项目对应工作空间目录中的一个子目录，如图 1-18 左图所示。

本书一共 13 章，每一章都是一个项目，项目名命名为 cpp 加每章的编号。

2．项目

每个项目内保存了项目用的文件和源代码文件，另外还有一个 Debug 目录，其中保存了编译产生的目标文件（后缀 obj）以及连接生成的可执行文件 cpp1.exe，这个可执行文件是以项目名命名的，如图 1-18 右图所示。

图 1-18　项目内部的文件结构

1.4　常见问题

1.4.1　VC++ 6.0 的安装

（1）本书提供的 VC++ 6.0 是英文版，如果希望用中文版（有些中文版含有 BUG，经常出错），请自行到网上查找并下载。

（2）安装时一定要安装到 VC++ 6.0 的默认安装目录中（C:盘，不要安装到 D:盘或其他盘中），否则可能引起配置方面的问题。

1.4.2　VC++ 6.0 的使用

（1）创建项目时，项目类型必须是 Win32 Console Application，否则引起错误。

（2）创建源代码文件时，文件的类型必须是 C++ Source File，否则引起错误。

（3）如果看不到 Workspace 窗口（不小心关闭了），主菜单：View→Workspace。

（4）如果看不到 Compiling...信息窗口（不小心关闭了），主菜单：View→Output。

（5）如果调试时看不到变量值的窗口（不小心关闭了），主菜单：View→Debug Windows →Variables。

以上（3）～（5）三个问题如图 1-19 所示。

图 1-19　调整界面的窗口

如果 Workspace 窗口占据了整个屏幕，这时需要开启 Docking View 模式，方法是在 Workspace 窗口空白处右击并选择 Docking View 选项，如图 1-20 所示。

图 1-20　开启 Docking View 模式

1.4.3　VC++ 6.0 的项目和文件

1. 如何打开已有项目

在关闭 VC++ 6.0 之后再重新启动，常常需要打开已有的项目，在已有项目上继续编程。方法是从菜单 File 中选择 Open Workspace 命令，在弹出的对话框中先找到工作空间所在的目录（它也是 Jitor 校验器的工作目录），再打开项目所在的目录，选择以项目名命名的 dsw 文件，然后单击"打开"按钮，如图 1-21 所示。

图 1-21　打开工作空间

 　　打开的项目文件应该是以项目名称命名的 dsw 文件（如 cpp1.dsw），不能是其他后缀，也不能是其他文件名，否则 Jitor 校验器无法校验。

 　　不要在资源管理器中通过双击 cpp 文件来打开项目，不要在菜单中用 Open 子项来打开，而是用 Open Workspace 来打开工作空间中的项目，否则 Jitor 校验器无法校验。

2. 如何打开源代码文件

在打开的项目中，从 Workspace 区域的文件名列表中找到想要打开的文件（参见图 1-20），双击它就能打开这个文件，并可以在编辑区域中对它进行编辑。

3. 如何从项目中移除源代码文件

正常情况下，项目中的源代码文件在 Workspace 窗口中列出来。只有列出的文件才属于这个项目，有时想把多余的文件排除出本项目，这时就要移除它。例如含有 main 主函数的第二个文件。

在 Workspace 的 Source Files 列表中选择想要移除的文件，按 Delete 键，这时这个文件在项目中就移除了。

移除是指这个文件不再属于这个项目，而不是从硬盘中删除这个文件，在需要时还可以重新加入到这个项目中。

4. 如何将已有源代码文件添加到当前项目中

需要时，可以将已被移除的文件再添加到项目中，方法是在 Workspace 窗口中右击 Source Files 并选择 Add Files to Folder 命令，如图 1-22 所示，这时会弹出一个文件选择对话框，选择需要的文件即可加入到项目中，继续进行编程。

图 1-22　添加源代码文件

5. 无法生成可执行文件

出现图 1-23 所示的信息时，不表示代码有问题，而是在对源代码作了修改以后，要生成新的可执行文件 cpp1.exe 时，原来的 cpp1.exe 还在运行中，新的 cpp1.exe 无法写入同一个文件。

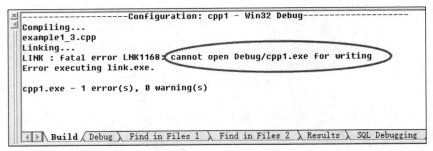

图 1-23　无法重新生成可执行文件

一般情况下，关闭所有运行中的 cpp1.exe 窗口就能解决问题，即关闭所有像图 1-16 那样的窗口。如果还是不能解决，最简单的办法是关闭 VC++ 6.0，再重新启动。有时还需要在任务管理器中关闭运行中的 cpp1.exe，再重新启动 VC++ 6.0。

1.4.4　编程时遇到的问题

（1）该有分号的地方少了分号，不该有分号的地方多了分号。例如#include 指令的最后不能有分号，函数头的最后不能有分号，而语句的最后必须以分号作为结束。

（2）项目中出现多个 main 函数，这时的错误信息如下：

```
example3.obj : error LNK2005: _main already defined in example2.obj
Debug/cpp1.exe : fatal error LNK1169: one or more multiply defined symbols found
```

（3）单词拼写错误，这是初学者最常见的错误，例如【例 1-2】中 cout 语句中 endl 拼写错误，最后一个字母是小写的 L，不是数字 1。另外一个例子是 main 写成了 mian，或者是大小写方面写错了。

（4）代码中用了全角的标点符号，例如用了全角的分号";"、全角的圆括号"（"等。特别难以发现的是用了一个全角的空格。这些情况下错误信息如下：

```
D:\VC60\cpp1\example3.cpp(14) : error C2018: unknown character '0xa1'
D:\VC60\cpp1\example3.cpp(14) : error C2018: unknown character '0xa1'
```

其中 "unknown character '0xa1'" 表示不能识别的字符。双击它，定位到这一行，就能发现问题所在。

（5）变量或函数未定义，这时错误信息如下：

D:\VC60\cpp1\example3.cpp(17) : error C2065: 'c' : undeclared identifier

undeclared identifier 的意思是未定义的标识符。经常是由于定义的变量名与引用的变量名拼写不一致造成的。

（6）括号不匹配，特别是有嵌套的括号时，经常出现括号不匹配的现象。这时，代码的正确缩进就有助于发现和改正这种问题。

D:\VC60\cpp1\example3.cpp(18) : error C2143: syntax error : missing ')' before ';'
D:\VC60\cpp1\example3.cpp(18) : error C2143: syntax error : missing ')' before '}'

（7）cout 和 cin 中漏写"<<"或">>"，或者写反了，或者两个大于号（两个小于号）之间存在空格。

1.5　常用资源

1. 本书资源

http://ngweb.org/　　本书作者提供的资源

2. 其他资源

https://www.cprogramming.com　　　　C 语言网站
http://www.cplusplus.com/　　　　　　C++网站
https://www.w3cschool.cn/cpp/　　　　适合初学者
http://www.runoob.com/cplusplus/　　　适合初学者

1.6　综合实训

下述综合实训需要 Jitor 校验器实时批改。

1.【Jitor 平台实训 1-4】编写一个程序，功能是输出字符串"Hello, C++ Programming!"。

2.【Jitor 平台实训 1-5】编写一个程序，功能是从键盘输入两个整数，输出两数之差。

3.【Jitor 平台实训 1-6】编写一个程序，功能是从键盘输入矩形的长和宽（整数），输出其代表的矩形的面积。

4.【Jitor 平台实训 1-7】编写一个程序，功能是从键盘输入 3 个成绩（整数），输出其平均值（取整数）。

第 2 章　C++语言基础

本章所有实训可以在 Jitor 校验器的指导下完成。

2.1　C++的基本要素

C++的基本要素有关键字、标识符、分隔符和代码注释 4 种。

2.1.1　关键字

关键字是具有特殊含义的标识符，是专用的，不能作其他用途。ISO C++ 98/03 标准中共有关键字 63 个（见附录 B）。

2.1.2　标识符

除了关键字之外，C++代码中用到的字母数字组合都是标识符。标识符用来作为变量名、符号常量名、数组名、函数名、宏名、导出类型（也称为自定义类型）等。

1. 命名规则

标识符的命名规则（强制要求）如下：

- 由大写字母、小写字母、数字、下划线组成，共有 63 个字符（A~Z、a~z、0~9、_），例如 avg、example1 是正确的，而 example1-1、example1 1 是错误的，前者含有非法的减号，后者含有非法的空格。
- 第一个字符不能是数字，例如 1_example 是错误的。
- 不能与关键字相同，例如 int 不能作为标识符，但 int1 或 Int 可以作为标识符。
- 严格区分大小写，例如 avg 和 Avg 是两个不同的标识符。
- 标识符的长度不大于 247 个字符。

2. 命名规范

标识符的命名规范（非强制要求，不同公司有不同的要求）如下：

- 要用有含义的英文单词或缩写，例如可以用 average 或 avg。
- 不要用汉语拼音或无意义的字符组合，例如不要用 abc，原因是难以理解。

在本书中，出于方便学习的目的，会经常出现单字母的变量名。

2.1.3　分隔符

分隔符用于分隔标识符和关键字，它们是空格、分号、逗号、圆括号、方括号和花括号等。分隔符是半角的符号，如果使用了中文的空格、分号、逗号等就会出错。

与空格具有相同作用的还有制表符（Tab）、换行符（Enter），连续的多个空格与一个空格的作用是相同的。

2.1.4 代码注释

注释有两种：单行注释和多行注释。

1. 单行注释

以下是单行注释，单行注释从双斜线"//"开始，直到本行的结束。

```
//单行注释，以换行符为结束
```

2. 多行注释

以下是多行注释，多行注释从"/*"开始，直到"*/"结束。

```
/*
多行注释，注释内容跨越数行
*/
```

2.2 数据类型

C++中的数据保存在内存空间中。内存空间就像现实世界中不同类型和不同大小的容器，如图2-1所示。

图2-1 现实世界中不同类型和不同大小的容器

C++需要不同大小和格式的空间来保存不同的数据。C++的数据类型用于指定存放数据的内存空间的大小和格式，并限制其运算的种类。

C++的数据类型如图2-2所示。

图2-2 C++的数据类型

选择数据类型时，需要考虑取值范围、精度、用途等因素。一般来说，数据类型占用的字节数越大，它所能表示的范围也就越大，或者精度越高。常用基本数据类型的名称、占用字节数、取值范围和精度见表 2-1。

表 2-1　常用基本数据类型

数据类型	名称	占用字节数	取值范围	精度
int	整型	4	$-2^{31} \sim (2^{31}-1)$	精确
short int（int 可省略）	短整型	2	$-32768 \sim 32767$	精确
char	字符型	1	$-128 \sim 127$	精确
float	单精度型	4	$-10^{38} \sim 10^{38}$	6～7 位有效数字
double	双精度型	8	$-10^{308} \sim 10^{308}$	15～16 位有效数字

整型、短整型和字符型还分为有符号数（signed）和无符号数（unsigned）两种，无符号数的值是正数，例如无符号字符型（unsigned char）的取值范围是 0～255。本书主要讲解有符号数。

例如一个整数值 60，它可以用 int、short 或 char 类型的变量来保存，而 300 则不能用 char 类型的变量来保存，因为它超出了可表示的范围。同理，100000 也不能用 short 类型的变量来保存。

字符型 char 保存的是一个很小的整数，这个整数用来表示一个字符。字符是从键盘上可以直接输入的一个符号，例如小写字母'a'、数字'0'、星号'*'。在 C++里，字符要用单引号括起来。字符与其对应整数的对照表参见附录 A。

实数在 C++里又称为浮点数，例如 1.23，如果用单精度来表示，最多具有 6～7 位有效数字，而用双精度来表示，则可以有 15～16 位有效数字。

2.3　变量和常量

2.3.1　变量

1. 变量的定义

变量用于保存一个具体的值。变量要有一个名字，还需要关联一个数据类型。因此，变量定义的语法格式如下：

观察程序中的变量

```
数据类型 变量名;
```

例如，下述代码定义了两个变量：

```
int score;              //定义一个保存成绩的整型变量
float temperature;      //定义一个保存气温的单精度型变量
```

在同一行语句中可以定义多个同类型的变量，变量之间用逗号分隔，例如下述代码：

```
int a, b, c;            //定义 3 个整型变量
```

需要注意以下几点：

- 所有变量都具有数据类型，如整型、双精度型、字符型等。数据类型的作用就是确定变量内存空间的大小和格式。

- 变量具有名字，通过名字来访问对应的内存空间，将值保存到内存中或从内存中读取变量的值。
- 不可重复定义同名变量。

2. 变量的赋值

变量的赋值有以下 3 种情况：

（1）先定义后赋值。语法格式如下：

```
数据类型 变量名;
变量名 = 值;
```

例如先定义变量 score，然后再对其赋值。

```
int score;                    //定义整型变量 score
score = 86;                   //赋值为 86
```

（2）定义和赋值同时进行（初始化赋值）。语法格式如下：

```
数据类型 变量名 = 初始值;
```

例如下述代码。

```
int score = 86;               //定义整型变量 score 并初始化为 86
```

（3）直接赋值。可以再次对变量直接赋值，从而改变原有的值。语法格式如下：

```
变量名 = 值;
```

例如前面的代码已经将 86 赋值给变量 score，还可以通过直接赋值修改它的值。

```
score = 96;
```

需要注意以下几点：

- 变量必须先定义后使用，不能在定义变量之前直接对其赋值或读取它的值。
- 变量必须赋值后才能使用，不赋值直接使用会造成不可预料的结果。

【例 2-1】变量及赋值（参见 Jitor 实训平台【实训 2-1】）。

```
#include <iostream.h>
void main(void){
        int score = 76;
        float temperature;
        int a;

        cout << "score = {" << score << "}\n";
        cout << "temperature = {" << temperature << "}\n";   //输出的是一个不确定数，因为还未赋值
        cout << "a = {" << a << "}\n";   //输出的是一个不确定数，因为还未赋值

//      d = 3;        //先使用，这是错误的
//      int d;        //后定义

        cout << "再次赋值:\n";
        score = 86;
        temperature = 20.3;
        a = 11;

        cout << "score = {" << score << "}\n";
        cout << "temperature = {" << temperature << "}\n";
        cout << "a = {" << a << "}\n";
}
```

运行结果如下，注意在赋值前变量 temperature 和变量 a 的值是不确定的。

```
score = {76}
temperature = {-1.07374e+008}
a = {-858993460}
再次赋值:
score = {86}
temperature = {20.3}
a = {11}
```

2.3.2 字面常量

字面常量是直接用文字表示的固定不变的值，例如 12、3.14159 和 "Hello!"。

1. 整型常量和实型常量

整型常量有十进制、八进制和十六进制 3 种表示法，实型常量有小数表示法和科学记数法，见表 2-2。

表 2-2 整型常量和实型常量表示法

类型	表示法	可用的数字	说明	例子
整数	十进制	0～9	不以数字 0 开始的数字	1234
	八进制	0～7	以数字 0 开始的数字	01234（换算为十进制 668）
	十六进制	0～9、ABCDEF	以 0x 或 0X 开始的数字	0x1234（换算为十进制 4660）
实数（浮点数）	小数表示法		普通的小数表示法	1.234
	科学记数法		字母 e 或 E 表示 10 的幂次	1.234e3（即 $1.234×10^3$）

2. 字符常量和字符串常量

（1）字符。一个字符用 8 位二进制位来表示，取值范围是 0x00～0xFF，共计 256 个。每个字符对应一个具体的数字，这个对照表是一个国际标准，称为 ASCII 码表，见附录 A。

ASCII 码表中的字符可以分为以下 3 个部分：

- 0x00～0x1F（0～31）：控制字符，附录 A 表中的第 1 列，如水平制表符（HT），共 32 个。
- 0x20～0x7F（32～127）：可见字符（可打印字符），附录 A 表中的第 2、3、4 列，包括大小写字母、数字、符号和空格，共 96 个。
- 0x80～0xFF：扩展字符，共 128 个，没有列在附录 A 的表中，用于表示特殊的字符，如欧洲一些语言的字母。普通的中文编码是用两个扩展字符表示一个中文汉字。

字符常量可以用普通字符、转义字符来表示，转义字符有 3 种方式：控制字符、八进制和十六进制，如图 2-3 所示。

图 2-3 字符常量的表示方法

常用的转义字符有 6 个，见表 2-3。

表 2-3　常用转义字符

转义字符	十进制	十六进制	八进制	名称	功能或用途
\t	9	0x09	011	水平制表符（Tab）	输出时水平移动一个制表位
\n	10	0x0A	012	换行符	输出时转到下一行（Linux 和 Windows）
\r	13	0x0D	015	回车符（Enter）	输出时回到第 1 列（MacOS 和 Windows）
\'	39	0x27	047	单引号	输出单引号
\"	34	0x22	042	双引号	输出双引号
\\	92	0x5C	134	反斜线	输出反斜线（用于 Windows 路径中）

 注意　反斜线本身一定要转义\\，单引号和双引号在有歧义时要转义，单引号在单引号内要转义，双引号在双引号内要转义，否则可以转义也可以不转义。

（2）字符串。字符串常量是多个字符连在一起表示一个单词或一句话等。在需要时，字符串内部也应该使用转义字符。

 Tips　字符串中转义字符的使用：双引号 ""、水平制表符 "\t" 和换行符 "\n" 经常用于字符串中，回车符 "\r" 通常不使用。

例如 12 表示数字 12，它的二进制是 0001100，而字符串"12"则是两个字符连续存放，这两个字符对应的 ASCII 码是 0x31 和 0x32（从附录 A 中查找），对应的二进制是两个字节：00110001 和 00110010。

字符常量和字符串常量的区别见表 2-4。

表 2-4　字符常量和字符串常量的区别

项目	字符	字符串
字符数量	一个字符，不能是零个	一个、多个或零个字符
分界符	单引号	双引号
结束标志	无结束标志	有结束标志（ASCII 码为 0）
例子	'A'、'\''、''、'\''、'\\'、'\t'、'\011'、'\x09'	"A string."、"He said \"Hi!\"""、"It's me."、"It\'s me."

【例 2-2】字面常量（参见 Jitor 实训平台【实训 2-2】）。

```cpp
#include <iostream.h>
void main(void) {
    //整数和浮点数
    int a = 42;
    int b = 052;            //八进制的 42
    int c = 0x2a;           //十六进制的 42
    double d = 12345.67;
    double f = 1.234567e4;  //科学记数法

    cout << "a ={" << a << "}\n";
```

```
        cout << "b ={" << b << "}\n";
        cout << "c ={" << c << "}\n";
        cout << "d ={" << d << "}\n";
        cout << "f ={" << f << "}\n";

        //字符和字符串
        cout << "{\t}\n";                   //水平制表符（普通转义字符）
        cout << "{\011}\n";                 //水平制表符（八进制转义字符）
        cout << "{\x09}\n";                 //水平制表符（十六进制转义字符）
        cout << "{\\t}\n";                  //\t（文本）
        cout << endl;                       //换行符（C++标识符）
        cout << "{\n}\n";                   //换行符（普通转义字符）
        cout << "{\012}\n";                 //换行符（八进制转义字符）
        cout << "{\x0a}\n";                 //换行符（十六进制转义字符）
        cout << "{\\n}\n";                  //\n（文本）
        cout << "{'}\n";                    //单引号（在双引号内）
        cout << "{" << '\'' << "}\n";       //单引号（在单引号内）
        cout << "{\"}\n";                   //双引号（在双引号内）
        cout << "{" << '"' << "}\n";        //双引号（在单引号内）
        cout << "{\\}\n";                   //反斜线（普通转义字符）
        cout << "{\\\\}\n";                 //\\（文本）
}
```

2.3.3　const 常量

关键字 const 是英文单词 constant 的前 5 个字母，含义是常量。用它修饰的变量就成为常量，定义一个变量为常量的目的是避免不小心修改了变量的值。语法格式如下：

```
const 数据类型 常量名 = 常量值;
```

或

```
数据类型 const 常量名 = 常量值;
```

按照命名规范，常量名应该用大写字母，如果含有两个单词，则用下划线分隔，如 MAX_NUMBER。以下是一个简单的例子。

```
#include <iostream.h>

void main(void) {
    double const PI = 3.14159;    //关键字 const 位于数据类型之后
    const double E = 2.71828;     //关键字 const 也可以位于数据类型之前

    PI = 3.14159;      //错误：不能再次赋值
    cout << "圆周率 PI = {" << PI << "}\n";
    cout << "自然常数 E = {" << E << "}\n";
}
```

2.3.4　中文字符

常用的中文字符（汉字）有 6 千多个，在计算机里，一般是用两个字节表示一个汉字，这样理论上最多可以表示 256×256=65536 个字符。Windows 采用的 GBK 编码方案共收录 21003 个汉字和 883 个符号。

一个汉字至少占用两个字节，所以汉字一定是字符串。

【例 2-3】中文字符（参见 Jitor 实训平台【实训 2-3】）。

注意　以下代码含有错误，用于详细说明这些错误的原因。

```
1.    #include <iostream.h>
2.    //求字符串长度函数 strlen 需要下面这行指令
3.    #include <string.h>
4.
5.    void main(void) {
6.        字
7.        char c[] = "这是汉字；";     //比较全角的分号"；"和半角的分号";"
8.
9.        cout << c <<    endl;
10.       cout << "字符串长度={" << strlen(c) << "}" << endl;
11.       cout << "这是一个汉字={" << "\xd7\xd6" << "}" << endl;
12.   }
```

其中第 7 行的 c[]定义了一个字符数组（数组在第 4 章详细讲解），可以保存多个字符，它的值是 5 个汉字（包括一个全角的分号）。

这段代码有错误，错误信息显示如下：

```
cpp2code.cpp
D:\vcpp\cpp2\cpp2code.cpp(6) : error C2018: unknown character '0xd7'
D:\vcpp\cpp2\cpp2code.cpp(6) : error C2018: unknown character '0xd6'
D:\vcpp\cpp2\cpp2code.cpp(7) : error C2018: unknown character '0xa3'
D:\vcpp\cpp2\cpp2code.cpp(7) : error C2018: unknown character '0xbb'
D:\vcpp\cpp2\cpp2code.cpp(9) : error C2146: syntax error : missing ';' before identifier 'cout'
D:\vcpp\cpp2\cpp2code.cpp(9) : error C2018: unknown character '0xa1'
D:\vcpp\cpp2\cpp2code.cpp(9) : error C2018: unknown character '0xa1'
```

错误信息的意思是第 6 行有两个无法识别的字符'0xd7'和'0xd6'，其实这就是第 6 行"字"的编码。

第 7 行无法识别的字符'0xa3'和'0xbb'是行末的全角分号。

第 9 行无法识别的字符'0xa1'和'0xa1'是一个全角空格，它隐藏在语句行中。

GB2312 标准收录了 6763 个汉字和 682 个图形符号，这些图形符号就包括全角分号和全角空格。

2.3.5　程序调试：变量的查看

Visual C++ 6.0 提供了程序调试的功能，通过调试可以进一步理解变量和数据类型。下面通过实例来学习调试的操作，常用快捷键见表 2-5。

表 2-5　程序调试用的快捷键

功能	快捷键	说明
切换断点	F9	运行到断点时程序暂停，这时可以观察变量的值
执行到下一个断点	F5	同时也用于开始调试
执行当前行，一次执行一行	F10	用于跟踪执行的过程

【例 2-4】程序调试：变量的查看（参见 Jitor 实训平台【实训 2-4】）。

在 Jitor 校验器中按照所提供的操作要求，参考图 2-4 进行实训。

图 2-4　变量的定义和初始化

图 2-4 是调试过程中断点、当前行和变量之间的关系。按 F9 键设置断点（光标所在的行，再按一次取消断点），按 F5 键开始调试，按 F10 键单步跟踪执行代码，在这个过程中，变量的值是动态显示的。右下方的 5 个变量 a、b、c、d 和 e 是手工输入的，其中变量 e 并没有在代码中定义，所以显示未找到，其他 4 个变量已被定义，所以是有值的。当执行到图中所示的当前行时，a 和 b 已赋值，有准确的值；c 和 d 还未赋值，有不确定的值；变量 b 的值是红色的，表示是刚被修改过的值。

2.4　运算符和表达式

表达式是由常量、变量和运算符组成的算式，C++的运算符有两大类，见表 2-6。

表 2-6　运算符的分类

运算符分类	操作数的个数	例子
一元运算符	1	+3 表示正 3，-5 表示负 5，符号的前面没有操作数
二元运算符	2	2 + 3 表示 2 加 3，加号前后各有一个操作数

2.4.1　表达式与算术运算符、赋值运算符

C++的算术运算符和赋值运算符见表 2-7 和表 2-8。

表 2-7　算术运算符

操作数	运算符	功能	例子（以整型变量 a、b 为例）	例子的运算结果
一元运算符	+	取正值	a = 6; b = +a;	a= 6，b = 6
	-	取负值	a = 6; b = -a;	a= 6，b = -6

续表

操作数	运算符	功能	例子（以整型变量 a、b 为例）	例子的运算结果
二元运算符	+	加	a = 6 + 8;	a = 14
	-	减	a = 6 - 8;	a = -2
	*	乘	a = 6 * 8;	a = 48
	/	除（求商）	a = 16 / 3;	a = 5
	%	模除（求余数）	a = 16 % 3;	a = 1

表 2-8　赋值运算符

分类	运算符	功能	例子（以整型变量 a 为例）	例子的运算结果
基本赋值	=	赋值	a = 12; a = 2;	a = 2

2.4.2　自增、自减运算符

C++提供了自增和自减运算符，它们是一元运算符，见表 2-9。

表 2-9　自增、自减运算符

操作数	运算符	功能	例子（以整型变量 a 为例）	例子的运算结果
一元运算符	++	自增	int a = 3; a++;	a = 4
	--	自减	int a = 3; a--;	a = 2

 注意　通常只对字符型和整型变量（char、short、int）进行自增或自减操作。不能对常量进行自增或自减操作。

将自增和自减运算符作为表达式的一部分时还有前置和后置的区别，下面通过一个例子加以说明。

【例 2-5】前置自增和后置自增（参见 Jitor 实训平台【实训 2-5】）。

（1）后置自增。

```
#include <iostream.h>
void main(void) {
    int a = 3, b;

    b = a++;   //后置自增，先赋值后自增，相当于 b = a; a++;

    cout << "a = {" << a << "}\n";
    cout << "b = {" << b << "}\n";
}
```

运行结果如下：

```
a = {4}
b = {3}
```

（2）前置自增。

```
#include <iostream.h>
void main(void) {
```

```
    int a = 3, b;

    b = ++a;    //前置自增，先自增后赋值，相当于 a++; b =a;

    cout << "a = {" << a << "}\n";
    cout << "b = {" << b << "}\n";
}
```

运行结果如下：

a = {4}
b = {4}

2.4.3 关系运算符和关系表达式

C++的关系运算符见表 2-10。

表 2-10 关系运算符

操作数	运算符	功能	例子	例子的运算结果
二元运算符	==	等于运算	6 == 5	假（0）
	!=	不等于运算	6 != 5	真（1）
	>	大于运算	6 > 5	真（1）
	<	小于运算	6 < 5	假（0）
	>=	大于等于运算	6 >= 6	真（1）
	<=	小于等于运算	6 <= 6	真（1）

注：在"例子的运算结果"栏中结果只有两种值，要么是 0（表示假），要么是 1（表示真），不可能是其他值。

2.4.4 逻辑运算符和逻辑表达式

逻辑运算符包括逻辑取反、逻辑与、逻辑或等，是针对真和假的操作，0 为假，非 0 为真，见表 2-11。

表 2-11 逻辑运算符

操作数	运算符	功能	例子	例子的运算结果	说明
一元运算符	!	非	!1 !0	0 1	真假相反
二元运算符	&&	与	0 && 0 0 && 1 1 && 0 1 && 1	0 0 0 1	都为真时才为真
	||	或	0 || 0 0 || 1 1 || 0 1 || 1	0 1 1 1	只要有真时就是真

注：在"例子"栏中，0 表示假，非 0 值表示真（例子中 1 只是其中的一个代表值，改为任何非 0 值，结果不变）；在"例子的运算结果"栏中结果只有两种值，要么是 0（表示假），要么是 1（表示真），不可能是其他值。

2.4.5　逻辑运算和关系运算的应用

在编程中，逻辑运算符和关系运算符有着非常广泛的应用，本小节通过实例来加强这方面的认识和理解。

【例 2-6】逻辑运算和关系运算的应用（参见 Jitor 实训平台【实训 2-6】）。

（1）判断一个整数是否在 5～100 的闭区间内。

```cpp
#include <iostream.h>
void main(void) {
    int a;
    cout << "输入一个整数：";

    cin >> a;
    cout << "这个整数在 5～100 的闭区间内：{" << (a>=5 && a<=100) << "}\n";
}
```

（2）判断一个整数是否是 5～100 开区间内的奇数。

```cpp
#include <iostream.h>
void main(void) {
    int a;
    cout << "输入一个整数：";

    cin >> a;
    cout << "这个整数是 5～100 的开区间内的奇数：{"
        << ((a>5 && a<100) && a%2!=0) << "}\n";
}
```

（3）判断一个字符是否是小写字母。

```cpp
#include <iostream.h>
void main(void) {
    char a;
    cout << "输入一个字符：";

    cin >> a;
    cout << "这个字符是小写字母：{" << (a>='a' && a<='z') << "}\n";
}
```

（4）判断一个字符是否是标识符中可用的字符。

```cpp
#include <iostream.h>
void main(void) {
    char a;
    cout << "输入一个字符：";

    cin >> a;
    cout << "这个字符是标识符中可用的字符：{"
        << ((a>='a' && a<='z')          //小写字母
        || (a>='A' && a<='Z')           //大写字母
        || (a>='0' && a<='9')           //数字
        || (a=='_')) << "}\n";          //下划线
}
```

（5）判断输入的年份是否是闰年。

```
#include <iostream.h>
void main(void) {
    int y;
    cout << "输入年份：";

    cin >> y;
    cout << "这一年是闰年：{"
        << (y % 400==0                      //能被 400 整除是闰年
        || (y % 4==0 && y % 100!=0))        //或者能被 4 整除，但不是百年的是闰年
        << "}\n";
}
```

2.4.6 位运算符和位运算表达式

常用的位运算符有 6 个，是针对二进制中的每一位进行操作，每一位的取值是 0 或者 1。其中按位取反是一元运算符，见表 2-12。

表 2-12 位运算符

操作数	运算符	功能	例子	例子的运算结果	说明
一元运算符	~	按位取反	~ 0 ~ 1	1 0	与原来的相反
二元运算符	&	按位与	0 & 0 0 & 1 1 & 0 1 & 1	0 0 0 1	都为 1 时才为 1
			按位或	0 | 0 0 | 1 1 | 0 1 | 1	0 1 1 1	只要有 1 时就是 1
	^	按位异或	0 ^ 0 0 ^ 1 1 ^ 0 1 ^ 1	0 1 1 0	只有不同时才为 1
	<<	按位左移	00001000 << 2	00100000	左移，末尾加 2 个 0，多余的丢弃
	>>	按位右移	00001000 >> 2	00000010	右移，前面加 2 个 0，多余的丢弃

【例 2-7】位运算符与位运算表达式（参见 Jitor 实训平台【实训 2-7】）。

```
#include <iostream>
#include <bitset>
using namespace std;
//为了以二进制格式输出数据，需要上述指令
void main(void) {
    int a;
    cout << "输入第一个整数（小于 128）：";
    cin >> a;
```

```
    int b;
    cout << "输入第二个整数（小于 128）：";
    cin >> b;
    cout << endl;
    //下述二进制只显示后 8 位
    cout << "数 1 的二进制：{" << bitset<8>(a)   << "}, {" << (a)<< "}\n";
    cout << "数 2 的二进制：{" << bitset<8>(b)   << "}, {" << (b)<< "}\n";

    cout << "按位与（&）：{" << bitset<8>(a & b) << "}, {" << (a&b) << "}\n";
    cout << "按位或（|）：{" << bitset<8>(a | b) << "}, {" << (a|b) << "}\n";
    cout << "按位异或（^）：{" << bitset<8>(a ^ b) << "}, {" << (a^b) << "}\n";
}
```

位运算一般用于嵌入式、底层驱动、通信协议、电子设备以及物联网设备的编程中。

2.4.7   复合赋值运算符

赋值运算符有两种，一种是基本赋值运算符，一种是复合赋值运算符，见表 2-13。

表 2-13   赋值运算符

分类	运算符	功能	例子（以整型变量 a 为例）	例子的运算结果
基本赋值	=	赋值	a = 12; a = 2;	2
复合赋值	+=	加等于	a = 12; a += 2;	14
	-=	减等于	a = 12; a -= 2;	10
	*=	乘等于	a = 12; a *= 2;	24
	/=	除等于	a = 12; a /= 2;	6
	%=	模除等于	a = 12; a %= 2;	0

复合赋值运算符是算术运算和赋值运算的复合，它不提供新的功能，但是有助于编写出简洁的代码，提高可读性。因此，只要可能，应尽量使用复合赋值运算符。

复合赋值运算符的一些例子见表 2-14。

表 2-14   复合赋值运算符的一些例子

比较项	加等于	减等于	乘等于	除等于	模除等于
复合赋值	a += 3;	a -= 3;	a *= 3;	a /= 3;	a %= 3;
等价的代码	a = a + 3;	a = a - 3;	a = a * 3;	a = a / 3;	a = a % 3;

2.4.8   数据类型转换

在二元运算符的运算过程中，两个操作数必须是相同类型，否则就不能进行运算。

当两个操作数的类型不同时，需要将它们转换为相同的类型，转换的办

数据类型是如何转换的

法有两种：自动类型转换和强制类型转换。

1. 自动类型转换

由编译器自动进行转换，转换的原则是：①将占用空间小的转换为占用空间大的，避免数据的溢出；②将精度低的转换为精度高的，避免精度损失。

具体的规则如图 2-5 所示。

图 2-5 自动类型转换

图中横向向右的箭头表示运算时必定的转换（例如 char 和 char 相加，这两个 char 也会转换为 int，然后再相加）；纵向向上的箭头表示当运算对象为不同类型时转换的方向（例如 char 遇到 float 时转换为 float，char 遇到 double 时转换为 double）。

2. 强制类型转换

如果要实现自动类型转换无法实现的转换时，可以使用强制类型转换。通常是在代码中指定向精度低或占用空间小的类型转换，因此程序员应该自行承担数据溢出和精度损失的风险。

强制类型转换的语法格式如下：

(数据类型)变量或常量

【例 2-8】数据类型转换（参见 Jitor 实训平台【实训 2-8】）。

（1）自动类型转换。

```cpp
#include <iostream.h>
#include <typeinfo.h>    //这个包含文件用于获得变量的数据类型
void main(void){
    int a1 = 2, a2 = 3;
    short b1 = 2, b2 = 3;
    char c1 = '2', c2 = 'c';
    double d1 = 2.1, d2 = 3.1;
    float f1 = 2.1;    //这里有一个警告信息
    float f2 = 3.1f;    //没有警告，因为加了一个 f，表示是一个单精度浮点数

    cout << "short, char 自动转换为 int: \n";
    cout << "短整数相加的结果类型={" << typeid(b1 + b2).name() << "}\n";
    cout << "字符相加的结果类型={" << typeid(c1 + c2).name() << "}\n";

    cout << "\n 不同类型相加: \n";
    cout << "整数加单精度的结果类型={" << typeid(a1 + f2).name() << "}\n";
    cout << "字符加双精度的结果类型={" << typeid(c1 + d2).name() << "}\n";
    cout << "单双精度相加的结果类型={" << typeid(f1 + d2).name() << "}\n";

}
```

运行结果如下，其中前一组结果演示的是图 2-5 中的向右箭头，后一组结果演示的是图 2-5 中的向上箭头：

```
short, char 自动转换为 int：
短整数相加的结果类型={int}
字符相加的结果类型={int}

不同类型相加：
整数加单精度的结果类型={float}
字符加双精度的结果类型={double}
单双精度相加的结果类型={double}
```

（2）强制类型转换。

```
#include <iostream.h>
#include <typeinfo.h>

void main(void){
    cout.unsetf(ios::fixed);
    cout.precision(15);        //设置 15 位小数

    cout << "强制类型转换（精度损失）\n";
    double d = 1.123456789012345;
    float f = (float)d;        //强制类型转换
    cout << "d={" << d << "}\n";
    cout << "f={" << f << "}\n";

    cout << "\n 强制类型转换（数据溢出）\n";
    int a = (int)7000000000;        //全世界人口 70 亿，超出整型的范围
    cout << "70 亿={" << a << "}\n";
}
```

运行结果如下，其中前一组结果演示的是精度损失，后一组结果演示的是数据溢出，数据溢出会造成数据完全失真，导致结果不正确：

```
强制类型转换（精度损失）
d={1.12345678901235}
f={1.12346}

强制类型转换（数据溢出）
70 亿={-1589934592}
```

2.4.9　运算符的优先级

运算符的优先级在表达式中起着非常重要的作用，一定要很好地理解。简单地说，就是先乘除后加减，一元运算符优先级最高，用括号可以调整优先级，见表 2-15，详见附录 C。

如果对优先级不太确定，或者是表达式比较复杂，这时应该加上括号，便于编写正确的表达式，同时提高可读性。

表 2-15　运算符的优先级

运算符	说明	结合性
()	括号优先	
expr++、expr--、++expr、--expr、+expr、-expr	一元运算	左结合性
!	一元运算	右结合性
*、/、%	乘、除、模除	左结合性
+、-	加减	左结合性
<<、>>	左移、右移	
<、>、<=、>=、==、!=	关系运算	左结合性
&&、||	逻辑与、逻辑或	左结合性
?:	条件运算符	
=	赋值	右结合性
+=、-=、*=、/=、%=	复合赋值	左结合性

注：优先级的高低是上面的最高，向下依次降低，即括号优先级最高，复合赋值最低。

　　左移（<<）、右移（>>）运算符同时也是输入（cin）和输出（cout）使用的插入和提取运算符，请注意它们的优先级比关系运算符更高。

2.5　简单的输入输出

2.5.1　数据输出

使用 cout 实现数据的输出要用到插入运算符（<<），本章已经多次使用输出语句，但是要注意以下几点：

● 插入运算符（<<）的优先级比关系运算符、逻辑与、逻辑或高。

● endl 是换行符，与'\n'完全等价。

● 要灵活运用\n 和\t 对输出进行控制，达到美观易读的目的。

【例 2-9】数据输出（参见 Jitor 实训平台【实训 2-9】）。

```
#include <iostream.h>
void main(void){
    int a=2, b=3;

    //Hello, world!的 3 种写法
    cout << "Hello, world!" << endl;
    cout << "Hello, world!\n";
    cout << "Hello, " << "world!" << '\n';

    //输出两个值时中间应该有分隔
    cout << "a、b 的值分别是: " << a << b << endl;
    cout << "a、b 的值分别是: a=" << a << ", b=" << b << endl;
```

```
        //关系运算符的优先级小于 << 运算符，所以要加上括号
        cout << "a 是否小于 b: " << (a < b) << endl;
}
```

运行结果如下：

```
Hello, world!
Hello, world!
Hello, world!
a、b 的值分别是: 23
a、b 的值分别是: a=2, b=3
a 是否小于 b: 1
```

2.5.2 数据输入

使用 cin 实现数据的输入要用到提取运算符（>>），本章已经使用过输入语句，但是要注意以下几点：

- 提取运算符（>>）的优先级比关系运算符、逻辑与、逻辑或高。
- 从键盘上输入数据的个数、类型、顺序必须与 cin 列举的变量一一对应。
- 输入的数据之间用空格、Tab 或回车键分隔。多个连续的分隔符与一个空格效果相同。

【例 2-10】数据输入（参见 Jitor 实训平台【实训 2-10】）。

```
#include <iostream.h>
void main(void){
    int a, b;
    double x, y;
    char c;

    cout << "顺序从键盘上输入两个整数、两个实数和一个字符：";
    cin >> a >> b >> x >> y >> c;
    cout << "你的输入分别是：\n";

    cout << "{a=" << a << ", b=" << b << ", x=" << x << ", y=" << y << ", c=" << c;
    cout << "}" << endl;
}
/*
用下述数据进行测试（代码正确，接收到的数据可能错误）
    正确的数据：2 3 4.5 6.7 t
    类型错误：2.3 4.5 6.7 8.9 h      //这时第一个小数点前是正确的，之后的全乱了
    类型错误：2 3 a 6.7 4.5          //第 3 个数据开始全乱了
    个数错误：2 3 4.5 6.7 abc d      //数据个数太多，这时丢弃多余的数据
    个数错误：2 3 4.5 6.7           //数据个数太少，这时等待继续输入
*/
```

测试结果（一）：正确的数据。

```
顺序从键盘上输入两个整数、两个实数和一个字符：2 3 4.5 6.7 t
你的输入分别是：
{a=2, b=3, x=4.5, y=6.7, c=t}
```

测试结果（二）：类型错误的数据。

```
顺序从键盘上输入两个整数、两个实数和一个字符：2.3 4.5 6.7 8.9 h
你的输入分别是：
{a=2, b=0, x=-9.25596e+061, y=-9.25596e+061, c=蘁
```

测试结果（三）：类型错误的数据。

顺序从键盘上输入两个整数、两个实数和一个字符：2 3 a 6.7 4.5

你的输入分别是：

{a=2, b=3, x=-9.25596e+061, y=-9.25596e+061, c=蘯

测试结果（四）：个数错误的数据，多余的数据被丢弃。

顺序从键盘上输入两个整数、两个实数和一个字符：2 3 4.5 6.7 abc d

你的输入分别是：

{a=2, b=3, x=4.5, y=6.7, c=a}

2.5.3　数据格式控制

常用的数据格式控制见表 2-16。

表 2-16　数据格式控制

格式控制函数名	功能	适用输入/输出流
dec	设置为十进制数	I/O
hex	设置为十六进制数	I/O
oct	设置为八进制数	I/O
endl	插入一个换行符（相当于'\n'）	O
ends	插入一个空白字符	O
setprecision(int)	设置浮点数的精度或小数位数 在 cout.unsetf(ios::fixed); 之后设置的是精度 在 cout.setf(ios::fixed); 之后设置的是小数位数	O
setw(int)	设置域宽	O

注：最后两个函数需要#include <iomanip.h>指令。

为了保证数字的精度，不能设置变量值的精度或小数位数，只有在输出时才能设置精度或小数位数，这时变量值是不变的。

【例 2-11】数据格式控制（参见 Jitor 实训平台【实训 2-11】）。

（1）数制。

```cpp
#include <iostream.h>
void main(void){
    int a;

    cout << "输入一个十六进制整数：";
    cin >> hex >> a;
    cout << "转换为十进制是{" << dec << a << "}\n";
    cout << "转换为八进制是{" << oct << a << "}\n\n";

    cout << "输入一个十进制整数：";
    cin >> dec >> a;
    cout << "转换为十六进制是{" << hex << a << "}\n";
    cout << "转换为八进制是{" << oct << a << "}\n\n";

    cout << "输入一个八进制整数：";
```

```
        cin >> oct >> a;
        cout << "转换为十六进制是{" << hex << a << "}\n";
        cout << "转换为十进制是{" << dec << a << "}\n\n";
}
```

（2）域宽。

```
#include <iostream.h>
#include <iomanip.h>        //设置 setw(12)域宽需要这一行
void main(void){
        char name1[] = "笔记本电脑";
        char name2[] = "鼠标";
        int quantity1 = 1;
        int quantity2 = 2;
        float price1 = 3890;
        float price2 = 98;

        cout.setf(ios::fixed);
        cout << setprecision(2);
        cout << setw(12) << "品名" << setw(12) << "数量" << setw(12)
                << "单价" << setw(12) << "金额" << endl;
        cout << setw(12) << name1 << setw(12) << quantity1 << setw(12)
                << price1 << setw(12) << quantity1*price1 << endl;
        cout << setw(12) << name2 << setw(12) << quantity2 << setw(12)
                << price2 << setw(12) << quantity2*price2 << endl;
        cout << setw(12) << "合计" << setw(36 ) << quantity1*price1+quantity2*price2 << endl;
}
```

运行结果如下（要求格式严格对齐）：

```
        品名        数量        单价        金额
笔记本电脑          1      3890.00     3890.00
       鼠标          2        98.00      196.00
       合计                            4086.00
```

（3）精度和小数位数。

```
#include <iostream.h>
#include <iomanip.h>        //设置精度需要这一行

void main(void){
        double pi=3.14159265358979323846264338;
        double area = 100*100*pi;     //半径为 100 的圆的面积

        cout.unsetf(ios::fixed);     //以下设置的是精度
        cout.precision(8);
        cout << "半径为 100 的圆的面积： 8 位精度 {" << area << "}\n";
        cout << setprecision(20);
        cout << "半径为 100 的圆的面积：20 位精度 {" << area << "}\n";

        cout.setf(ios::fixed);     //以下设置的是小数位数
        cout << setprecision(8);
        cout << "半径为 100 的圆的面积： 8 位小数 {" << area << "}\n";

        cout << setprecision(12);
```

```
    cout << "半径为 100 的圆的面积: 12 位小数 {" << area << "}\n";

    cout << setprecision(20);
    cout << "半径为 100 的圆的面积: 20 位小数 {" << area << "}\n";
}
```

运行结果如下,结果是四舍五入的,其中 20 位精度和 20 位小数都是达不到的:

半径为 100 的圆的面积:　8 位精度 {31415.927}
半径为 100 的圆的面积: 20 位精度 {31415.9265358979}
半径为 100 的圆的面积:　8 位小数 {31415.92653590}
半径为 100 的圆的面积: 12 位小数 {31415.926535897932}
半径为 100 的圆的面积: 20 位小数 {31415.926535897932000}

2.6　综合实训

下述综合实训需要 Jitor 校验器实时批改。

1.【Jitor 平台实训 2-12】编写一个程序,从键盘输入圆环的外半径和内半径(整数),输出圆环的面积(10 位小数)。不考虑错误的数据(例如内半径大于外半径时)导致错误结果的情况。

2.【Jitor 平台实训 2-13】编写一个程序,从键盘输入华氏温度(单精度数),输出摄氏温度(单精度数)。

3.【Jitor 平台实训 2-14】编写一个程序,从键盘输入一个小写字母(字符),输出对应的大写字母。不考虑错误的数据(例如非字母字符)导致错误结果的情况。

4.【Jitor 平台实训 2-15】编写一个程序,从键盘输入一个三位的整数(如 369),反向输出这三个数字(如 963)。

第 3 章　程序结构和流程控制

本章所有实训可以在 Jitor 校验器的指导下完成。

3.1　基本结构和语句

3.1.1　程序的三种基本结构

程序的 3 种基本结构是顺序结构、分支结构和循环结构（如图 3-1 所示），这 3 种结构构成了 C++语言的流程控制。

图 3-1　程序的 3 种基本结构

1. 顺序结构

严格按语句的先后次序，从上往下顺序执行每一条语句。

2. 分支结构

满足条件（为真，即非 0）时执行一段语句，不满足条件（为假，即 0）时不执行任何语句或执行另一段语句。

3. 循环结构

满足条件（为真，即非 0）时循环执行一段代码（称为循环体），不满足条件（为假，即 0）时结束循环。

3.1.2　C++程序的指令和语句

C++程序的代码由指令和语句组成，这些指令和语句可以分为几类，见表 3-1。

表 3-1　指令和语句的分类及例子

代码分类	语句分类	例子	说明
预处理指令		#include <iostream.h>	结尾不加分号

定义语句	函数定义语句	int add(int x, int y) {
		　…
		}
			第 5 章讲解

	变量定义语句	int a=2, b, c;	第 2 章讲解
执行语句	赋值和表达式语句	b = a + 3;	第 2 章讲解
	函数调用语句	c = add(a, b);	第 5 章讲解
	控制语句（分支、循环）	两种分支，三种循环	本章讲解
	空语句	;	只有一个分号，这个分号就是语句的结尾

语句块		{
		　int a;
		　a = 3;
		}
			用花括号括起来的零行或多行语句。
			语句块本身不要加分号，但其中的语句结尾必须加分号

3.2　分支语句

3.2.1　if 语句

1. if 语句的 3 种基本形式

if 语句是最基本的分支语句，可以构成多种形式，见表 3-2。

if 语句流程分析

表 3-2　if 语句的 3 种基本形式

单选 if 语句	双选 if 语句	多选 if 语句

if(条件表达式){
　语句
}
	if(条件表达式){
	　语句 1
	}else{
	　语句 2
	}
		if(条件表达式 1){
		　语句 1
		}else if(条件表达式 2){
		　语句 2
		　⋮
		}else if(条件表达式 n){
		　语句 n
		}else{
		　语句 n+1
		}

其中的"条件表达式"是一个关系表达式或逻辑表达式，结果非 0 时为真，0 时为假。

【例 3-1】if 语句的 3 种基本形式（参见 Jitor 实训平台【实训 3-1】）。

（1）单选 if 语句。

```
#include <iostream.h>
void main(void) {
    float temperature;
    cout << "输入今天的气温：";
    cin >> temperature;
```

```
        if (temperature > 30) {
                cout << "{打开空调}\n";
        }

        cout << "{程序结束}\n";
}
```

（2）双选 if 语句。

```
//将上述单选 if 语句部分改为双选 if 语句，增加一个 else 的选择
if (temperature > 30) {
        cout << "{打开空调}\n";
}else{
        cout << "{关闭空调}\n";
}
```

（3）多选 if 语句。

```
//将上述双选 if 语句部分改为多选 if 语句，再增加一个 else if 的选择
if (temperature > 30) {
        cout << "{打开空调（制冷）}\n";
}else if(temperature < 10){
        cout << "{打开空调（制热）}\n";
}else{
        cout << "{关闭空调}\n";
}
```

2. 理解条件表达式

if 语句中的条件表达式通常是一个关系表达式或逻辑表达式，也可以是一个整数或字符，原则永远是非 0 为真，0 为假。

下面的例子是将一个整数变量作为条件表达式，当变量为真时输出"{条件表达式为真}"，否则输出"{条件表达式为假}"。

【例 3-2】理解条件表达式（参见 Jitor 实训平台【实训 3-2】）。

```
#include <iostream.h>
void main(void) {
    int a;
    cout << "Input an integer: ";
    cin >> a;

    if(a){
            cout << "{条件表达式为真}\n";
    }else{
            cout << "{条件表达式为假}\n";
    }

    cout << "{程序结束}\n";
}
```

在 C 语言和 C++语言中，不论是整型、字符型还是其他类型，永远是"非 0 为真，0 为假"。这个原则在其他语言中不一定成立。

3. 巧用 if 语句

有时对同一个问题可以用不同的 if 语句来实现。例如从两个数中求较大值，可以用双选

if 语句来实现，也可以用单选 if 语句来实现。

【例 3-3】巧用 if 语句（参见 Jitor 实训平台【实训 3-3】）。

（1）从两个数中求较大值（双选 if 语句）。

```
#include <iostream.h>
void main(void) {
    int a, b, max;

    cout << "Input a,b:";
    cin >> a >> b;

    if (a > b){
        max = a;
    }else{
        max = b;
    }

    cout << "max={" << max << "}\n";
}
```

（2）从两个数中求较大值（单选 if 语句）。

```
//修改上述代码中求较大值的部分，采用单选 if 语句实现
max = a;
if (b > max){
    max = b;
}
```

4. if 语句的应用

使用 if 语句可以实现一些强大的功能。下面是几个例子。

【例 3-4】if 语句的应用（参见 Jitor 实训平台【实训 3-4】）。

（1）求点(x,y)的象限。

```
#include <iostream.h>
void main(void) {
    float x, y;

    cout << "Input x, y: ";
    cin >> x >> y;

    if (x > 0 && y > 0) {
        cout << "{第Ⅰ象限}\n";
    }else if (x < 0 && y > 0) {
        cout << "{第Ⅱ象限}\n";
    }else if (x < 0 && y < 0) {
        cout << "{第Ⅲ象限}\n";
    }else if (x > 0 && y < 0) {
        cout << "{第Ⅳ象限}\n";
    }else {
        cout << "{不属于任何象限}\n";
    }
}
```

（2）百分制成绩转等级制成绩。

```cpp
#include <iostream.h>
void main(void) {
    float score;
    cout << "输入百分制成绩：";
    cin >> score;

    if (score > 100) {
        cout << "{百分制成绩不能大于 100}\n";
    }else if(score >= 90){
        cout << "{优秀}\n";
    }else if(score >= 80){
        cout << "{良好}\n";
    }else if(score >= 70){
        cout << "{中等}\n";
    }else if(score >= 60){
        cout << "{及格}\n";
    }else if(score >= 0){
        cout << "{不及格}\n";
    }else{
        cout << "{成绩不能是负值}\n";
    }
}
```

（3）计算以下分段函数的值：

$$y = \begin{cases} x+1 & x < 0 \\ x^2 - 5 & 0 \leqslant x < 10 \\ x^3 & x \geqslant 10 \end{cases}$$

```cpp
#include <iostream.h>
void main(void){
    float x,y;
    cout<<"Input x:";
    cin>>x;

    if (x<0){
        y = x + 1;
    }else if (x<10){
        y = x*x - 5;
    }else{
        y = x*x*x;
    }
    cout << "y = {" << y << "}\n";
}
```

3.2.2　if 语句的嵌套

if 语句可以嵌套，也就是说，当条件为真或假时的语句块中还存在独立的条件语句。这时外层的 if 语句嵌套了内层 if 语句。

```
    if(条件表达式){    //外层 if 语句
        if(条件表达式){    //内层 if 语句（单选、双选或多选）
            语句 1
        }else{
            语句 2
        }    //内层 if 语句结束
    }else{    //外层 if 语句的 else
        if(条件表达式){    //内层 if 语句（单选、双选或多选）
            语句 1
        }else{
            语句 2
        }    //内层 if 语句结束
    }    //外层 if 语句结束
```

使用嵌套 if 语句时要特别注意代码的缩进，使代码在任何时候都是清晰可读的。

有些问题可以采用多种办法来解决，例如下述单选 if 语句和嵌套 if 语句的运行结果是相同的。

单选 if 语句	嵌套 if 语句

``
void main(void) {
    int score1, score2;
    cout << "输入两门课的成绩：";
    cin >> score1 >> score2;
    if(score1>=60 && score2>=60){
 	
        cout << "{两门课程都及格}\n";
 	
    }
}
``
	``
	void main(void) {
	    int score1, score2;
	    cout << "输入两门课的成绩：";
	    cin >> score1 >> score2;
	    if(score1>=60){
	        if(score2>=60){
	            cout << "{两门课程都及格}\n";
	        }
	    }
	}
	``

又如下述多选 if 语句和嵌套 if 语句的运行结果是相同的。

多选 if 语句	嵌套 if 语句

``
void main(void) {
    int score;
    cout << "输入一门课的成绩：";
    cin >> score;
 	
    if(score>=80){
        cout << "{成绩很棒}\n";
    }else if(score>=60){
        cout << "{成绩及格}\n";
    }else{
        cout << "{不及格}\n";
    }
}
``
	``
	void main(void) {
	    int score;
	    cout << "输入一门课的成绩：";
	    cin >> score;
	    if(score>=80){
	        cout << "{成绩很棒}\n";
	    }else{
	        if(score>=60){
	            cout << "{成绩及格}\n";
	        }else{
	            cout << "{不及格}\n";
	        }
	    }
	}
	``

【例 3-5】if 语句的嵌套（参见 Jitor 实训平台【实训 3-5】）。

通常在嵌套时，一个 if 语句是一个逻辑，另一个 if 语句是另一个逻辑。例如下面的例子中有两个逻辑，一个是天气的气温，另一个是房间里是否有空调，这就非常适合使用嵌套 if 语句。

```
#include <iostream.h>
void main(void){
    float temperature;
    cout << "输入今天的气温：";
    cin >> temperature;

    char hasAC;
    cout << "房间里有空调吗（y/n）";
    cin >> hasAC;

    if (hasAC == 'y' || hasAC == 'Y') {
        cout << "{有空调}\n";
        if (temperature > 30) {
            cout << "{打开空调（制冷）}\n";
        } else if (temperature < 10) {
            cout << "{打开空调（制热）}\n";
        } else {
            cout << "{关闭空调}\n";
        }
    } else if (hasAC == 'n' || hasAC == 'N') {
        cout << "{没有空调呀}\n";
        if (temperature > 30) {
            cout << "{拿起扇子}\n";
        } else if (temperature < 10) {
            cout << "{多穿衣服}\n";
        } else {
            cout << "{什么也不要做}\n";
        }
    } else {
        cout << "{选择不正确，只能选择大写或小写的 y 或 n}\n";
    }
}
```

因此，我们要根据问题的复杂程度在单选、双选、多选和嵌套 if 语句中选择最合适的一种来编写自己的代码。

3.2.3　条件运算符和条件表达式

经常遇到一个变量根据条件表达式为真或为假取不同的值的情况。

```
int a;
if(条件为真)
    a = 表达式 1;
else
    a = 表达式 2;
```

这时可以用一种特别的三元运算符（?:）来为这个变量赋值。

```
变量 = 条件为真 ? 表达式 1 : 表达式 2;
```

当条件或表达式比较长时采用以下格式，这样会更加清晰，可读性更好。

```
变量 = (条件为真)
    ? 表达式 1
    : 表达式 2;
```

【例 3-6】 条件表达式（参见 Jitor 实训平台【实训 3-6】）。

（1）计算两个数中的较大者。

```
#include <iostream.h>
void main(void) {
    int a, b, max,min;

    cout << "Input a,b:";
    cin >> a >> b;
    max = a>b ? a : b;        //注意?:的前后各空一个空格，可以提高可读性
    cout << "max={" << max << "}\n";
}
```

（2）计算两个数中的较小者。

```
min = a<b ? a : b;        //而不要用 min = a>b ? b : a;，这样虽然结果正确，但不容易理解
```

（3）计算三个数中的最大者。

```
max = a>b ? a : b;        //先求两个数的较大者
max = max>c ? max : c;        //再与第三个数比较
```

（4）将【例 3-1】中的双选 if 条件改为条件运算符实现。

```
#include <iostream.h>
void main(void) {
    float temperature;
    cout << "输入今天的气温：";
    cin >> temperature;
    //【例 3-1】中采用双选 if 条件实现
    cout << (temperature > 30?"{打开空调}\n":"{关闭空调}\n");
    cout << "{程序结束}\n";
}
```

（5）将【例 3-1】中的单选 if 条件改为条件运算符实现。

```
    //【例 3-1】中采用单选 if 条件实现
    cout << (temperature>30 ? "{打开空调}\n":"");        //""是空字符串
```

条件运算符是唯一的一种三元运算符，是一种特别的双选 if 语句的简化表达方式。它有助于编写清晰简洁的代码，提高可读性。

3.2.4 switch 语句

另一种分支语句是 switch 语句，它是一种多选的分支语句。语法格式如下：

```
switch (表达式){
case 值 1:
    代码 1;
    break;
case 值 2:
    代码 2;
    break;
    ⋮
case 值 n:
    代码 n;
    break;
default:
    代码 n+1;
}
```

注意以下几点：

- switch 中的表达式只能是字符、短整型和整型等类型的变量或表达式。
- 每个 case 中的代码可以由多行代码组成，而不需要加上花括号。
- 通常情况下，每个 case 都应该用 break 中断，以防止继续执行下一个 case，除非需要继续执行下一个 case。

1. switch 语句的基本形式

【例 3-7】switch 语句的基本形式（数字转换为星期名称）（参见 Jitor 实训平台【实训 3-7】）。

```
#include <iostream.h>
void main(void) {
    int a;
    cout << "Input an integer (0-6): ";
    cin>>a;

    switch (a){
    case 0:
        cout << "{Sunday}\n";
        break;
    case 1:
        cout << "{Monday}\n";
        break;
    case 2:
        cout << "{Tuesday}\n";
        break;
    case 3:
        cout << "{Wednesday}\n";
        break;
    case 4:
        cout << "{Thursday}\n";
        break;
    case 5:
        cout << "{Friday}\n";
        break;
    case 6:
        cout << "{Saturday}\n";
        break;
    default:
        cout << "{Input data error.}\n";
    }
}
```

2. switch 语句的应用

【例 3-8】switch 语句的应用（参见 Jitor 实训平台【实训 3-8】）。

（1）将百分制成绩转换为中文的等级制成绩（暂不考虑 100 分）。

```
#include <iostream.h>
void main(void) {
    int score;
    cout << "输入百分制成绩（0～99）：";
    cin>>score;

    switch(score/10){
```

```
    case 9:
            cout << "{优秀}\n";
            break;
    case 8:
            cout << "{良好}\n";
            break;
    case 7:
            cout << "{中等}\n";
            break;
    case 6:
            cout << "{及格}\n";
            break;
    case 5:
    case 4:
    case 3:
    case 2:
    case 1:
    case 0:
            cout << "{不及格}\n";
            break;
    default:
            cout << "{输入错误}\n";
    }
}
```

（2）将 ABCDF 表示的等级制成绩转换为中文表示的等级制成绩。

```
#include <iostream.h>
void main(void) {
    char grade;
    cout << "输入等级成绩（ABCDF）: ";
    cin>>grade;

    switch(grade){
    case 'A':
    case 'a':
            cout << "{优秀}\n";
            break;
    case 'B':
    case 'b':
            cout << "{良好}\n";
            break;
    case 'C':
    case 'c':
            cout << "{中等}\n";
            break;
    case 'D':
    case 'd':
            cout << "{及格}\n";
            break;
    case 'F':
    case 'f':
            cout << "{不及格}\n";
            break;
```

```
default:
        cout << "{输入错误}\n";
    }
}
```

（3）用 switch 语句编写菜单。

```
#include <iostream.h>
void main(void) {
    cout << "{I. 输入数据}\n";
    cout << "{C. 进行计算}\n";
    cout << "{O. 输出数据}\n";

    char choice;
    cout << "选择菜单功能: ";
    cin >> choice;

    switch(choice){
    case 'I':
    case 'i':
        cout << "{你选择了 I. 输入数据}\n";
        break;
    case 'C':
    case 'c':
        cout << "{你选择了 C. 进行计算}\n";
        break;
    case 'O':
    case 'o':
        cout << "{你选择了 O. 输出数据}\n";
        break;
    default:
        cout << "{选择错误，只能选择字母 i、c、o}\n";
    }

    cout << "{程序结束}\n";
}
```

3. switch 语句与 if 语句比较

switch 语句能完成的功能，采用 if 语句也同样能够实现，但多数 if 语句能实现的功能，switch 语句却不一定能够实现，见表 3-3。

表 3-3　switch 语句与 if 语句比较

可以改写为 switch 语句	不可改写为 switch 语句	不可改写为 switch 语句

if(a==1){
　//...
}else if(a==2){
　//...
}else if(a==3){
　//...
}else if(a==4){
　//...
}else{
　//...
}
	if(a<0){
	　//...
	}else if(a<10){
	　//...
	}else if(a<100){
	　//...
	}else if(a<999){
	　//...
	}else{
	　//...
	}
		if(a>0 && b<0){
		　//...
		}else if(a>20 && b<-100){
		　//...
		}else{
		　//...
		}

switch 语句的优势是使程序简洁清晰，可读性好。因此，只要能够用 switch 语句实现的，就应该用 switch 语句来编写。

3.2.5　实例详解（一）：求给定年份和月份的天数

对同一个问题，可以用不同的思路、不同的代码来实现，代码的质量主要取决于运行效率和可读性。

例如下面是一个求给定年份和月份的天数的程序，可以采用以下 3 种办法来实现：

● 多条单选 if 语句的实现。
● 多选 if 语句的实现。
● switch 语句的实现。

【例 3-9】实例详解（一）：求给定年份和月份的天数（参见 Jitor 实训平台【实训 3-9】）。

（1）多条 if 语句的实现。

```cpp
#include <iostream.h>
void main(void) {
    int year, month, day;
    cout << "输入年份和月份：";
    cin >> year >> month;

    if(month==1){
        day = 31;
    }
    if(month==2){
        if(year%400==0 || (year%4==0 && year%100!=0)){
            day = 29;          //闰年
        }else{
            day = 28;          //普通年份
        }
    }
    if(month==3){
        day = 31;
    }
    if(month==4){
        day = 30;
    }
    if(month==5){
        day = 31;
    }
    if(month==6){
        day = 30;
    }
    if(month==7){
        day = 31;
    }
    if(month==8){
        day = 31;
    }
    if(month==9){
```

```
            day = 30;
        }
        if(month==10){
            day = 31;
        }
        if(month==11){
            day = 30;
        }
        if(month==12){
            day = 31;
        }
        cout << "该年份的这个月的天数是{" << day << "}\n";
}
```

（2）多选 if 语句的实现（判断部分的代码）。

```
if(month==1 || month==3 || month==5 || month==7 || month==8 || month==10 || month==12){
    day = 31;
}else if(month==4 || month==6 || month==9 || month==11){
    day = 30;
}else if(month==2){
    if(year%400==0 || (year%4==0 && year%100!=0)){
        day = 29;        //闰年
    }else{
        day = 28;        //普通年份
    }
}else{
    cout << "error\n";
    day = 0;
}
```

（3）switch 语句的实现（判断部分的代码）。

```
switch(month){
case 1:
case 3:
case 5:
case 7:
case 8:
case 10:
case 12:
    day = 31;
    break;
case 4:
case 6:
case 9:
case 11:
    day = 30;
    break;
case 2:
    if(year%400==0 || (year%4==0 && year%100!=0)){
        day = 29;        //闰年
    }else{
        day = 28;        //普通年份
```

```
        }
        break;
default:
        day = 0;
        cout << "error\n";
}
```

对同一个问题，可能会有多种解决办法，应该采用简洁清晰的解决方案。

3.2.6 代码命名和排版规范

代码的编写除了必须实现功能外，还要求代码编写规范、逻辑清晰、可读性好，从而得到维护性好的程序。因此不同的公司会有不同的编码规范。

代码规范的内容非常全面，下面是几个例子。

● 变量的命名应该用英文单词，VC60 中批量修改时可以用全文替换 Ctrl+H 组合键。

● 代码要有正确的缩进，一个缩进是一个水平制表符（Tab）或 4 个空格。VC60 中可以用 Alt+F8 组合键实现自动代码缩进排版，可以针对整个文件或选中的部分进行代码缩进排版。

● 代码要有适当的注释，让其他程序员或自己以后看得懂。

下面是一个比较规范的代码，容易阅读和理解。

```cpp
#include <iostream.h>

void main(void) {
    //菜单
    cout << "{1. 计算月份的天数}\n";
    cout << "{2. 判断空调的开和关}\n";

    char choice;
    cout << "选择菜单功能：";
    cin >> choice;

    //实现用户选择的功能
    switch (choice) {
    case '1':
        //计算月份的天数
        int year, month, day;
        cout << "输入年份和月份：";
        cin >> year >> month;
        switch (month) {
        case 1:
        case 3:
        case 5:
        case 7:
        case 8:
        case 10:
        case 12:
            day = 31;
            break;
        case 4:
```

```
            case 6:
            case 9:
            case 11:
                day = 30;
                break;
            case 2:
                if (year % 400 == 0 || (year % 4 == 0 && year % 100 != 0)) {
                    day = 29;            //闰年
                } else {
                    day = 28;            //普通年份
                }
                break;
            default:
                day = 0;
                cout << "月份错误\n";
            }
            cout << "该月天数是{" << day << "}\n";
            break;
        case '2':
            //判断空调的开和关
            float temperature;
            cout << "输入温度：";
            cin >> temperature;
            if (temperature > 30) {
                cout << "{打开空调（制冷）}\n";
            } else if (temperature < 10) {
                cout << "{打开空调（制热）}\n";
            } else {
                cout << "{关闭空调}\n";
            }
            break;
        default:
            cout << "{选择错误}\n";
        }

        cout << "{程序结束}\n";
}
```

从代码缩进中很容易理解代码之间的嵌套关系以及程序的逻辑，代码有较好的可读性。
当学习到第 5 章时对这段代码还可以有更好的优化办法（参见 5.1.4 节）。

3.3　循环语句

3.3.1　while 循环语句

while 循环语句的语法结构如下：

```
while(结束条件表达式){
    循环体;
}
```

深入理解 while 循环

它的执行流程是，首先计算结束条件表达式的值，若表达式的值：

● 为真（或非 0），则执行循环体语句。

● 为假（或 0），则结束循环。

【例 3-10】while 循环——计算 1~n 的整数和（参见 Jitor 实训平台【实训 3-10】）。

```
#include <iostream.h>
void main(void) {
    int i, n, sum;
    cout << "Input the value of n:";
    cin >> n;

    sum = 0;
    i = 1;
    while (i <= n) {
        sum += i;
        cout << "i=" << i << ", sum=" << sum << "\n";
        i++;
    }
    cout << "sum = {" << sum << "}\n";
}
```

while 循环是一种当型循环，当满足条件（为真）时执行循环体，直到条件为假，可能执行 0 到多次循环体。当型循环是先判断后执行，所以可能一次循环都不执行。

在循环语句中不能出现无限循环的状态（称为死循环），一定要在多次循环后达到某种条件使结束条件表达式的值为假，从而结束循环。

3.3.2　do…while 循环语句

do…while 循环语句的语法结构如下：

```
do{
    循环体;
} while(结束条件表达式);
```

它的执行流程是，首先执行一次循环体语句，然后再计算结束条件表达式的值，若表达式的值：

● 为真（或非 0），则再次执行循环体语句。

● 为假（或 0），则结束循环。

【例 3-11】do…while 循环——计算 1~n 的整数和（参见 Jitor 实训平台【实训 3-11】）。

```
#include <iostream.h>
void main(void) {
    int i, n, sum;
    cout << "Input the value of n:";
    cin >> n;

    sum = 0;
    i = 1;
    do {
        sum += i;
        cout << "i=" << i << ", sum=" << sum << "\n";
```

```
            i++;
    } while (i <= n);
    cout << "sum = {" << sum << "}\n";
}
```

do…while 循环是一种直到型循环，先执行一次循环体，直到不满足条件（为假）时结束循环，可能执行一到多次循环体。直到型循环是先执行后判断，所以至少执行一次循环体。

while 循环和 do…while 循环在语法上有少许的差别，在实现功能上也有少许差别。运行上述两个程序，如果输入的 n 值是正数，这时输出的结果是相同的；如果输入的 n 值是负数，结果就不同了，while 循环的结果是 0，而 do…while 循环的结果是 1。就是说，do…while 循环的循环体至少会执行一次，见表 3-4。

表 3-4　while 循环和 do…while 循环的区别

while 循环	do…while 循环
循环体可能执行 0 到多次，可能一次都不执行	循环体可能执行 1 到多次，至少执行 1 次

3.3.3　程序调试：循环的跟踪调试

程序跟踪调试是一个非常有用的技术，能够很好地帮助我们理解程序执行的细节，有以下两种基本的跟踪调试办法：

- 单步跟踪：设置一个断点，进入调试后，按 F10 键单步执行每一行语句。
- 断点跟踪：在需要的位置设置多个断点，或在循环体内设置断点，按 F5 键将执行到下一个断点处。

【例 3-12】程序调试：循环的跟踪调试（参见 Jitor 实训平台【实训 3-12】）。

在 Jitor 校验器中按照所提供的操作要求，参考图 3-2 和图 3-3，两者的区别是图 3-2 的断点设置在循环外，图 3-3 的断点设置在循环内。分别对前述的 while 循环和 do…while 循环进行调试，在调试中理解两种循环的区别。

图 3-2　循环代码的调试（在循环体外设置断点）

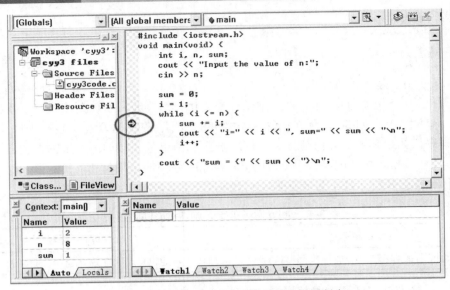

图 3-3　循环代码的调试（在循环体内设置断点）

3.3.4　for 循环语句

另一种常见的循环语句是 for 循环。语法格式如下：

```
for (起始表达式; 结束条件表达式; 循环增量表达式)
{
    循环体;
}
```

for 循环的执行流程如下：

（1）执行起始表达式。

（2）计算结束表达式的值，若表达式的值为真（或非 0），则执行循环体语句；为假（或 0），则结束循环。

（3）执行循环体。

（4）执行循环增量表达式。

 　　在 while 循环和 do...while 循环中也有起始表达式和循环增量表达式部分，起始表达式位于 while 循环和 do...while 循环之前，循环增量表达式位于循环体中。

【例 3-13】for 循环——计算 1～n 的整数和（参见 Jitor 实训平台【实训 3-13】）。

```cpp
#include <iostream.h>
void main(void) {
    int i, n, sum;
    cout << "Input the value of n:";
    cin >> n;
    sum = 0;
    for (i = 1; i <= n; i++) {
        sum += i;
        cout << "i=" << i << ", sum=" << sum << "\n";
```

```
    }
    cout << "sum = {" << sum << "}\n";
}
```

C++一共有 3 种循环语句，它们之间的区别和相同之处如下：

- for 循环与 while 循环可以相互替代，但在不同情况下可读性不同，应该根据具体的情况选择使用。
- do…while 循环至少执行一次循环体，通常在特殊情况下使用。

3.3.5 循环语句的几种变化

1. for 语句的变化

对于 for 语句语法格式中的各个部分，每个部分都能省略（两个分号不能省略），但是在其他部分要作适当的修改。

```
for (起始表达式; 结束条件表达式; 循环增量表达式)
{
    循环体;
}
```

下面的例子分别演示了 for 语句常见的两种变化。

【例 3-14】for 语句常见的两种变化（参见 Jitor 实训平台【实训 3-14】）。

（1）省略起始表达式：将其写在 for 语句之前。

```
#include <iostream.h>
void main(void) {
    int i, n, sum;
    cout << "Input the value of n:";
    cin >> n;

    sum = 0;
    i = 1;   //原来的起始表达式
    for (; i <= n; i++) {
        sum += i;
    }
    cout << "sum = {" << sum << "}\n";
}
```

（2）省略 for 的 3 个部分：将这 3 个部分分别写在 for 语句之前或循环体中。

```
sum = 0;
i=1;         //起始条件
for(;;){         //for 语句的 3 个部分为空，相当于是死循环
    if(i>n){     //结束条件表达式
        break;       //break 语句将在 3.4 节讲解
    }
    sum += i;    //循环体
    i++;         //循环增量表达式
}
```

for 循环语句还可以有其他变化，对起始条件、结束条件、循环增量和循环体都可以有不同的处理，实现相同的效果。

2. while 语句的变化

与 for 循环类似，while 循环和 do…while 循环也可以用一个"真"值（如数字 1）作为结束条件表达式，而将真正的结束条件判断放在循环体中。

【例 3-15】while 语句的变化（参见 Jitor 实训平台【实训 3-15】）。

```
#include <iostream.h>
void main(void) {
    int i, n, sum;
    cout << "Input the value of n:";
    cin >> n;

    sum = 0;
    i=1;     //起始条件
    while(1){ //条件永远为真，相当于是死循环
        if(i>n){ //结束条件表达式
            break;
        }
        sum += i;  //循环体
        i++;         //循环增量表达式
    }
    cout << "sum = {" << sum << "}\n";
}
```

3.3.6 循环语句的嵌套

在循环的循环体内存在另一个独立的循环，称为嵌套循环。下面用一个例子来说明嵌套循环的使用。

【例 3-16】循环语句的嵌套——输出乘法表（参见 Jitor 实训平台【实训 3-16】）。

在这个例子中，我们采用分阶段实施的办法编写一个程序，最终输出一个完整的乘法表。

（1）循环输出数字 1～9，以 Tab 分隔。

```
#include <iostream.h>
void main(void) {
    for (int i = 1; i < 10; i++) {
        cout << i << "\t";   //输出 1～9
    }
    cout << endl;
}
```

（2）循环输出 9 行数字 1～9。

```
//在前一步的基础上增加一层循环
for (int i = 1; i < 10; i++) {//外层循环使用循环变量 i
    for (int j = 1; j < 10; j++) {//内层循环使用循环变量 j
        cout << j << "\t";     //改为输出内层循环变量
    }
    cout << endl;
}
```

（3）显示乘法的积。

```
//在前一步的基础上作个小修改，就是简单的乘法表
for(int i=1; i<10; i++){
```

```
        for(int j=1; j<10; j++){
            cout << i * j << "\t";      //改为输出 i*j（乘法的积）
        }
        cout << endl;
    }
```

（4）加上乘数和被乘数。

```
//完善乘法表
for(int i=1; i<10; i++){
    for(int j=1; j<10; j++){
        cout << i << "x" << j << "=" << i * j << "\t";   //加上 2×2= 这样的符号
    }
    cout << endl;
}
```

使用嵌套循环时要注意以下几点：

- 不同层的循环要用不同的循环变量，通常顺序使用 i、j、k。
- 不同层的循环变量要保持独立，例如不能在内层循环中修改外层循环变量的值。
- 可以有多层嵌套循环，二层或更多层，但不宜超过 4 层。
- 每增加一层循环，要增加一层代码缩进。

3.3.7　实例详解（二）：求 π 的近似值

采用级数法求 π 的近似值，公式如下：

$$\pi = (4/1) - (4/3) + (4/5) - (4/7) + (4/9) - (4/11) + (4/13) - (4/15) ...$$

【例 3-17】实例详解（二）：求 π 的近似值（参见 Jitor 实训平台【实训 3-17】）。

这个例子采用级数法求前 n 项的 π 的近似值，对这个问题，可以采用 while 循环、do...while 循环或 for 循环来写。

while 循环	do...while 循环	for 循环
```void main(void) { int count; cout << "输入级数项数："; cin >> count; double pi = 0; double item; int flag = 1; int i=1; while(i<count){ item = flag * 4.0 / i; pi += item; i += 2; flag *= -1; //负负得正 } cout << "pi = {" << pi << "}\n"; cout << "{程序结束}\n"; }```	```void main(void) { int count; cout << "输入级数项数："; cin >> count; double pi = 0; double item; int flag = 1; int i=1; do{ item = flag * 4.0 / i; pi += item; i += 2; flag *= -1; //负负得正 }while(i<count); cout << "pi = {" << pi << "}\n"; cout << "{程序结束}\n"; }```	```void main(void) { int count; cout << "输入级数项数："; cin >> count; double pi = 0; double item; int flag = 1; for (int i=1; i<count; i += 2) { item = flag * 4.0 / i; pi += item; flag *= -1; //负负得正 } cout << "pi = {" << pi << "}\n"; cout << "{程序结束}\n"; }```

3.3.8　实例详解（三）：斐波那契数列

斐波那契数列是这样的一个数列，它的第 1、2 项是 1，从第 3 项开始都是前两项的和，例如：1, 1, 2, 3, 5, 8, 13, 21, 34, 55, ...

【例 3-18】实例详解（三）：斐波那契数列（参见 Jitor 实训平台【实训 3-18】）。

对于这个例子，同样可以采用 while 循环、do...while 循环或 for 循环来写。

while 循环	do...while 循环	for 循环
| ```cpp
void main(void) {
   int line = 5;
   cout << "输入打印的行数：";
   cin >> line;

   int f1 = 1;
   int f2 = 1;
   int i=0;
   while(i<line*2) {
      cout << "\t{" << f1 << "}";
      cout << "\t{" << f2 << "}";
      f1 = f1 + f2;   //前两数和
      f2 = f2 + f1;   //前两数和
      if (i % 2 == 1) {
         cout << endl;
      }
      i++;
   }

   cout << "\n{程序结束}\n";
}
``` | ```cpp
void main(void) {
   int line = 5;
   cout << "输入打印的行数：";
   cin >> line;

   int f1 = 1;
   int f2 = 1;
   int i=0;
   do {
      cout << "\t{" << f1 << "}";
      cout << "\t{" << f2 << "}";
      f1 = f1 + f2;   //前两数和
      f2 = f2 + f1;   //前两数和
      if (i % 2 == 1) {
         cout << endl;
      }
      i++;
   }while(i<line*2);

   cout << "\n{程序结束}\n";
}
``` | ```cpp
void main(void) {
   int line = 5;
   cout << "输入打印的行数：";
   cin >> line;

   int f1 = 1;
   int f2 = 1;

   for (int i=0; i<line*2; i++) {
      cout << "\t{" << f1 << "}";
      cout << "\t{" << f2 << "}";
      f1 = f1 + f2;   //前两数和
      f2 = f2 + f1;   //前两数和

      if (i % 2 == 1) {
         cout << endl;
      }
   }

   cout << "\n{程序结束}\n";
}
``` |

3.4　控制语句

3.4.1　break 语句

break 语句是一种流程控制语句，用于中断流程的继续进行。

● 在 switch 语句中，中断（跳出）条件判断。

● 在循环语句（for、while、do...while）中，中断（跳出）循环。

例如下述代码计算从 1 加到 10 万，但是当累加和大等于 1 万时，中断循环，从而得到要求的结果：从 1 加到多少个连续整数时，累加和刚好等于或超过 1 万。

```cpp
void main(void) {
    int sum = 0;
    for(int i=1; i<100000; i++){
        sum += i;
        if(sum>=10000){
```
```

```
            break;
        }
    }
    cout << "从 1 加到 {" << i << "} 时，累加和刚好超过 1 万\n";
}
```

【例 3-19】break 语句——输出三角形的乘法表（参见 Jitor 实训平台【实训 3-19】）。

（1）输出一个完整的乘法表（后面的代码在这个基础上改为三角形乘法表）。

```
#include <iostream.h>
void main(void) {
    for(int i=1; i<10; i++){
        for(int j=1; j<10; j++){
            cout << i << "x" << j << "=" << i*j << "\t";
        }
        cout << endl;
    }
}
```

（2）输出三角形的乘法表（方法一）。

```
    for(int i=1; i<10; i++){
        for(int j=1; j<=i; j++){ //内层循环的结束条件依赖于外层循环的循环变量
            cout << i << "x" << j << "=" << i*j << "\t";
        }
        cout << endl;
    }
```

（3）输出三角形的乘法表（方法二，结果相同）。

```
    for(int i=1; i<10; i++){
        for(int j=1; j<10; j++){
            cout << i << "x" << j << "=" << i*j << "\t";
            if(j>=i){ //如果内层循环超出了 i 的值，中断循环
                break;
            }
        }
        cout << endl;
    }
```

（4）输出三角形的乘法表（方法三，结果相同）。

```
    for(int i=1; i<10; i++){
        for(int j=1; j<10; j++){
            if(j>i){ //把条件判断放在输出语句之前，条件从大等于（>=）改为大于（>）
                break;
            }
            cout << i << "x" << j << "=" << i*j << "\t";
        }
        cout << endl;
    }
```

3.4.2　continue 语句

continue 语句也是一种流程控制语句，作用与 break 正好相反，强制流程再次进行（不中断循环）。

continue 语句只用于循环语句中（for、while、do…while）。

例如下述代码是输出三角形的乘法表的第四种办法，结果与使用 break 语句的效果相同。

```cpp
void main(void) {
    for(int i=1; i<10; i++){
        for(int j=1; j<10; j++){
            if(j>i){
                continue;    //与前述的第三种办法相似，但效率低一些，因为不中断循环
            }
            cout << i << "x" << j << "=" << i*j << "\t";
        }
        cout << endl;
    }
}
```

【例 3-20】continue 语句——计算不能被 3 整除的整数的累加和（参见 Jitor 实训平台【实训 3-20】）。

（1）计算不能被 3 整除的整数的累加和。

```cpp
#include <iostream.h>
void main(void) {
    int n;
    cout << "Input value of n: ";
    cin >> n;

    int sum=0;
    for(int i=1; i<=n; i++){
        if(i%3!=0){
            sum += i;
        }
    }
    cout << "sum = {" << sum << "}\n";
}
```

（2）改用 continue 语句实现。

```cpp
    for(int i=1; i<=n; i++){
        if(i%3==0){
            continue;
        }
        sum += i;
    }
```

3.4.3　语句标号和 goto 语句

goto 语句是一个很特殊的语句，它需要与语句标号一起使用。

在程序中不建议使用 goto 语句，因为它会大大降低代码的可读性。在这里只需要简单了解一下。

```cpp
    //这是除了 while、do...while、for 之外实现循环的手段，但是不建议使用
    int n = 100;
    int sum = 0;
    int i = 1;
a:  sum += i;    //这里的 a 是一个标号，后跟一个冒号作为标号的标识
```

```
        i++;
        if(i<=n){
            goto a;    //跳转到标号 a，相当于进行下一次循环
        }
        cout << "The sum ={" << sum << "}\n";
```

3.4.4 exit()和 abort()函数

函数 exit()和 abort()都是中断程序的执行，但前者是正常退出，后者是异常中断。使用 exit()和 abort()函数时需要包含#include <stdlib.h>头文件，否则会提示如下错误信息：

```
error C2065: 'exit' : undeclared identifier
```

【例 3-21】exit()和 abort()函数（参见 Jitor 实训平台【实训 3-21】）。

（1）exit()的例子（正常退出）。

```
#include <iostream.h>
#include <stdlib.h>      //调用 exit 需要加上这一行
void main(void) {
    cout << "{第 1 行}\n";
    cout << "{第 2 行}\n";
    exit(0);    //强制退出程序的执行（正常退出）
    cout << "{第 3 行}\n";
    cout << "{第 4 行}\n";
    cout << "{第 5 行}\n";
}
```

（2）abort()的例子（异常中断）。

```
#include <iostream.h>
#include <stdlib.h>      //调用 abort 需要加上这一行
void main(void) {
    cout << "{第 1 行}\n";
    cout << "{第 2 行}\n";
    abort();      //强制中止程序的执行（异常中断）
    cout << "{第 3 行}\n";
    cout << "{第 4 行}\n";
    cout << "{第 5 行}\n";
}
```

运行到 abort()函数时会弹出一个异常出错的窗口，如图 3-4 所示。

图 3-4 abort()函数弹出的异常出错窗口

3.4.5 实例详解（四）：求自然对数的底 e 的近似值

用级数法可以计算 e 值（自然对数的底），公式如下：

$$e = 1 + 1 + 1/2 + 1/3! + \ldots + 1/n! + \ldots$$

【例 3-22】实例详解（四）：求自然对数的底 e 的近似值（参见 Jitor 实训平台【实训 3-22】）。

这个例子可以采用 while 循环、do...while 循环或 for 循环来写。要求达到指定的精度时（如 0.0001）循环结束。

while 循环	do...while 循环	for 循环
```\nvoid main(void) {\n double delta;\n cout << "输入精度值：";\n cin >> delta;\n double e=1;\n double item=1;\n int i=1;\n while(1){\n item = item/i;\n e += item;\n if(item<delta){\n break; //循环结束\n }\n i++;\n }\n cout << "e = {" << e << "}\n";\n}\n```	```\nvoid main(void) {\n double delta;\n cout << "输入精度值：";\n cin >> delta;\n double e=1;\n double item=1;\n int i=1;\n do{\n item = item/i;\n e += item;\n if(item<delta){\n break; //循环结束\n }\n i++;\n }while(1);\n cout << "e = {" << e << "}\n";\n}\n```	```\nvoid main(void) {\n double delta;\n cout << "输入精度值：";\n cin >> delta;\n\n double e=1;\n double item=1;\n for(int i=1; ; i++){\n item = item/i;\n e += item;\n if(item<delta){\n break; //循环结束\n }\n }\n cout << "e = {" << e << "}\n";\n}\n```

运行结果如下：

```
输入精度值：0.0001
e = {2.71828}
```

3.4.6 实例详解（五）：输出素数表

素数是一个自然数，它只能被 1 和自身整除，而不能被其他数整除。编写一个程序，输出素数表。

【例 3-23】实例详解（五）：输出素数表（参见 Jitor 实训平台【实训 3-23】）。

本例分为以下 3 步进行：

（1）判断一个数是否是素数。

```
#include <iostream.h>
#include <math.h>        //开平方函数 sqrt()要包含这个头文件
void main(void) {
    int number;
    cout << "输入一个整数，判断其是否是素数：";
    cin >> number;

    int isPrime = 1;
    for (int i = 2; i <= sqrt(number); i++) {
        if (number % i == 0) {
```

```
                    isPrime = 0;
                    break;
                }
        }
        cout << "这个数{" << (isPrime ? "是" : "不是") << "素数}\n";
}
```

（2）列出 n 以内的素数。

```
void main(void) {
        int n;
        cout << "输入一个整数 n，列出 n 以内的素数：";
        cin >> n;

        for (int number = 2; number < n; number++) {
                int isPrime = 1;
                for (int i = 2; i <= sqrt(number); i++) {
                        if (number % i == 0) {
                                isPrime = 0;
                                break;
                        }
                }
                if(isPrime){
                        cout <<"{"<< number << "}\t";
                }
        }
        cout << endl;
}
```

（3）修改输出格式，每行输出 8 个素数。

```
void main(void) {
        int n;
        cout << "输入一个整数：";
        cin >> n;

        int count = 1;      //用于计数素数的个数
        for (int number = 2; number < n; number++) {
                int isPrime = 1;
                for (int i = 2; i <= sqrt(number); i++) {
                        if (number % i == 0) {
                                isPrime = 0;
                                break;
                        }
                }
                if(isPrime){
                        cout << "{" << number << "}\t";
                        if (count % 8 == 0) {
                                cout << endl;      //每 8 个素数添加一个换行
                        }
                        count++;
                }
        }
        cout << endl;
}
```

3.4.7 实例详解（六）：百钱买百鸡问题

百钱买百鸡问题是：公鸡一只五块钱，母鸡一只三块钱，小鸡三只一块钱，现在要用一百块钱买一百只鸡，问公鸡、母鸡、小鸡各多少只？

解法：设公鸡 x 只，母鸡 y 只，小鸡 z 只，得到以下方程式组：

$$\begin{cases} 5x + 3y + z/3 = 100 \\ x + y + z = 100 \end{cases}$$

约束条件如下：

$$\begin{cases} 0 \leqslant x \leqslant 100 \\ 0 \leqslant y \leqslant 100 \\ 0 \leqslant z \leqslant 100 \end{cases}$$

因此，这个问题采用多重循环来解决是非常方便的。

【例 3-24】实例详解（六）：百钱买百鸡问题（参见 Jitor 实训平台【实训 3-24】）。

本例分为以下 4 步进行，逐步优化，提高性能：

（1）用循环语句列出所有可能的组合，输出符合要求的组合。

```cpp
#include <iostream.h>
void main(void) {
    int count =0;
    int i, j, k;
    for( i=0; i <= 100; i++ ) {
        for( j=0; j <= 100; j++ ) {
            for( k=0; k <= 100; k++ ) {
                count++;
                if( 5*i+3*j+k/3==100 && k%3==0 && i+j+k==100 ) {
                    cout << count << ": 公鸡={" << i << "}, 母鸡={" << j << "}, 小鸡={" << k << "}\n";
                }
            }
        }
    }

    cout << "一共循环了{" << count << "}次\n";
}
```

运行结果如下：

```
2601: 公鸡={0}, 母鸡={25}, 小鸡={75}
42701: 公鸡={4}, 母鸡={18}, 小鸡={78}
82801: 公鸡={8}, 母鸡={11}, 小鸡={81}
122901: 公鸡={12}, 母鸡={4}, 小鸡={84}
一共循环了 {1030301} 次
```

从结果中看到，一共循环了 103 万次。

（2）优化，提高效率。

```cpp
for( i=0; i <= 100; i++ ) {
    for( j=0; j <= 100-i; j++ ) { //在这里优化
        for( k=0; k <= 100-i-j; k++ ) { //在这里优化
            count++;
            if( 5*i+3*j+k/3==100 && k%3==0 && i+j+k==100 ) {
```

```
            cout << count << ": 公鸡={" << i << "}, 母鸡={" << j << "}, 小鸡={" << k << "}\n";
            }
        }
    }
}
```

这次的结果是循环次数降到 17 万次。

（3）再优化，提高效率。

```
for( i=0; i <= 100; i++ ) {
    for( j=0; j <= 100-i; j++ ) {
        k = 100 - i - j;   //在这里优化
        count++;
        if( 5*i+3*j+k/3==100 && k%3==0 ) {
            cout << count << ": 公鸡={" << i << "}, 母鸡={" << j << "}, 小鸡={" << k << "}\n";
        }
    }
}
```

这次的结果是循环次数降到 5 千多次。

（4）再次优化，提高效率。

```
for( i=0; i <= 100/5; i++ ) { //在这里优化
    for( j=0; j <= 100-i; j++ ) {
        k = 100 - i - j;
        count++;
        if( 5*i+3*j+k/3==100 && k%3==0 ){
            cout << count << ": 公鸡={" << i << "}, 母鸡={" << j << "}, 小鸡={" << k << "}\n";
        }
    }
}
```

这次的结果是循环次数降到少于 2 千次。

这个例子的循环次数从 103 万，降到 17 万，再降到 5 千，最后再降到少于 2 千次。针对这个问题，循环次数还可以下降到 644 次，请尝试一下。

对同一个问题，可能有多种解决办法，不同的办法在可读性和效率上不尽相同。作为程序员，要尽可能优化代码，做到效率高、可读性好。

3.5　综合实训

1.【Jitor 平台实训 3-25】编写一个程序，判断一个从键盘输入的数的正负和奇偶。

2.【Jitor 平台实训 3-26】编写一个程序，实现一个简单的计算器。

3.【Jitor 平台实训 3-27】编写一个程序，根据税率表计算应交税款。

4.【Jitor 平台实训 3-28】编写一个程序，根据下述公式求解一元二次方程。

$$ax^2 + bx + c = 0$$
$$x = \frac{-b \pm \sqrt{b^2 - 4ac}}{2a}$$

5.【Jitor 平台实训 3-29】求 $\sum_{n=1}^{100} \frac{1}{n}$ 的值，即求 $1 + \frac{1}{2} + \frac{1}{3} + \frac{1}{4} + \cdots + \frac{1}{100}$ 的值。

6.【Jitor 平台实训 3-30】编程计算 $y = 1 + \dfrac{1}{x} + \dfrac{1}{x^2} + \dfrac{1}{x^3} + \cdots$ 的值（x>1），直到最后一项小于 10^{-4} 为止。

7.【Jitor 平台实训 3-31】编写一个程序，求两个整数的最大公约数和最小公倍数。

8.【Jitor 平台实训 3-32】编写一个程序，输入一个不多于 8 位的正整数：①求它是几位数；②分别输出每一位数，用逗号分隔；③逆序输出每一位数，用逗号分隔。

9.【Jitor 平台实训 3-33】编写一个程序，找出所有"水仙花数"。水仙花数是一个 3 位数，其各位数字立方的和等于该数本身，例如 $153 = 1^3 + 5^3 + 3^3$。

10.【Jitor 平台实训 3-34】编写一个程序，找出 1～n 之间的所有"完数"，n 的值从键盘输入。完数是一个整数，它的因子之和等于该数本身，例如 6=1+2+3。

第 4 章　数组

本章所有实训可以在 Jitor 校验器的指导下完成。

4.1　一维数组

考虑表 4-1 中的成绩数据，这时可以用一个数组来存储相同类型的多个数据。

表 4-1　数组数据

课程 1	课程 2	课程 3	课程 4
85	78	99	96

一维数组定义的语法格式如下：

数据类型　数组名[数组长度];

其中数组长度是一个整数常量。例如下述语句定义数组的类型（整型）和大小（元素个数为 6）。

int a[6];

相当于定义了 6 个整数变量，它们使用同一个名字。

a[0], a[1], a[2], a[3], a[4], a[5]

通过索引访问数组中的变量，索引值从 0 开始，而不是从 1 开始，最大值是 N-1（N 是数组长度）。

没有初始化的数组的元素的值是不确定的，但是可以在定义的同时对数组进行初始化。

int a[6] = {1, 2, 3, 4, 5, 6};

这时在内存中为数组保留了 6 个整数的空间，它们是连续排列的，数组元素的索引值分别是 0、1、2、3、4 和 5，数组元素的值分别是 1、2、3、4、5 和 6，如图 4-1 所示。

图 4-1　数组在内存中的示意图（初始化）

定义时可以不指定长度，这时的长度是初始值的个数。

int a[] = {1, 2, 3, 4, 5, 6};

也可以只给部分元素赋初始值。

int a[6] = {1, 2, 3};

这时，未初始化的元素的值为 0，而不是不确定数，如图 4-2 所示。

图 4-2　数组在内存中的示意图（部分初始化）

但是数组的长度不能小于初始值的个数。

```
int a[6] = {1, 2, 3, 4, 5, 6, 7};
```

这时造成数组越界（如图 4-3 所示），编译时提示错误信息。

```
error C2078: too many initializers
```

图 4-3   数组在内存中的示意图（初始化越界，出错）

4.1.1   一维数组的定义和使用

下述代码片段演示了定义一维数组的几种办法。

```
int number[4];          //定义一个名为 number 的整数数组，长度 4（含有 4 个元素）
float price[6];          //定义一个名为 price 的单精度浮点数数组，长度 6

int score[] = {85, 78, 99, 96};          //定义一个名为 score 的整数数组，同时初始化它的 4 个元素
double data[20] = {1, 2};          //定义一个名为 data 的双精度数组，长度 20，只初始化前两个元素
```

下述代码片段演示了对一维数组元素的访问方式，有输出、赋值和输入，注意任何时候都不能越界访问（不论是输出、赋值还是输入）。

```
int score[] = {85, 78, 99, 96};     //score 的长度为 4，对应的索引值是 0、1、2、3，索引值 4 就是越界

cout << score[0];     //对每个元素可以像一个整数变量一样使用。这里输出第一个元素（索引值 0）
cout << score[4];     //但是不能越界访问（超出索引的范围），这时输出的是一个不确定数

score[0] = 58;     //可以对元素赋值
score[4] = 69;     //绝对不允许越界赋值，这时会引起程序崩溃

cin >> score[1];     //也可以从键盘输入元素的值。这里输入第 2 个元素（索引值 1）
```

在上述两段代码中，方括号（[]）起了不同的作用。在定义时，方括号表示变量是一个数组，其中的数字是数组的长度，长度省略时以初始化数据的个数决定长度。而在使用时（访问元素），方括号表示的是数组元素，其中的数字是索引值，索引值不能省略，并且不能越界（不能超过定义时指定的范围）。

对于数组，需要注意以下几点：

- 数组元素的索引值从 0 开始，直到 N-1（其中 N 是长度）。
- 越界读取元素时，得到的值是不确定的。
- 越界写入元素时，将导致程序崩溃。
- 可以用循环输出每一个元素，循环是从 0 开始的，例如 for(int i=0; i<4; i++){…}。
- 可以用循环输入每一个元素，同样循环是从 0 开始的。

【例 4-1】一维数组的输出和输入（参见 Jitor 实训平台【实训 4-1】）。

（1）一维数组的输出。

```
#include <iostream.h>
void main(void) {
    int score[] = {85, 78, 99, 96};
```

```
        cout << "4 门课的成绩是\n";

        for(int i=0; i<4; i++){ //结束条件永远是 i<长度，而不要写为 i <=长度-1
            cout << "第{" << (i+1) << "}门课程的成绩是{" << score[i] << "}\n";
        }
}
```

（2）一维数组的输入。

```
#include <iostream.h>
void main(void) {
    int score[4];

    cout << "输入 4 门课的成绩：";
    for(int i=0; i<4; i++){
        cin >> score[i];                //从键盘读入每一个元素
    }

    cout << "4 门课的成绩是\n";

    for(i=0; i<4; i++){
        cout << "第{" << (i+1) << "}门课程的成绩是{" << score[i] << "}\n";
    }
}
```

4.1.2 一维数组的最大值、最小值和平均值

一维数组的处理

下面通过一个例子来巩固对一维数组的认识。先从键盘读入数组的值，然后计算数组的最大值、最小值和平均值，将结果输出到屏幕。

【例 4-2】一维数组的最大值、最小值和平均值（参见 Jitor 实训平台【实训 4-2】）。

```
#include <iostream.h>
#define N 5   //用 N 代表 5，#define 指令在第 6 章讲解

void main(void) {
    int score[N];
    cout << "输入" << N << "门课的成绩：";
    for(int i=0; i<N; i++){
        cin >> score[i];
    }

    cout << "成绩数据如下：\n";
    for(i=0; i<N; i++){
        cout << "{" << score[i] << "}\t";
    }
    cout << endl;

    int max = score[0], min = score[0], sum = 0;   //定义并初始化最大值、最小值、累加和变量
    for (i = 0; i < N; i++) {
        max = max > score[i] ? max : score[i];      //最大值
        min = min < score[i] ? min : score[i];      //最小值
```

```
        sum += score[i];                              //累加和
    }

    cout << "最大值是{" << max << "}\n";
    cout << "最小值是{" << min << "}\n";
    cout << "平均值是{" << ((float)sum)/N << "}\n";    //以单精度数输出平均值
}
```

4.1.3 一维数组逆序交换

先从键盘读入数组的值并输出到屏幕，然后对数组进行逆序交换，再把交换后数组的数据输出到屏幕。

先看一下交换两个数的代码。

```
int a=2, b=3, tmp;      //a 和 b 是两个要交换的变量，tmp 是一个临时变量

tmp = a;                //交换第一步：将 a 保存到临时变量中
a = b;                  //交换第二步：交换
b = tmp;                //交换第三步：把临时变量赋给 b
```

一维数组的逆序交换是将第一个元素与最后一个元素交换，然后第二个与倒数第二个交换，依此类推。

【例 4-3】一维数组逆序交换（参见 Jitor 实训平台【实训 4-3】）。

```
#include <iostream.h>
#define N 8   //用 N 代表 8，#define 指令在第 6 章讲解

void main(void) {
    int a[N];
    cout << "输入" << N << "个整数：";
    for(int i=0; i<N; i++){
        cin >> a[i];
    }

    cout << "输入的数据如下：\n";
    for(i=0; i<N; i++){
        cout << "{" << a[i] << "}\t";
    }
    cout << endl;

    for(i=0;i<=N/2-1;i++){        //数组的前面一半
        int temp = a[i];          //保存一个元素到临时变量中
        a[i] = a[N-i-1];          //交换
        a[N-i-1] = temp;          //临时变量的值赋给另一个元素
    }

    cout << "逆序交换后的数据如下：\n";
    for(i=0; i<N; i++){
        cout << "{" << a[i] << "}\t";
    }
    cout << endl;
}
```

4.1.4　程序调试：一维数组的跟踪调试

【例 4-4】程序调试：一维数组的跟踪调试（参见 Jitor 实训平台【实训 4-4】）。

在 Jitor 校验器中按照所提供的操作要求，参考图 4-4，对前述的一维数组逆序交换程序进行调试，在调试中理解逆序交换的细节。

图 4-4　调试跟踪数组元素的变化

4.1.5　实例详解（一）：冒泡排序法

冒泡排序法原理如图 4-5 所示（原始数据是 7、2、6、5、3，排序后的结果应该是 2、3、5、6、7），图中弧线表示比较后不需要交换，箭头表示比较后需要交换。

图 4-5　冒泡排序法（外层 N-1 轮，内层 N-i-1 次比较）

冒泡排序法算法的要点如下：

● 外层循环一共 N-1 轮。
● 内层循环是 N-i-1 次比较。
● 相邻两数相比较。
● 上大下小则交换。

【例 4-5】实例详解（一）：冒泡排序法（参见 Jitor 实训平台【实训 4-5】）。

#include <iostream.h>

```
#define N 5

//冒泡排序法
void main(void) {
    int a[N];

    cout << "冒泡排序法：输入" << N << "个整数："; //输入 N 个整数
    for (int i = 0; i < N; i++) {
        cin >> a[i];
    }

    for(i=0; i<N-1; i++) {//一共 N-1 轮
        cout << "\n 轮次：{" << i << "}";
        for(int j=0; j<N-1-i; j++) { //第 i 轮比较 N-i-1 次
            cout << "\n 第{" << j << "}次比较\t";
            if(a[j] > a[j+1]) { //相邻两两比较
                int tmp = a[j];   //t、tmp、temp 临时的缩写
                a[j] = a[j+1];
                a[j+1] = tmp;
            }
            for (int k = 0; k < N; k++) {//本次比较及交换后的中间结果
                cout << '{' << a[k] << "}\t";
            }
        }
    }

    cout << "\n 排序结果：" << endl;
    for (i = 0; i < N; i++) {
        cout << '{' << a[i] << "}\t";
    }
    cout << endl;
}
```

以 7 2 6 5 3 作为测试数据时的运行结果如下（参见图 4-5）：

```
冒泡法：输入 5 个整数：7 2 6 5 3

轮次：{0}
第{0}次比较    {2}       {7}       {6}       {5}       {3}
第{1}次比较    {2}       {6}       {7}       {5}       {3}
第{2}次比较    {2}       {6}       {5}       {7}       {3}
第{3}次比较    {2}       {6}       {5}       {3}       {7}
轮次：{1}
第{0}次比较    {2}       {6}       {5}       {3}       {7}
第{1}次比较    {2}       {5}       {6}       {3}       {7}
第{2}次比较    {2}       {5}       {3}       {6}       {7}
轮次：{2}
第{0}次比较    {2}       {5}       {3}       {6}       {7}
第{1}次比较    {2}       {3}       {5}       {6}       {7}
轮次：{3}
第{0}次比较    {2}       {3}       {5}       {6}       {7}
排序结果：
    {2}       {3}       {5}       {6}       {7}
```

4.1.6　实例详解（二）：选择排序法

选择排序法原理如图 4-6 所示，图中弧线表示比较后不需要交换，箭头表示比较后需要交换。

图 4-6　选择排序法（外层 N-1 轮，内层 N-i-1 次比较）

选择排序法算法的要点如下：

- 外层循环一共 N-1 轮（与冒泡排序法相同）。
- 内层循环也是 N-i-1 次比较（与冒泡排序法有些不同）。
- 首数后数相比较（与冒泡排序法不同）。
- 首大后小则交换（与冒泡排序法不同，但原则相同）。

【例 4-6】实例详解（二）：选择排序法（参见 Jitor 实训平台【实训 4-6】）。

```cpp
#include <iostream.h>
#define N 5

void main(void) {
    int a[N];

    cout << "选择法：输入" << N << "个整数："；  //输入 N 个整数
    for (int i = 0; i < N; i++) {
        cin >> a[i];
    }

    for(i=0; i<N-1; i++) {//一共 N-1 轮
        cout << "\n 轮次：{" << i << "}";
        for(int j=i+1; j<N; j++) { //第 i 轮比较 N-i-1 次
            cout << "\n 与索引值{" << j << "}的比较\t";
            if(a[i] > a[j]) { //两两比较
                int tmp = a[i];   //t、tmp、temp 临时的缩写
                a[i] = a[j];
                a[j] = tmp;
            }
            for (int k = 0; k < N; k++) {//本次比较及交换后的中间结果
                cout << '{' << a[k] << "}\t";
            }
        }
    }
}
```

```
        cout << "\n 排序结果: " << endl;
        for (i = 0; i < N; i++) {
            cout << '{' << a[i] << "}\t";
        }
        cout << endl;
    }
```

以 7 2 6 5 3 作为测试数据时的运行结果如下（参见图 4-6）：

选择法：输入 5 个整数：7 2 6 5 3

```
轮次：{0}
与索引值{1}的比较        {2}      {7}      {6}      {5}      {3}
与索引值{2}的比较        {2}      {7}      {6}      {5}      {3}
与索引值{3}的比较        {2}      {7}      {6}      {5}      {3}
与索引值{4}的比较        {2}      {7}      {6}      {5}      {3}
轮次：{1}
与索引值{2}的比较        {2}      {6}      {7}      {5}      {3}
与索引值{3}的比较        {2}      {5}      {7}      {6}      {3}
与索引值{4}的比较        {2}      {3}      {7}      {6}      {5}
轮次：{2}
与索引值{3}的比较        {2}      {3}      {6}      {7}      {5}
与索引值{4}的比较        {2}      {3}      {5}      {7}      {6}
轮次：{3}
与索引值{4}的比较        {2}      {3}      {5}      {6}      {7}
排序结果：
{2}      {3}      {5}      {6}      {7}
```

4.1.7 实例详解（三）：擂台排序法

擂台排序法原理如图 4-7 所示。擂台法是选择法的改进，它可以减少交换的次数，方法是在每一轮的每一次比较中，只记录比较的结果（最小值的索引值，在图中用星号表示，代码中用变量 m 记录），而不进行实际的交换（图中用虚线表示），在每轮的最后根据比较的结果进行 0 次或 1 次交换（图中用实线表示，箭头表示需要交换），通过减少交换的次数来提高效率。

图 4-7　擂台排序法（外层 N-1 轮，内层 N-i-1 次比较）

擂台排序法算法是在选择排序法的基础上加以改进而成，目的是减少交换的次数，提高运行效率。擂台排序法算法作了如下改进：

● 外层循环一共 N-1 轮（与选择排序法相同）。

● 内层循环是 N-i-1 次比较（与选择排序法相同）。

● 首数后数相比较（与选择排序法相同）。

- 首数和后数相比较，记录比较的结果（最小值对应的索引值）。
- 每次内层循环结束后才进行交换。

【例 4-7】实例详解（三）：擂台排序法（参见 Jitor 实训平台【实训 4-7】）。

```
#include <iostream.h>
#define N 5

//擂台法排序
void main(void) {
    int a[N];

    cout << "擂台法：输入" << N << "个整数："; //输入 N 个整数
    for (int i = 0; i < N; i++) {
        cin >> a[i];
    }

    for(i=0; i<N-1; i++) { //一共 N-1 轮
        cout << "\n 轮次：{" << i << "}";
        int m=i;
        for(int j=i+1; j<N; j++) {   //第 i 轮比较 N-i-1 次
            cout << "\n 与索引值{" << j << "}的比较\t";
            if(a[m] > a[j]) {  //两两比较
                m = j;        //记录最小值所在的索引值
            }
        }
        if(m>i) { //每一轮最多只交换一次，从而减少交换的次数，提高效率
            int tmp = a[i];   //t、tmp、temp 临时的缩写
            a[i] = a[m];
            a[m] = tmp;
        }

        for (int k = 0; k < N; k++) {//本次比较及交换后的中间结果
            cout << '{' << a[k] << "}\t";
        }
    }

    cout << "\n 排序结果：" << endl;
    for (i = 0; i < N; i++) {
        cout << '{' << a[i] << "}\t";
    }
    cout << endl;
}
```

以 7 2 6 5 3 作为测试数据时的运行结果如下（参见图 4-7）：

擂台法：输入 5 个整数：7 2 6 5 3

轮次：{0}
与索引值{1}的比较
与索引值{2}的比较
与索引值{3}的比较
与索引值{4}的比较   {2}   {7}   {6}   {5}   {3}

轮次: {1}
与索引值{2}的比较
与索引值{3}的比较
与索引值{4}的比较　　　　{2}　　　{3}　　　{6}　　　{5}　　　{7}
轮次: {2}
与索引值{3}的比较
与索引值{4}的比较　　　　{2}　　　{3}　　　{5}　　　{6}　　　{7}
轮次: {3}
与索引值{4}的比较　　　　{2}　　　{3}　　　{5}　　　{6}　　　{7}
排序结果:
{2}　　　{3}　　　{5}　　　{6}　　　{7}

4.2　二维数组

考虑表 4-2 中多名学生的成绩数据，这时需要使用二维数组。

表 4-2　学生的成绩

学生	课程 1	课程 2	课程 3	课程 4
学生 1	85	78	99	96
学生 2	76	89	75	97
学生 3	64	92	90	73

二维数组定义的语法格式如下：

数据类型　数组名[第一维长度][第二维长度];

通常称第一维（高维）是行，第二维（低维）是列。

下面这条语句定义了一个 3 行 4 列的二维数组。

int a[3][4];

即定义了下述存储空间。

a[0][0]　a[0][1]　a[0][2]　a[0][3]
a[1][0]　a[1][1]　a[1][2]　a[1][3]
a[2][0]　a[2][1]　a[2][2]　a[2][3]

没有初始化的数组，所有元素的值是不确定的。可以为所有元素赋初值。

int a[3][4]={{1,2,3,4},{5,6,7,8},{9,10,11,12}};

或

int a[3][4]={1,2,3,4,5,6,7,8,9,10,11,12};

也可以省略最高维的长度。

int a[][4]={{1,2,3,4},{5,6,7,8},{9,10,11,12}};

或

int a[][4]={1,2,3,4,5,6,7,8,9,10,11,12};

但不能省略低维的长度。

二维数组在逻辑上是三行四列，而在内存中的物理顺序还是线性的，如图 4-8 所示。

或者为部分元素赋初值。

int a[3][4]={{1,2},{5},{9,10,11}};

同时省略高维的长度。

int a[][4]={{1,2},{5},{9,10,11}};

这时，未被初始化的元素的值为 0，如图 4-9 所示。

图 4-8　二维数组的逻辑顺序和物理顺序

图 4-9　二维数组的部分初始化

同样要注意，对数组元素的访问（初始化、赋值及输入输出）都不能越界。

二维数组与一维数组类似，除了一维数组中需要注意的，还要注意以下几点：

● 第一维（高维）是行，第二维（低维）是列。

● 初始化时，只有最高维长度可以省略，低维长度不允许省略。

● 对二维数组的循环，外层是高维，内层是低维。

4.2.1　二维数组的定义和使用

下面用一个例子来说明二维数组的定义、输出和输入。

【例 4-8】二维数组的输出和输入（参见 Jitor 实训平台【实训 4-8】）。

（1）二维数组的输出。

```
#include <iostream.h>
void main(void) {
    //数组的定义和初始化，低维长度不能省略
    int score[][4] = {{85, 78, 99, 96}, {76, 89, 75, 97}, {64, 92, 90, 73}};

    for(int i=0; i<3; i++){ //外层循环是行（3 行）
        for(int j=0; j<4; j++){ //内层循环是列（4 列）
            cout << "{" << score[i][j] << "}\t";     //输出每一个元素
        }
        cout << endl;
    }
}
```

（2）二维数组的输入。

```
#include <iostream.h>

void main(void) {
```

```
        int score[3][4];
        int i, j;

        cout << "输入 3 行 4 列成绩：";
        for(i=0; i<3; i++){ //外层循环是行（3 行）
            for(j=0; j<4; j++){ //内层循环是列（4 列）
                cin >> score[i][j];      //输入每一个元素
            }
        }

        for(i=0; i<3; i++){
            for(j=0; j<4; j++){
                cout << "{" << score[i][j] << "}\t";
            }
            cout << endl;
        }
    }
```

4.2.2　二维数组的平均值

下面用一个计算 5 位学生平均成绩的例子进一步巩固对二维数组的认识。定义数组时，预留一列用于保存平均值，然后从键盘输入成绩数据，计算每位学生的平均成绩并保存到预留的列中，最后输出成绩。

二维数组的处理

【例 4-9】计算学生平均成绩（参见 Jitor 实训平台【实训 4-9】）。

```
#include <iostream.h>
#define N 5        //5 行：5 位学生
#define M 4        //4 列：三门课程，另加平均成绩

void main(void) {
    float score[N][M];

    cout << "输入 5 位学生的成绩（共 15 个整数）：";
    int i,j;
    for(i=0; i<N; i++){
        for(j=0; j<M-1; j++){        //三门课程，最后一列不输入（平均成绩）
            cin >> score[i][j];        //输入成绩
        }
    }

    cout << "输入的 5 位学生的成绩如下：\n";
    for(i=0; i<N; i++){
        for(j=0; j<M-1; j++){        //最后一列不输出
            cout << "{" << score[i][j] << "}, ";
        }
        cout << endl;
    }

    float sum;
    for(i=0; i<N; i++){
```

```
            sum = 0;                    //初始化每位学生的总分
            for(j=0; j<M-1; j++){       //三门课程
                sum += score[i][j];     //累加成绩
            }
            score[i][M-1] = sum / 3;    //赋给最后一列
        }

        cout << "5 位学生的成绩和平均成绩如下：\n";
        for(i=0; i<N; i++){
            for(j=0; j<M; j++){                 //输出全部（包括平均成绩）
                cout << "{" << score[i][j] << "}, ";
            }
            cout << endl;
        }
}
//91 87 52 78 69 82 32 92 76 85 87 74 65 91 83
```

4.2.3 实例详解（四）：二维数组（矩阵）的转置

下面再用一个例子进一步巩固对二维数组的认识。矩阵可以用二维数组来表示，因此二维数组的转置就是矩阵的转置。

【例 4-10】实例详解（四）：二维数组（矩阵）的转置（参见 Jitor 实训平台【实训 4-10】）。

```
#include <iostream.h>
#define N 2    //2 行
#define M 5    //5 列

void main(void) {
    int a[N][M];        //转置前的矩阵（保存原数据）
    int b[M][N];        //转置后的矩阵（保存结果）

    cout << "输入 2×5 个整数：";
    int i,j;
    for(i=0; i<N; i++){
        for(j=0; j<M; j++){
            cin >> a[i][j];
        }
    }

    cout << "输出原始数据：\n";
    for(i=0; i<N; i++){
        for(j=0; j<M; j++){
            cout << "{" << a[i][j] << "}, ";
        }
        cout << endl;
    }

    //转置
    for(i=0; i<N; i++){
        for(j=0; j<M; j++){
            b[j][i] = a[i][j] ;        //a 的行成为 b 的列，a 的列成为 b 的行
```

```
        }
    }

    cout << "输出结果数据：\n";
    for(i=0; i<M; i++){
        for(j=0; j<N; j++){
            cout << "{" << b[i][j] << "}, ";
        }
        cout << endl;
    }

}
//1 2 3 4 5 6 7 8 9 10
```

4.3 字符数组

深入理解字符串

4.3.1 字符数组和字符串

1. 字符串及其结束标志

字符串在内存中存储时，除了存储每一个字符外，还要加上一个结束标志。例如"Hello!"在内存中的表示如图 4-10 所示，它占据的空间除了构成字符串的字符本身，还有一个结束标志（'\0'，即数字 0），标志字符串的结束。

结束标志

char str[] = "Hello!";

图 4-10 字符串在内存中的表示

2. 字符数组的定义和初始化

（1）定义。

C/C++用字符数组来存储字符串，它存储字符串以及结束标志，因此，实际存储的字符个数是其长度减一。语法格式如下：

```
char 字符串变量名[数组长度];
```

（2）初始化。

初始化有 3 种方式，下述 3 行代码是等价的（长度自动判断）。

```
char str[] = {'H', 'e', 'l', 'l', 'o', '!', 0};    //必须加上结束标志
char str[] = {"Hello!"};                            //编译器将会自动加上结束标志
char str[] = "Hello!";                              //这是最常用的初始化方法
```

用第一种方式进行初始化时一定要加上结束标志，而其他两种方法会自动添加结束标志，建议使用最后一种方法。

如果用第一种方式进行初始化但没有加上结束标志，那么这样的字符数组就不能作为字符串使用。

在初始化时可以指定一个比较长的长度，这样留有一定的缓冲区（如图 4-11 所示），在一定程度上减少了越界访问的可能性。例如下面定义的字符数组，将允许从键盘输入最多 79 个字符，而不会越界访问。

```
char str[80] = {'H','e','l','l','o','!',0};
char str[80] = {"Hello!"};
char str[80] = "Hello!";
```

char str[20] = "Hello!";

图 4-11　字符串及其缓冲区

3. 字符数组的输出

可以用插入运算符 << 将字符数组直接输出。例如下述代码：

```
char str[80] = "Hello!";
cout << str;
```

4. 字符数组的输入

直接用提取运算符 >> 从键盘取得用户输入的字符串（以空格或回车结束）。这时如果一行文字中包含空格，则空格的作用是分隔两个字符串。

```
char str1[80];
char str2[80];

cout << "输入字符串，以空格或回车分隔";
cin >> str1 >> str2;
cout << str1 << endl;
cout << str2 << endl;
```

需要注意输入的字符数量不能超过数组的长度减 1，否则会引起程序崩溃。例如下述代码，两个字符串不论哪一个接收了长度超过 5 的字符串，都会导致数组越界，使程序出现异常或崩溃（如图 4-12 所示），右图接收到的数据是错误的。

```
char str1[6];      //最多输入 5 个字符
char str2[6];      //最多输入 5 个字符

cout << "输入字符串，以空格或回车分隔";
cin >> str1 >> str2;
cout << str1 << endl;
cout << str2 << endl;
```

```
#include <iostream.h>

void main(void) {
    char str1[6]; // 最多输入5个字符
    char str2[6]; // 最多输入5个字符

    cout << "输入两个字符串: ";
    cin >> str1 >> str2;
    cout << str1 << endl;
    cout << str2 << endl;
}
```
"D:\VC\cyy4\Debug\cyy4.exe"
输入两个字符串: abc 1234
abc
1234
Press any key to continue

```
#include <iostream.h>

void main(void) {
    char str1[6]; // 最多输入5个字符
    char str2[6]; // 最多输入5个字符

    cout << "输入两个字符串: ";
    cin >> str1 >> str2;
    cout << str1 << endl;
    cout << str2 << endl;
}
```
"D:\VC\cyy4\Debug\cyy4.exe"
输入两个字符串: abc 12345678
12345678
Press any key to continue

图 4-12　输入字符串时无越界（左）和有越界（右）的比较

如果要提取包括空格在内的一行字符，需要用 cin 的 getline()函数。使用 getline()函数的
另一个好处是可以指定最大长度，保证不会出现越界。

```
char str[80];        //最多可以输入 79 个字符

cout << "输入字符串，以回车分隔";
cin.getline(str, 80);    //限制接收 79 个字符，输入多余的字符被丢弃
cout << str << endl;
```

【例 4-11】字符数组的输入和输出（参见 Jitor 实训平台【实训 4-11】）。

（1）字符数组的输出。

```
#include <iostream.h>
void main(void) {
    char str1[] = {'H', 'e', 'l', 'l', 'o', '!', 0};    //必须加上结束标志
    char str2[] = {"Hi!"};            //编译器将会自动加上结束标志
    char str3[] = "Hey!";            //这是最常用的初始化方法

    cout << str1 << endl;            //字符数组的整体输出
    cout << str2 << endl;
    cout << str3 << endl;

    //也可以输出每一个元素，这里加上了 ASCII 值，目的是输出自动加上的结束标志
    //输出 str3 中的每一个元素（包括自动添加的结束标志）
    for(int i=0; i<5; i++){            //数组的长度是字符串长度加 1
        cout << str3[i] << "{" << (int)str3[i] << "}, ";
    }
    cout << endl;
}
```

（2）简单的输入。

```
#include <iostream.h>
void main(void) {
    char str1[6];    //最多输入 5 个字符
    char str2[] = "Hello!";        //数组长度为 7，最多输入 6 个字符

    cout << str1 << endl;            //没有初始化的字符数组，输出不确定的字符串（乱码）
    cout << str2 << endl;

    cout << "输入字符串，以空格或回车分隔: ";
    cin >> str1 >> str2;        //输入的字符串不能超过最大长度，否则出现异常或崩溃
    cout << "{" << str1 << "}\n";
    cout << "{" << str2 << "}\n";
}
```

（3）安全的输入。

```
#include <iostream.h>
void main(void) {
    char str1[6];            //最多输入 5 个字符
    char str2[] = "Hello!";        //数组长度为 7，最多输入 6 个字符;

    cout << "输入字符串，回车分隔：";
    cin.getline(str1, 6);        //应该正确指定长度限制，防止越界
```

```
    cin.getline(str2, 7);          //应该正确指定长度限制，防止越界
    cout << "{" << str1 << "}\n";
    cout << "{" << str2 << "}\n";
}
```

5. 字符数组与其他数组的区别

（1）字符数组有结束标志。

字符数组必须有结束标志，可以有多种初始化的方式。

```
char str[] = {'H','e','l','l','o','!',0};    //必须加上结束标志
char str[] = "Hello!";                        //这是最常用的初始化方法
```

而其他数组，例如整数数组不需要结束标志，初始化时要逐一列出各个元素。

```
int a[] = {1, 2, 3, 4, 5};        //不存在结束标志
```

（2）字符数组可以直接输入和输出。

字符数组可以作为字符串直接进行输入和输出，下述代码是正确的（虽然需要避免越界）。

```
char str[80];                  //最多输入 79 个字符

cout << "输入字符串：";
cin >> str;                    //整体输入字符数组
cout << str << endl;           //整体输出字符数组
```

而其他数组，例如整数数组不能直接输入和输出，下述代码是错误的。

```
int a[8];      //8 个元素

cout << "输入整数：";
cin >> a;                      //不能整体输入数组，语法上是错误的
cout << a << endl;             //这时输出错误的结果
```

这时，只能是逐个元素一一输入或输出。

```
int a[8];      //8 个元素

cout << "输入整数数组：";
for(int i=0; i<8; i++){
    cin >> a[i];               //只能输入每一个元素
}
for(i=0; i<8; i++){
    cout << a[i] << endl;      //输出每一个元素
}
```

4.3.2　字符串处理函数

常用的字符串处理函数有如下几种（参见附录 D）：

- 字符串长度函数 strlen：string length 的缩写。
- 字符串比较函数 strcmp：string compare 的缩写。
- 字符串复制函数 strcpy：string copy 的缩写。
- 字符串连接函数 strcat：string concat 的缩写。
- 转大写字母函数和转小写字母函数 strlwr 和 strupr：string lower 和 string upper 的缩写。

【例 4-12】 字符串处理函数（参见 Jitor 实训平台【实训 4-12】）。

```
#include <iostream.h>
#include <string.h>      //字符串处理函数需要加上这一行
void main(void) {
        char str1[80];    //最大字符长度 79
        char str2[80];
        char str3[160];   //预留足够的空间，便于后面的处理

        cout << "输入两行字符：";
        cin.getline(str1, 80);
        cin.getline(str2, 80);

        cout << "str1 = {" << str1 << "}\n";
        cout << "str2 = {" << str2 << "}\n";

        cout << "str1 的长度 = {" << strlen(str1) << "}\n";    //实际长度，不包括结束标志
        cout << "str2 的长度 = {" << strlen(str2) << "}\n";

        cout << "比较 str1 和 str2 的大小 = {" << strcmp(str1, str2) << "}\n";    //结果有 3 种：-1、0 或 1

        strcpy(str3, str1);    //将 str1 复制到 str3 中
        cout << "str3 = {" << str3 << "}\n";

        strcat(str3, str2);    //在 str3（上一步已经复制了 str1 的内容）上追加 str2 的内容
        cout << "str3 = {" << str3 << "}\n";

        cout << "小写的 str1 = {" << strlwr(str1) << "}\n";    //全部小写
        cout << "大写的 str2 = {" << strupr(str2) << "}\n";    //全部大写
}
```

4.4 综合实训

1.【Jitor 平台实训 4-13】编写一个程序，实现下述功能：①定义一个 10 个元素的整型数组；②从键盘读取前 9 个整数（从小到大排列）；③从键盘读取一个数；④根据排序规则将这个数插入到数组中，保持从小到大的排序不变；⑤输出结果。

例如，9 个数组元素是：1、3、5、7、9、11、13、15、17（从小到大排列）

要插入的数是：6

最后的结果是：1、3、5、6、7、9、11、13、15、17（保持排序）

2.【Jitor 平台实训 4-14】编写一个程序，实现下述功能：①定义一个 5 行 6 列的单精度数组；②从键盘读取前 4 行和前 5 列的实数；③计算每行的平均值，保存在最后一列；④计算每列的平均值，保存在最后一行；⑤输出结果（5 行 6 列的全部结果）。

3.【Jitor 平台实训 4-15】编写一个程序，实现下述功能：①定义一个 15×15 的整型数组；②输入一个不大于 15 的整数 n；③编写 n 行的杨辉三角，每个值都保存在数组中；④输出结果。

4.【Jitor 平台实训 4-16】编写一个程序，实现下述功能：①定义 3 个 3×4 的整数数组：a、b 和 c；②从键盘读入数组 a 和 b 的数据；③令 c = a+b（矩阵加法）；④输出数组 a、b 和 c 的内容。

5.【Jitor 平台实训 4-17】编写一个程序，实现下述功能：①定义 3 个整数数组：a、b 和 c，行列分别为 4×3、3×2 和 4×2；②从键盘读入数组 a 和 b 的数据；③令 c = a×b（矩阵乘法）；④输出数组 a、b 和 c 的内容。

6.【Jitor 平台实训 4-18】编写一个程序，实现下述功能：不采用 strlen 函数，求从键盘输入的字符串的长度。

第 5 章　函数

本章所有实训可以在 Jitor 校验器的指导下完成。

5.1　函数概述

可以将函数看作包装一段代码的盒子。在 C++中，所有可执行语句都必须放在函数中，运行一个函数就是运行函数中的代码。

因此，函数是 C++程序的基本单位，如图 5-1 所示。可以说，C++程序是由各种各样的函数组成的，其中主函数是一个程序运行的起点。

图 5-1　C++程序的组成

- C/C++库函数：由 C/C++语言提供的（C/C++设计团队编写的）被所有用户使用的函数。C/C++的一大优势是提供了大量的库函数，方便程序员编写程序。
- 第三方库函数：由某些团队为了公益（开源）或商用而编写的提供给所有需要的用户使用的函数。例如专用的图像处理函数库、科学计算函数库、加密解密函数库。
- 自定义函数：由程序员编写并被自己或所在团队使用的函数。

从技术上说，C/C++库函数、第三方库函数和自定义函数都是相同的，不同的是由谁来编写和提供。一般来说，库函数经过长期检验，可靠性和执行效率都是最好的，应该尽量使用库函数。

C/C++程序员的主要任务就是在库函数的基础上，根据项目的需求，编写自己的函数，从而完成项目的开发。

5.1.1　使用 C/C++库函数

1. C 语言库函数

C 提供了大量的函数库，包括输入/输出、字符和字符串、数学、时间和日期等的处理。例如下面的有些函数库在前面曾经使用过。

- 标准输入输出库：例如 printf 和 scanf 函数，需要包含<stdio.h>头文件。
- 标准通用工具库：例如 exit 和 abort 函数，需要包含<stdlib.h>头文件。

- 数学库：例如 sqrt 和 sin 函数，需要包含<math.h>头文件。
- 字符串库：例如 strlen 和 strcpy 函数，需要包含<string.h>头文件。

2. C++库函数

C++在 C 函数库的基础上，提供了更多的函数库，这些函数库是基于面向对象技术的，因此也称为面向对象类库。

标准的 C++ I/O 类：例如 cin 和 cout 对象，需要包含<iostream.h>头文件。

String 类：本书不予讨论。

文件 I/O 类：在第 12 章讨论，需要包含<iostream.h>头文件。

【例 5-1】使用 C/C++库函数（参见 Jitor 实训平台【实训 5-1】）。

通过这个例子来回顾库函数的使用。

```
#include <iostream.h>
#include <math.h>        //使用数学库时应该包含这个头文件
void main(void) {
    double a, b;

    cout << "输入两个整数：";
    cin >> a >> b;

    cout << "a 的平方根是{" << sqrt(a) << "}\n";
    cout << "b 的正弦值是{" << sin(b) << "}\n";
}
```

5.1.2 使用自定义函数

函数和函数调用

1. 函数定义

定义函数的格式如下：

```
返回类型 函数名(形参表)
{
    函数体;
    return 返回值;
}
```

返回类型是函数的返回值的类型，没有返回值时，用 void 表示。

函数名是一种标识符，服从标识符的命名规则。

形参表是一组形式参数（变量，简称形参）的列表，没有形参时，用 void 表示。其格式如下：

```
形参 1 类型 形参 1 名称, 形参 2 类型 形参 2 名称, ...
```

函数体是一段代码，执行时从上向下进行，其中可以包括分支语句和循环语句。

返回值是函数执行结束时返回给调用方的值，用关键字 return <返回值>表示，是函数体执行的最后一条语句，返回值的类型必须与函数的返回类型相同。如果是没有返回值的函数，则不能加上返回值。

2. 函数调用

调用函数的格式如下：

```
函数名(实参表)
```

函数名是已经定义过的函数的名称，遵循先定义后使用的原则。

实参表是一组实际参数（值或表达式，简称实参）的列表。

形参和实参的关系如下：

- 个数相同：实参个数与形参个数完全相同。
- 含义一致：每一个实参的实际含义与对应的形参的含义一致。
- 类型兼容：每一个实参的类型与对应的形参的类型是兼容的。
- 实参提供实际值：实际值可以是常量、变量或表达式（这时传入的是表达式的值）。
- 为空时不能省略括号：如果没有定义形参（即 void），调用时不要提供任何参数，保留一对空括号（不能省略）。

3．函数调用方式

调用的方式可以有以下几种：

- 将函数调用语句作为独立语句。
- 将函数调用的返回值赋给变量。
- 将函数调用作为表达式的一部分。
- 将函数调用的返回值作为另一个函数的参数。

【例 5-2】使用自定义函数（参见 Jitor 实训平台【实训 5-2】）。

（1）定义一个加法函数。

```
#include <iostream.h>
//必须在函数外定义函数
int add(int x, int y) {
    cout << "{加法函数}\n";
    return x + y;
}

void main(void) {
    //在后面的步骤中用不同的形式调用
}
```

（2）将函数调用语句作为独立语句。

```
void main(void) {
    int a, b;
    cout << "输入两个整数：";
    cin >> a >> b;

    add(a, b);    //相加的结果（返回值）没有保存下来，丢弃了
}
```

（3）将函数调用的返回值赋给变量。

```
void main(void) {
    int a, b;
    cout << "输入两个整数：";
    cin >> a >> b;

    int c;
    c = add(a, b);    //相加的结果（返回值）赋给变量 c
    cout << "两数的和是{" << c << "}\n";
}
```

（4）将函数调用作为表达式的一部分。

```
void main(void) {
    int a, b;
    cout << "输入两个整数：";
    cin >> a >> b;

    int c;
    c = 3 * add(a, b);      //相加的结果（返回值）直接参与表达式的计算
    cout << "两数的和再乘以 3 是{" << c << "}\n";

    cout << "两数的和再乘以 3 是（直接输出）  {" << 3 * add(a, b) << "}\n";
}
```

（5）将函数调用的返回值作为另一个函数的参数。

```
void main(void) {
    int a, b;
    cout << "输入两个整数：";
    cin >> a >> b;

    float c;
    c = sqrt (add(a, b));      //计算相加的结果（返回值）的平方根
    cout << "两数的和的平方根是{" << c << "}\n";
}
```

5.1.3　函数返回值

设计和编写一个函数的目的常常是需要这个函数的返回值。在函数中，可以有多个 return 语句，分别返回不同的值，返回的值必须与函数的返回类型相同或兼容。

下面通过百分制转为等级制的函数的例子来学习函数返回值。

【例 5-3】函数返回值（参见 Jitor 实训平台【实训 5-3】）。

```
#include <iostream.h>
char score2grade(int score){
    if(score>100){
        return 'N';
    }else if(score>=90){
        return 'A';
    }else if(score>=80){
        return 'B';
    }else if(score>=70){
        return 'C';
    }else if(score>=60){
        return 'D';
    }else if(score>=0){
        return 'F';
    }else{
        return 'N';     //N 表示非法的值
    }
}

void main(void) {
```

```
        int score;
        cout << "输入百分制成绩：";
        cin >> score;

        char grade = score2grade(score);
        cout << "等级是{" << grade << "}\n";
}
```

5.1.4 无返回值的函数

设计和编写一个函数，有时并不需要这个函数的返回值，只是需要函数运行时所产生的效果。有返回值的函数和无返回值的函数的比较见表 5-1。

表 5-1   有返回值的函数和无返回值的函数的比较

比较项	有返回值的函数	没有返回值的函数
定义时	必须指明返回值的类型	指明返回值类型为 void
return 语句的个数	一个或多个 return <返回值>语句	0 个、1 个或多个 return 语句
return 的返回值	return <返回值>必须返回一个值（或表达式）	return 语句不能带有返回值
调用时	可以接收返回值（表达式或函数参数），有时也可以丢弃返回值（独立语句）	只能采用独立语句调用

函数的主要用途有以下两个：
- 代码复用：把重复使用的代码保存到函数内，供多次调用。
- 代码重组：根据代码的功能和逻辑结构重新组织代码，提高可读性。

下面以无返回值的函数为例来说明这两种用途（有返回值的函数也有这两种用途）。

【例 5-4】无返回值的函数（参见 Jitor 实训平台【实训 5-4】）。

（1）代码复用。

下述代码中的 print 可被多次调用，实现了代码的复用。

```
#include <iostream.h>
void print(int score) {
    if(score <0) {
        cout << "{成绩不能是负数}" << endl;
        return;
    }
    if(score >100) {
        cout << "{成绩不能大于 100 分}" << endl;
        return;
    }

    cout << "成绩是：{" << score << "}\n";
}

void main(void) {
    int score;
    cout << "输入成绩：";
    cin >> score;
```

```
        print(score);

        cout << "再次输入成绩：";
        cin >> score;

        print(score);
}
```

（2）代码重组。

对"3.2.6 代码命名和排版规范"中的代码进行重新组织，将"计算月份的天数"和"判断空调的开和关"的代码分别改写为函数 getDays()和 setAC()，使主函数非常简洁，整个程序逻辑清晰，大大提高了可读性。

```
#include <iostream.h>

void getDays(){
    //省略具体代码（见 3.2.6 节）
}

void setAC(){
    //省略具体代码（见 3.2.6 节）
}

void main(void) {
    //菜单
    cout << "{1. 计算月份的天数}\n";
    cout << "{2. 判断空调的开和关}\n";

    char choice;
    cout << "选择菜单功能：";
    cin >> choice;

    //实现用户选择的功能
    switch (choice) {
    case '1':
        //计算月份的天数
        getDays();
        break;
    case '2':
        //判断空调的开和关
        setAC();
        break;
    default:
        cout << "{选择错误}\n";
    }

    cout << "{程序结束}\n";
}
```

5.1.5 main 函数的形式

主函数的标准写法是有返回值的，这个返回值是返回给操作系统的，通常返回值为 0 表示没有错误，返回值为其他整数表示出现某种错误。代码如下：

```
int main(void) {
    //函数体
    return 0;            //主函数的返回值是返回给操作系统的
}
```

本书为了方便，写为无返回值的形式，代码如下（有些编译器不认可这种写法，会提出警告信息）：

```
void main(void) {
    //函数体
}
```

5.1.6 函数原型说明

1. 函数声明与函数定义

在前面的例子中，函数的定义同时也是函数的声明。对于下述函数：

```
int add(int x, int y) {
    cout << "{加法函数}\n";
    return x + y;
}
```

可以将函数定义和函数声明分开来写。这是函数声明（称为函数原型）：

```
int add(int x, int y);
```

这是函数定义：

```
int add(int x, int y) {
    cout << "{加法函数}\n";
    return x + y;
}
```

将函数原型分开写的好处是可以方便地满足先声明后使用的原则。函数的声明、定义和调用的次序如下：

- 声明函数：编写函数原型。
- 调用函数：在函数原型之后就可以调用函数，而不必先写函数定义。
- 定义函数：在其他位置编写函数定义，甚至是在另外一个文件中编写。

2. 函数原型

函数原型说明的格式如下：

```
返回类型 函数名(形参表);
```

例如这是函数原型说明：

```
int add (int a, int b);
```

函数原型说明中形参的标识符还可以省略。

```
int add (int, int);
```

它的意思是有一个名为 add 的函数，它的第一个参数是整型，第二个参数是整型，它的返回值类型也是整型。

有了函数原型，使函数原型和函数定义可以分开编写。函数原型与函数定义的比较见表 5-2。

表 5-2　函数原型与函数定义的比较

比较项	函数原型	函数定义
编写的位置	调用之前，也可以在函数之内	任何位置，除了函数之内
作用	声明一个函数	定义函数的同时也起声明函数的作用
在项目中的数量	多个，在调用函数的每个文件中都有一个	只能一个，不允许重复定义

在一个项目之中，函数定义只能有一个，不允许重复定义。函数定义不能写在另一个函数之内，可以写在其他位置（见表 5-3），实际开发中常常写在单独的文件中。

表 5-3　编写函数定义的位置

编写函数定义的位置	说明
调用之前	函数定义同时也是函数原型，然后才能调用函数。通常不建议采用这种方式
在函数内	绝对不允许
在调用之后	先写函数原型，然后才能调用。函数定义写在后面
在单独的文件中	函数定义写在单独的文件中（参见"5.4.1　函数与源代码文件"）。在需要调用的文件中，先写函数原型，然后才能调用

【例 5-5】函数原型说明（参见 Jitor 实训平台【实训 5-5】）。

（1）函数定义位于调用之前。

```
#include <iostream.h>
int sub(int x, int y){
    cout << "{两数差}\n";
    return x - y;
}

void main(void) {
    int a, b;
    cout << "输入两个数：";
    cin >> a >> b;

    int c;
    c = sub(a, b);
    cout << " a 和 b 之差是{" << c << "}\n";
}
```

（2）函数定义位于函数内（错误的）。

```
#include <iostream.h>
void main(void) {
    int a, b;
    cout << "输入两个数：";
    cin >> a >> b;

    int sub(int x, int y){ //不允许在函数中编写另一个函数，初学者经常犯这种错误
        cout << "{两数差}\n";
        return x - y;
    }
```

```
        int c;
        c = sub(a, b);
        cout << "a 和 b 之差是{" << c << "}\n";
    }
```

（3）函数定义位于调用之后。

```
#include <iostream.h>
int sub(int x, int y);      //函数原型
int sub(int, int);          //或者这样写

void main(void) {
    int a, b;
    cout << "输入两个数：";
    cin >> a >> b;

    int c;
    int sub(int, int);      //或者将函数原型写在函数内，只要在调用语句之前即可
    c = sub(a, b);
    cout << "a 和 b 之差是{" << c << "}\n";
}

int sub(int x, int y){
    cout << "{两数差}\n";
    return x - y;
}
```

（4）函数定义位于单独的文件中。

将 sub 函数保存在文件 arithmetic.cpp 中。

```
int sub(int x, int y){
    cout << "{两数差}\n";
    return x - y;
}
```

在任何其他文件中调用 sub 函数。

```
#include <iostream.h>
int sub(int, int);      //函数原型
//C++编译器会在所有文件中查找这个函数的定义，如果找不到，则出现连接错误

void main(void) {
    int a, b;
    cout << "输入两个数：";
    cin >> a >> b;

    int c;
    c = sub(a, b);
    cout << "a 和 b 之差是{" << c << "}\n";
}
```

5.1.7 程序调试：函数的跟踪调试

对于函数的调试跟踪，需要根据调试的目的决定是否需要跟踪到函数内部。可以有下述 3 种调试方式：

- 在调用函数的语句行上，按 F10 键不进入函数，继续下一行。
- 在调用函数的语句行上，按 F11 键跟踪进入函数内部。
- 直接在函数中设置断点，用 F5 键直接执行到函数中的断点。

【例 5-6】程序调试：函数的跟踪调试（参见 Jitor 实训平台【实训 5-6】）。

在 Jitor 校验器中按照所提供的操作要求，参考图 5-2 进行调试跟踪操作。

图 5-2　跟踪进入函数

5.2　函数调用

5.2.1　传值调用——实参与形参的关系

形参是函数定义时的参数，它的意思是形式上应该有这个参数。

实参是函数调用时的参数，它的意思是实际上这个参数的值是什么。

到目前为止，我们学习的函数都是传值调用的，意思是，调用函数时，仅仅是将实参的值传给形参，函数内部对形参所作的修改不会改变函数外实参的值。

 　　如果希望在函数内部修改形参的值后导致对应的实参值发生变化，需要用第 7 章的办法来解决，目前所学的范围是无法解决这个问题的。

【例 5-7】传值调用——实参与形参（参见 Jitor 实训平台【实训 5-7】）。

```cpp
#include <iostream.h>

void swapByVal(int, int);

void main(void) {
    int a, b;
    cout << "输入两个整数：";
    cin >> a >> b;

    cout << "in main(1) {a=" << a << ", b=" << b << "}\n";
    swapByVal(a, b);
```

```
        cout << "in main(2) {a=" << a << ", b=" << b << "}\n";
}

void swapByVal(int a, int b) {
        cout << "in swapByVal(1) {a=" << a << ", b=" << b << "}\n";
        int t = a;
        a = b;
        b = t;
        cout << "in swapByVal(2) {a=" << a << ", b=" << b << "}\n";
}
```

5.2.2　嵌套调用——杨辉三角

一个函数调用另一个函数，这叫作函数的嵌套调用。

● 　一个函数可以调用另一个函数。

● 　主函数是程序的起点，所有的函数调用都是由主函数直接或间接发起的。

 　　　函数不允许嵌套定义，即不能在函数内部定义另一个函数。函数可以嵌套调用，是指在一个函数内调用另一个函数。

下面采用函数的嵌套来编写一个程序，输出杨辉三角形。从数学上推导，可以得到杨辉三角第 i 行第 j 列的元素是：

$$C_{ij} = \frac{i!}{j! * (i - j)!}$$

先编写一个求阶乘的函数，再编写一个函数，调用阶乘函数来求杨辉三角的每一项元素。另外编写一个输出指定数量空格的函数，使输出的内容居中。最后从主函数调用它们。

【例 5-8】嵌套调用——杨辉三角（参见 Jitor 实训平台【实训 5-8】）。

（1）编写求阶乘函数。

```
#include <iostream.h>

int factorial(int);

void main(void) {
        int n;
        cout << "输入一个整数：";
        cin >> n ;

        cout << "n 的阶乘是{" << factorial(n) << "}\n";
}

int factorial(int n) { //计算阶乘值
        int f = 1;
        for (int i = 1; i <= n; i++)
                f *= i;
        return f;
}
```

（2）编写求杨辉三角每一项的函数，其中调用求阶乘函数。

```cpp
#include <iostream.h>

int factorial(int);        //函数定义省略（见前面的步骤）
int cij(int, int);

void main(void) {
    int n;
    cout << "输入一个整数：";
    cin >> n ;

    //主函数中输出杨辉三角的每一项
    for (int i = 0; i <= n; i++) {
        for (int j = 0; j <= i; j++) {
            cout << "      " << cij (i, j);
        }
        cout << endl;
    }
}

int cij(int i, int j) {//计算杨辉三角项
//调用 factorial 函数
    return factorial(i) / (factorial(j) * factorial(i - j));
}
```

（3）编写输出指定数量空格的函数，完成杨辉三角的输出。

```cpp
#include <iostream.h>

int factorial(int);        //函数定义省略（见前面的步骤）
int cij(int, int);         //函数定义省略（见前面的步骤）
void space(int);

void main(void) {
    int n;
    cout << "输入一个整数：";
    cin >> n ;

    //主函数中输出杨辉三角的每一项
    for (int i = 0; i <= n; i++) {
        space(n-i);
        for (int j = 0; j <= i; j++) {
            cout << "      " << cij (i, j);
        }
        cout << endl;
    }
}

void space(int n) {      //打印（输出）指定数量的空格
    for (int i = 0; i < n; i++) {
        cout << "   ";   //3 个空格
    }
}
```

理解递归调用

5.2.3 递归调用——阶乘

1. 递归调用

一般情况下，在函数内部不会调用函数自身。如果在函数内部直接或间接地调用了函数自身，则称这种调用为递归调用，同时这种函数就称为递归函数。递归调用有以下两种表现形式：

- 直接递归调用：一个函数直接调用自身，例如在函数 a 的内部调用 a。
- 间接递归调用：一个函数间接调用自身，例如函数 a 调用 b，函数 b 再调用 a。

2. 递归调用注意事项

- 在每一次调用自身时，必须（在某种意义上）更接近于解。
- 必须有一个终止处理或计算的准则。

 无意中形成的间接递归调用，由于不存在终止处理的准则，通常会导致无限的递归调用，造成程序进入死循环的状态。

例如，n 的阶乘可以有两个定义：

- 0 的阶乘是 1，其他正整数 n 的阶乘是 1～n 之间的自然数的乘积，即：

$$0! = 1$$

$$n! = 1 \times 2 \times 3 \times ... \times n$$

- 0 的阶乘是 1，其他正整数 n 的阶乘是该数乘以 n-1 的阶乘，即：

$$0! = 1$$

$$n! = n \times (n-1)!$$

第二种定义正好与递归函数的概念是完全一样的，因此可以用递归函数来求阶乘。

【例 5-9】递归调用——阶乘（参见 Jitor 实训平台【实训 5-9】）。

（1）求阶乘的函数（循环法）。

```cpp
#include <iostream.h>

int factorial(int);

void main(void) {
    int n;
    cout << "输入一个整数：";
    cin >> n ;

    cout << "n 的阶乘是{" << factorial(n) << "}\n";
}

int factorial(int n) { //计算阶乘值（循环法）
    int f = 1;
    for (int i = 1; i <= n; i++)
        f *= i;
    return f;
}
```

（2）求阶乘的函数（递归法）。

```cpp
#include <iostream.h>
```

```
int factorial(int);

void main(void) {
    int n;
    cout << "输入一个整数： ";
    cin >> n ;

    cout << "n 的阶乘是{" << factorial(n) << "}\n";
}

int factorial(int n) { //计算阶乘值（递归法）
    if (n == 0) {
        return 1;
    } else {
        return n * factorial(n - 1);
    }

}
```

5.3 函数参数与数组

5.3.1 数组元素作为函数参数

将数组元素作为函数参数传递给函数，只需要将数组元素作为普通变量，直接将值传递给数组即可。

● 　在函数原型和函数定义中，不必考虑数组，以数组元素的数据类型为参数类型。

● 　调用函数时，只需传入数组元素。

【例 5-10】数组元素作为函数参数（参见 Jitor 实训平台【实训 5-10】）。

```
#include <iostream.h>
#define N 8

void print(int);    //函数原型

void main(void) {
    int a[N];
    cout << "输入数组元素： ";
    for(int i=0; i<N; i++){
        cin >> a[i];
    }

    cout << "数组元素是： ";
    for(i=0; i<N; i++){
        print(a[i]);        //以数组元素为实参
    }
    cout << endl;
}
//1 2 3 4 5 6 7 8
```

```
void print(int a){ //函数定义
    cout << "{" << a << "}, ";
}
```

5.3.2 一维数组作为函数参数

深入理解函数的参数

将整个一维数组（即数组名）作为函数参数传递给函数，这时与传递数组元素是不同的。函数原型的语法格式如下：

数据类型 函数名(数据类型 数组名[], int 数组长度);

函数调用的语法格式如下：

函数名(数组名, 数组长度);

- 形参中数组名后方括号内的数组长度不起任何作用，因此可以省略（方括号本身不能省略），同时需要另外传递一个数组长度的参数。
- 实参中的数组名不需要加上方括号，表示这是整个一维数组，同时数组长度应该单独传递给函数。

由于函数的参数中包括了数组的长度，使函数可以适用于任意长度的数组，可以提高代码的复用性。

【例 5-11】一维数组作为函数参数（参见 Jitor 实训平台【实训 5-11】）。

（1）编写一个通用的整数数组输入函数 input()和通用的整数数组输出函数 output()。

```
#include <iostream.h>

void input(int[], int);      //函数原型，数组名可以省略
void output(int[], int);

void main(void) { //主函数的代码非常简洁
    int a[6];
    input(a, 6);
    output(a, 6);
}
//3 4 5 1 2 6

void input(int x[], int n){ //通用的整数数组输入函数 input()，数组长度通过参数传递
    cout << "输入" << n << "个数组元素：";
    for(int i=0; i<n; i++){
        cin >> x[i];
    }
}

void output(int x[], int n){ //通用的整数数组输出函数 output()，数组长度通过参数传递
    cout << "数组元素是：";
    for(int i=0; i<n; i++){
        cout << "{" << x[i] << "}, ";
    }
    cout << endl;
}
```

（2）编写一个通用的整数数组排序函数 sort()。

```
#include <iostream.h>

void input(int x[], int);          //函数定义省略（见前面的步骤）
void output(int x[], int);         //函数定义省略（见前面的步骤）
void sort(int x[], int);

void main(void) {
//主函数的代码非常简洁
    int a[6];
    input(a, 6);
    sort(a, 6);
    output(a, 6);
}
//3 4 5 1 2 6

void sort(int x[], int n){ //通用的整数数组冒泡排序法，数组长度通过参数传递
    for(int i=0; i<n-1; i++) { //一共 n-1 轮
        for(int j=0; j<n-1-i; j++) { //第 i 轮比较 n-i-1 次
            if(x[j] > x[j+1]) { //两两比较
                int tmp = x[j];     //t、tmp、temp 临时的缩写
                x[j] = x[j+1];
                x[j+1] = tmp;
            }
        }
    }
}
```

（3）在主函数中处理 4 个不同长度的整数数组。

```
#include <iostream.h>

void input(int x[], int n);        //函数定义省略（见前面的步骤）
void output(int x[], int n);       //函数定义省略（见前面的步骤）
void sort(int x[], int n);         //函数定义省略（见前面的步骤）

void main(void) {
    //第一个数组
    int a[6];
    input(a, 6);
    sort(a, 6);
    output(a, 6);

    //再次处理同一个数组（覆盖原有的数据）
    input(a, 6);
    sort(a, 6);
    output(a, 6);

    //第二个数组（不同长度）
    int b[3];
    input(b, 3);
    sort(b, 3);
```

```
        output(b, 3);

        //第三个数组（不同长度）
        int c[20];
        input(c, 20);
        sort(c, 20);
        output(c, 20);
    }
//3 4 5 1 2 6      8 4 5 7 2 6      301 116 156      29 22 21 24 25 31 27 28 39 36 23 32 33 34 30 26 37 38 40 35
//3 21 5 11 2 6    8 4 1 72 2 6     31 116 156       29 2 21 24 25 31 217 28 39 361 23 32 33 34 30 26 37 8 40 35
```

在函数中对数组元素的值进行修改将会同时影响实参的值，这从排序函数中可以非常明显地体会到。

5.3.3 二维数组作为函数参数

将整个二维数组（即数组名）作为函数参数传递给函数，这时与传递整个一维数组是基本相同的。这时函数原型的语法格式如下：

数据类型 函数名(数据类型 数组名[][低维长度], int 高维长度);

函数调用的语法格式如下：

函数名(数组名, 高维长度);

- 形参中数组名后有两对方括号，其中高维的数组长度不起任何作用，可以省略，而低维的数组长度不能省略，同时还要传递高维数组长度。
- 实参中的数组名不需要加上方括号，表示这是整个二维数组，同时高维数组长度必须传递给函数。

由于低维长度不能省略，因此以二维数组作为函数参数时，采用本节的办法不能编写出完全通用的函数。

【例 5-12】二维数组作为函数参数（参见 Jitor 实训平台【实训 5-12】）。

（1）编写二维整数数组输入函数 input2d()和输出函数 output2d()。

```
#include <iostream.h>
#define COL 4

void input2d(int x[][COL], int);      //数组名中低维长度必须提供，高维长度可以省略
void output2d(int x[][COL], int);

void main(void) { //主函数的代码非常简洁
    int a[2][COL];

    input2d(a, 2);
    output2d(a, 2);
}
//2 4 5 1 4 6 8 9

void input2d(int x[][COL], int row){ //高维长度是行数，低维长度（COL）是列数
    int i, j;
    cout << "输入" << row << " X " << COL << "数组元素："";
    for(i=0; i<row; i++){ //每一行
```

```
                for(j=0; j<COL; j++){ //每一列
                    cin >> x[i][j];
                }
        }
    }

    void output2d(int x[][COL], int row){ //高维长度是行数，低维长度（COL）是列数
        int i, j;
        cout << "数组元素是：\n";
        for(i=0; i<row; i++){ //每一行
            for(j=0; j<COL; j++){ //每一列
                cout << "{" << x[i][j] << "}, ";
            }
            cout << endl;     //每一行结束后要换行
        }
    }
```

（2）编写一个求二维整数数组元素和的函数 sum2d()。

```
#include <iostream.h>
#define COL 4

void input2d(int x[][COL], int);     //函数定义省略（见前面的步骤）
void output2d(int x[][COL], int);    //函数定义省略（见前面的步骤）
int sum2d(int x[][COL], int);        //数组名中低维长度必须提供，高维长度可以省略

void main(void) {
    int a[2][COL];

    input2d(a, 2);
    output2d(a, 2);
    cout << "元素和是{" << sum2d(a, 2) << "}\n";
}   //测试数据：2 4 5 1 4 6 8 9

int sum2d(int x[][COL], int row){ //求和函数
    int i, j;
    int sum = 0;
    for(i=0; i<row; i++){ //每一行
        for(j=0; j<COL; j++){ //每一列
            sum += x[i][j];
        }
    }
    return sum;
}
```

（3）在主函数中处理两个不同高维长度的整数数组。

```
#include <iostream.h>
#define COL 4

void input2d(int x[][COL], int);     //函数定义省略（见前面的步骤）
void output2d(int x[][COL], int);    //函数定义省略（见前面的步骤）
int sum2d(int x[][COL], int);        //函数定义省略（见前面的步骤）
```

```
void main(void) {
    int a[2][COL];

    input2d(a, 2);
    output2d(a, 2);
    cout << "元素和是{" << sum2d(a, 2) << "}\n";

    int b[5][COL];    //低维长度不能改变，高维长度可以改变
    input2d(b, 5);
    output2d(b, 5);
    cout << "元素和是{" << sum2d(b, 5) << "}\n";
}  //测试数据：  2 4 5 1 4 6 8 9    29 22 21 24 25 31 27 28 39 36 23 32 33 34 30 26 37 38 40 35
```

5.4 变量的存储类型

5.4.1 函数与源代码文件

一个 C++项目由多个文件组成，每个文件又由多个函数组成，这些文件以及函数之间有一定的联系。

- 一个函数定义只允许写在一个文件中，在整个项目中不允许出现同名的函数。
- 函数定义通常保存在单独的文件中，同一类的函数保存在一起。例如数组类的函数保存在一个文件中。
- 在文件中调用其他文件中定义的函数，应该在调用之前加上函数原型，以满足先声明后使用的原则。
- 函数之间可以通过参数和返回值来传递数据，也可以通过其他方式来传递数据，如共用同一个变量（如本节将要讲解的全局变量、外部变量）。

【例 5-13】函数与源代码文件（参见 Jitor 实训平台【实训 5-13】）。

用一个实例来讲解如何在多个文件之间建立函数原型、函数定义和函数调用的关系。

将"【实训 5-11】一维数组作为函数参数"的代码按图 5-3 所示的方式进行重新布局。图中每个矩形代表一个文件，虚线上方是函数原型，虚线下方是函数定义。

方案一（图的左侧）：函数原型、函数定义与主函数在同一个文件中。

方案二（图的右侧）：将函数定义保存到单独的文件（array.cpp）中，出于演示的目的，将原来的主函数拆分为两个函数（function1 和 function2，分别保存在 code1.cpp 和 code2.cpp 文件中），主函数再调用这两个函数。因此将一个文件拆分为下述 4 个文件。

（1）array.cpp 文件。

```
#include <iostream.h>
/*
    文件 array.cpp 保存了一维数组的通用处理函数：
    1. 输入函数的定义
    2. 输出函数的定义
    3. 排序函数的定义
*/
void input(int x[], int n){ //通用的整数数组输入函数 input()，数组长度通过参数传递
```

//函数体与"【实训 5-11】一维数组作为函数参数"的 input 函数相同
}

void output(int x[], int n){ //通用的整数数组输出函数 output()，数组长度通过参数传递
　　//函数体与"【实训 5-11】一维数组作为函数参数"的 output 函数相同
}

void sort(int x[], int n){ //通用的整数数组冒泡排序法，数组长度通过参数传递
　　//函数体与"【实训 5-11】一维数组作为函数参数"的 sort 函数相同
}

图 5-3　将函数定义保存到独立的文件中

（2）code1.cpp 文件。

```
void input(int x[], int n);      //函数原型
void output(int x[], int n);     //函数原型
void sort(int x[], int n);       //函数原型

void function1(void){
    // "【实训 5-11】一维数组作为函数参数"主函数的前半部分
    //第一个数组
    int a[6];
    input(a, 6);
    sort(a, 6);
    output(a, 6);
```

```
                //再次处理同一个数组（覆盖原有的数据）
                input(a, 6);
                sort(a, 6);
                output(a, 6);
        }
```

（3）code2.cpp 文件。

```
        void input(int x[], int n);     //函数原型
        void output(int x[], int n);    //函数原型
        void sort(int x[], int n);      //函数原型

        void function2(void){
                // "【实训 5-11】一维数组作为函数参数" 主函数的后半部分
                //第二个数组（不同长度）
                int b[3];
                input(b, 3);
                sort(b, 3);
                output(b, 3);

                //第三个数组（不同长度）
                int c[20];
                input(c, 20);
                sort(c, 20);
                output(c, 20);
        }
```

（4）cpp5code.cpp 文件。

```
        void function1(void);
        void function2(void);

        void main(void) {
                //与 "【实训 5-11】一维数组作为函数参数" 的功能完全相同
                function1();    //原来主函数的前半部分
                function2();    //原来主函数的后半部分
        }
```

5.4.2 作用域

作用域是指变量在源代码文件中起作用的有效范围，注意以下几点：
- 变量在作用域范围内有效，可以被访问。
- 变量在作用域范围外无效，不能被访问。
- 变量在作用域范围内不能存在同名的变量。

例如下述代码中的 4 个变量 n、sum、i 和 a。

```
1.              #include <iostream.h>
2.
3.              void main(void) {
4.                      cout << "输入一个整数："; 
5.                      int n;                  //n 的作用域从这里到主函数结束
6.                      cin >> n;
7.
8.                      int sum = 0;            //sum 的作用域从这里到主函数结束
```

```
9.              for(int i=0; i<n; i++){ //i 的作用域从这里到主函数结束
10.                 cout << "i={" << i << "}\t";
11.                 int a;              //a 的作用域从这里到循环体结束
12.                 a = i*3;
13.                 sum += a;
14.             }
15.             cout << "\n1 到 n 的三倍的累加和是{" << sum << "}\n";
16.         }
```

这 4 个变量的作用域在代码的注释中已有说明，详细说明见表 5-4。

表 5-4   作用域例子的说明

变量名	开始行	结束行	说明
n	5	16	在第 4 行不能访问变量 n
sum	8	16	在第 4~7 行不能访问变量 sum
i	9	16	在第 4~8 行不能访问变量 i
a	11	14	在第 4~10 行和 15~16 行不能访问变量 a

上述变量的作用域从定义处开始，直到当前块结束，作用域同时结束。这样的作用域称为块作用域。

还有文件作用域和函数作用域，这几种作用域的比较见表 5-5。

表 5-5   3 种作用域的比较

比较项	块作用域	文件作用域	函数作用域
有效范围	块	文件	函数
定义的位置	函数内	函数外	函数内
起始位置[注]	定义处（先声明后使用）	定义处（先声明后使用）	该函数开始处
结束位置	该块结束处	该文件结束处	该函数结束处

注：定义变量的同时也声明了变量，所以符合先声明后使用的原则。

【例 5-14】作用域（参见 Jitor 实训平台【实训 5-14】）。

（1）块作用域（一）。

```
#include <iostream.h>
void main(void) {
    //cout << " 块  a={" << a << "} b={" << b << "}\n";     //错误：未声明就使用
    int a = 103, b = 104;
    //int a = 2;     //错误：在同一个块中不能定义同名变量
    cout << " 块  a={" << a << "} b={" << b << "}\n";
}
```

（2）块作用域（二）。

```
#include <iostream.h>
void main(void) {
    int a = 103, b = 104;
    cout << " 外层块  a={" << a << "} b={" << b << "}\n";
    {   //花括号括起来的就是块，常见的是 if、while、for 等的语句块
```

```
        int a = 2;        //在不同的块中可以有同名变量。作用域不同，两个同名变量没有联系
        b = 5;
        cout << "内层块  a={" << a << "} b={" << b << "}\n";
    }
    cout << " 外层块  a={";
    cout << a << "} b={" << b << "}\n";
}
```

在这个例子中，外层块与内层块存在同名变量，这两个变量可以共存。参考图 5-4 来理解这种类型的块作用域。但是应该避免这种同名变量，以防止无意间的错误引用。

图 5-4　块变量的跟踪

（3）文件作用域。

```
#include <iostream.h>

int a, b;                //在函数之外的变量是文件作用域
void swap();             //交换 a、b 变量值的函数

void main(void) {
    a = 2;
    b = 3;
    cout << "swap 之外 a={" << a << "}, b={" << b << "}\n";
    swap();
    cout << "swap 之外 a={" << a << "}, b={" << b << "}\n";
}

void swap(){
    cout << "swap 内 a={" << a << "}, b={" << b << "}\n";
    int t = a;
    a = b;
    b = t;
    cout << "swap 内 a={" << a << "}, b={" << b << "}\n";
}
```

运行结果如下：
```
swap 之外 a={2}, b={3}
swap 内 a={2}, b={3}
swap 内 a={3}, b={2}
```

swap 之外 a={3}, b={2}

变量 a、b 是文件作用域的, swap()函数对这两个变量的值的交换会在 swap()函数外部体现出来。

（4）函数作用域。

```
int add(int x, int y){
    //int x = 10;    //出错：x 的作用域是整个函数，函数内不能再次定义同名变量
    cout << " add 函数 x={" << x << "}, y={" << y << "}\n";
    return x + y;
}
```

5.4.3　动态变量与静态变量

理解静态变量

从第 1 章到目前为止，使用的变量都是动态变量，静态变量是用 static 关键字修饰的变量。静态变量与动态变量区别的关键点在于变量是否会被多次初始化，见图 5-5 和表 5-6。

图 5-5　在内存中的静态变量和动态变量

表 5-6　静态变量和动态变量的比较

比较项	动态变量	静态变量
关键字	用 auto 修饰（通常省略）	用 static 修饰
分配空间的时机	执行到该条语句	程序启动时
回收空间的时机	作用域结束时	程序结束时
是否存在多次分配空间的情况	是。每运行到该语句再次分配空间	否。再次访问时使用同一空间
变量的值是否保留	否。每次分配空间时需要再次初始化	是。再次访问时可以访问到原来的值
功能	保存临时的值	保存永久的值（程序运行期间不被清除）

- 动态变量保存在内存中的栈里，每执行一次初始化就会初始化一次。例如多次执行 int count = 0，每一次执行时变量 count 都会被初始化为 0。
- 静态变量保存在静态区中，只在程序启动时初始化，此后不再初始化。例如多次执行 static int count = 0，变量 count 只在程序启动时初始化，每一次执行时，原来的值不变。

【例 5-15】动态变量与静态变量（参见 Jitor 实训平台【实训 5-15】）。

```
#include <iostream.h>
void loop(int n){
    //在这里定义静态变量和动态变量
    static int sCount = 0;    //静态变量，自动初始化为 0，只在程序启动时初始化一次
```

```
        auto int aCount = 0;       //动态变量，通常省略 auto，需要初始化

        for(int i=0; i<n; i++){
             sCount++;
             aCount++;
             cout << "函数内第{" << aCount << "}次循环，";
             cout << "累计第{" << sCount << "}次循环\n";
        }
        cout << endl;
}

void main(void) {
        for(int i=0; i<5; i++){
             loop(i);
        }
}
```

运行结果如下：
```
函数内第{1}次循环，累计第{1}次循环

函数内第{1}次循环，累计第{2}次循环
函数内第{2}次循环，累计第{3}次循环

函数内第{1}次循环，累计第{4}次循环
函数内第{2}次循环，累计第{5}次循环
函数内第{3}次循环，累计第{6}次循环

函数内第{1}次循环，累计第{7}次循环
函数内第{2}次循环，累计第{8}次循环
函数内第{3}次循环，累计第{9}次循环
函数内第{4}次循环，累计第{10}次循环
```

静态变量 sCount 的值在每次调用 loop 函数时，运行 static int sCount = 0;也不会初始化 sCount，这样它就能够保存上一次被调用时的值，用于计数累计循环次数。

5.4.4　局部变量与全局变量

局部变量是写在函数内的变量，从第 1 章到 5.4.2 节为止使用的都是局部变量，全局变量是写在函数外的变量。局部变量与全局变量区别的关键点在于变量的作用域，见图 5-6 和表 5-7，全局变量的作用域是文件作用域，而局部变量的作用域不是文件作用域。

图 5-6　局部变量与全局变量及其作用域

表 5-7　局部变量与全局变量的比较

比较项	局部变量	全局变量
定义的位置	函数内	函数外
作用域范围	块作用域、函数作用域	文件作用域
是否静态	可以是动态，也可以是静态（static）	全部是静态的（如果再加 static，则另有含义）
功能	限制变量在函数内使用，函数外无效	允许变量在函数间、文件间使用，从而交换数据

　　所有全局变量都是静态的（不需要加 static，如果再加上 staitc 则成为全局静态变量，后面讲解）。局部变量可以是静态的，也可以是动态的（没有 static 修饰）。

【例 5-16】局部变量与全局变量（参见 Jitor 实训平台【实训 5-16】）。

```
#include <iostream.h>

//在这里定义一个全局变量
int gCount = 0;      //全局变量，自动初始化为 0，可以省略"= 0"这部分

void loop(int n){
    static int sCount;      //静态变量，自动初始化为 0
    auto int aCount=0;      //动态变量，可以省略 auto，不能省略初始化部分 "=0"

    for(int i=0; i<n; i++){
        gCount++;
        sCount++;
        aCount++;
        cout << "第{" << gCount << "}次增量（loop 函数），";
        cout << "函数内第{" << aCount << "}次循环，";
        cout << "累计第{" << sCount << "}次循环\n";
    }
    cout << endl;
}

void count(){
    gCount++;
    //可以访问全局变量 gCount，不能访问 loop 函数中的局部变量 sCount
    cout << "第{" << gCount << "}次增量（count 函数）\n";
}

void main(void) {
    for(int i=0; i<5; i++){
        count();
        loop(i);
    }
}
```

　　这个例子与前一个例子的不同之处在于增加了一个全局变量，还增加一个函数 count，它对全局变量再次做增量运算。运行结果如下：

第{1}次增量（count 函数）

第{2}次增量（count 函数）
第{3}次增量（loop 函数），函数内第{1}次循环，累计第{1}次循环

第{4}次增量（count 函数）
第{5}次增量（loop 函数），函数内第{1}次循环，累计第{2}次循环
第{6}次增量（loop 函数），函数内第{2}次循环，累计第{3}次循环

第{7}次增量（count 函数）
第{8}次增量（loop 函数），函数内第{1}次循环，累计第{4}次循环
第{9}次增量（loop 函数），函数内第{2}次循环，累计第{5}次循环
第{10}次增量（loop 函数），函数内第{3}次循环，累计第{6}次循环

第{11}次增量（count 函数）
第{12}次增量（loop 函数），函数内第{1}次循环，累计第{7}次循环
第{13}次增量（loop 函数），函数内第{2}次循环，累计第{8}次循环
第{14}次增量（loop 函数），函数内第{3}次循环，累计第{9}次循环
第{15}次增量（loop 函数），函数内第{4}次循环，累计第{10}次循环

从运行结果可以看出全局变量有以下两个特点：

● 全局变量是静态的。

● 全局变量可以被多个函数访问。

5.4.5 外部变量

外部变量是用关键字 extern 修饰的变量。理解外部变量的关键点是，可以把一个变量作为具有项目作用域（多个源代码文件共用）的全局变量来使用，见表 5-8。

表 5-8 外部变量与其他变量的比较

比较项	局部变量	全局变量	外部变量
位置	定义在函数内	定义在函数外	使用前声明（函数内或外）
作用域范围	块作用域、函数作用域	文件作用域	项目作用域
拥有内存空间	是	是	否（访问全局变量的空间）
目的	限制在函数内使用	允许变量在函数间、文件间使用	访问其他文件的全局变量

外部变量是依赖于全局变量的，实际上它们是同一个变量。

● 全局变量：定义变量，同时声明变量。

● 外部变量：声明变量，而不定义变量，声明后允许引用这个变量（同名的全局变量）。

【例 5-17】外部变量（参见 Jitor 实训平台【实训 5-17】）。

在这个例子中，两个文件共用第三个文件（global.cpp）中的全局变量，如图 5-7 所示。

（1）global.cpp 文件。

```
int gCount;    //定义全局变量
```

（2）code1.cpp 文件。

```
extern int gCount;    //引用 global.cpp 文件中的全局变量作为外部变量

void function1(void){
    gCount++;
}
```

图 5-7 外部变量是共用其他文件中的全局变量

（3）cpp5code.cpp 文件。

```
#include <iostream.h>

extern int gCount;     //引用 global.cpp 文件中的全局变量作为外部变量
void function1(void);

void main(void) {
    function1();
    function1();

    cout << "gCount={" << gCount << "}\n";
}
```

运行结果如下：

```
gCount={2}
```

5.4.6 全局变量与全局静态变量

前面讲解过全局变量，全局变量本身是静态的，不需要加 static。

如果在全局变量前加上 static，这个变量就变成全局静态变量。

全局静态变量是不能被其他文件作为外部变量访问的全局变量，这时 static 的含义有点像静止在这个文件中，不能被其他文件访问，如图 5-8 所示。全局变量与全局静态变量的区别见表 5-9。

图 5-8 全局静态变量（不能被其他文件作为外部变量访问）

表 5-9　全局变量与全局静态变量的区别

比较项	全局变量	全局静态变量
语法	不加 static 修饰	用 static 修饰
定义的位置	函数外	函数外
作用域	整个项目（可作为外部变量被引用）	本文件（不能作为外部变量）
是否静态的	是（虽然没有 static 修饰）	是（这里的 static 仅表示限制作用域在本文件内）
功能	允许一个全局变量在整个项目中可用	限制一个全局变量只能在当前文件中使用，防止误用

【例 5-18】全局变量和全局静态变量（参见 Jitor 实训平台【实训 5-18】）。

（1）global.cpp 文件。

```
static int gCount;    //定义全局静态变量，与前一实训的差别是加上了 static 关键字
```

（2）code1.cpp 文件。

```
//这个文件与前一实训完全相同
```

（3）cpp5code.cpp 文件。

```
//这个文件与前一实训完全相同
```

这时出现如下编译错误，原因是在 code1.cpp 和 cpp5code.cpp 文件中无法访问 global.cpp 文件中的全局静态变量：

```
cpp5code.cpp
global.cpp
Linking...
code1.obj : error LNK2001: unresolved external symbol "int gCount" (?gCount@@3HA)
cpp5code.obj : error LNK2001: unresolved external symbol "int gCount" (?gCount@@3HA)
Debug/cpp5.exe : fatal error LNK1120: 1 unresolved externals
Error executing link.exe.

cpp5.exe - 3 error(s), 0 warning(s)
```

5.4.7　声明和定义的区别

在讨论变量或函数时，要注意声明和定义这两个术语之间的区别，见表 5-10。在错误信息里常常可以看到对应的术语。

表 5-10　声明与定义的区别

比较项	声明	定义
英文动词	declare	define
英文名词	declaration	definition
含义	告诉编译器存在这个变量或函数，在连接时再去找这个变量或函数（在本文件或其他文件中定义）	为变量或函数分配内存空间，编译器可以直接用这个空间
多次使用	可以多次声明	不允许重复定义
两者关系	不会同时定义变量或函数	同时也声明了变量或函数
变量的例子	外部变量	局部变量、全局变量
函数的例子	函数原型	函数定义

如果重复定义了一个变量，错误信息是"重复定义"，如下：

error C2086: 'a' : redefinition

解决的办法只有一种，就是删除重复的定义。

如果一个变量找不到，错误信息是"未声明的标识符"，而不是未定义的变量，如下：

error C2065: 'a' : undeclared identifier

因此解决的办法有两种：一是定义这个变量（同时也是声明）；二是声明这个变量（如声明为外部变量，这个变量在其他文件中定义）。

5.4.8　寄存器变量

计算机对不同存储介质的访问速度是不同的，对外存（如硬盘）的访问速度最慢，对内存（普通变量，即前面讲解的各种变量）的访问速度很快，而对寄存器中的数据访问速度是最快的。

寄存器只能保存极少量的数据，因此为了提高运行效率，可以将少数几个变量设置为寄存器变量，从而提高程序的运行效率。寄存器变量与普通变量的区别见表 5-11。

表 5-11　寄存器变量与普通变量的区别

比较项	普通变量	寄存器变量
保存位置	主板上的内存	CPU 中的寄存器
特点	正常的	速度快，支持的变量数量极少
适用类型	动态、静态、全局等所有类型	动态变量
适用场合	适用于绝大多数场合	特殊情况下，提高效率。不提供新的功能

对现代计算机来说，使用寄存器变量对效率的提升作用并不大，因此极少使用。只在对实时性要求极高的电子器件进行编程时可能会用到。

【例 5-19】寄存器变量（参见 Jitor 实训平台【实训 5-19】）。

```
#include <iostream.h>
void main(void) {
    register int i;     //用关键字 register 定义寄存器变量，理论上可以提高效率
    int n, sum;
    cout << "Input the value of n:";
    cin >> n;
    sum = 0;
    for (i = 1; i <= n; i++) {
        sum += i;
        cout << "i=" << i << ", sum=" << sum << "\n";
    }
    cout << "sum = {" << sum << "}\n";
}
```

5.5　内联函数

调用函数的过程会使程序的效率有一点点的降低，这时使用内联函数来避免函数调用，

从而提高效率，其机制是把对内联函数的调用直接替换为函数体的内容。

内联函数的唯一目的是提高执行效率，不提供新的功能，仅适用于简单的函数。

 对现代计算机来说，使用内联函数对于效率的提升作用并不大，因此极少使用。

【例 5-20】内联函数（参见 Jitor 实训平台【实训 5-20】）。

```
#include <iostream.h>

inline int add(int x, int y) { //用关键字 inline 声明内联函数
    return x+y;
}

void main(void) {
    int a, b, sum;
    cout << "Input a, b:";
    cin >> a >> b;

    sum = add(a, b);    //调用内联函数（把函数体直接替换到这里）
    cout << "sum = " << sum << endl;
}
```

5.6 参数默认值

参数默认值是为了编程方便，可以写出简洁的代码。注意以下几点：

● 有默认值的参数在调用时可以提供实参，也可以不提供实参：如果提供实参，则将实参传给形参；如果不提供实参，则将默认值传给形参。

● 没有默认值的参数在调用时必须提供实参，否则出错。

形参（函数定义）和实参（函数调用）的类型与含义仍然要求一一对应，只是在数量上，实参的数量可能少一些，可以省略具有默认值的参数，但是仍然要保证一一对应，不允许交叉出现，见表 5-12。

表 5-12　参数默认值中参数列表的要求

是否有默认值	形参（函数定义）	实参（函数调用）
没有默认值	没有默认值的形参列在前面	没有默认值的实参列在前面
有默认值	有默认值的形参列在后面	有默认值并且提供实际值的实参列在中间
		最后是省略的有默认值的实参（这里传入的是默认值）

【例 5-21】参数默认值（参见 Jitor 实训平台【实训 5-21】）。

```
#include <iostream.h>

int add(int, int, int=0);    //声明时指定默认值

void main(void) {
    int a = add(1, 2, 3);    //提供 3 个参数
    int b = add(1, 2);       //提供 2 个参数（第 3 个用默认值）
```

```
        cout << " a= {" << a << "}\n";
        cout << " b= {" << b << "}\n";
    }

int add(int x, int y, int z){ //定义时不能再指定默认值
        return x + y + z;
    }
```

5.7 函数重载

函数重载是两个或多个同名的函数满足下述两个条件之一：

● 不同的参数个数。

● 不同的参数类型。

编译器在编译过程中依靠这种区别自动地选择正确的函数编译到机器码中。但是编译器无法通过函数的返回值类型来区别两个同名函数，因此返回值的不同不能构成函数的重载。

函数重载是为了解决函数的同名问题，方便程序员编写程序，提高可读性。

【例 5-22】函数重载（参见 Jitor 实训平台【实训 5-22】）。

```
#include <iostream.h>

//下述 3 个同名的函数，因为参数个数和类型的不同而形成重载
int add(int, int);              //2 个整数参数
int add(int, int, int);         //3 个整数参数
double add(double, double);     //2 个实数参数

void main(void) {
    int a=3, b=5, c=7;
    int x, y;
    double z;

    //编译器会根据参数的个数和类型自动识别并调用正确的函数
    x = add(a, b);          //2 个整数参数
    y = add(a, b, c);       //3 个整数参数
    z = add(1.23, 3.56);    //2 个实数参数

    cout << "两个整数的和是{" << x << "}\n";
    cout << "三个整数的和是{" << y << "}\n";
    cout << "两个实数的和是{" << z << "}\n";
}

int add(int x, int y){
    cout << "{求两数和的函数}\n";
    return x + y;
}
int add(int x, int y, int z){
    cout << "{求三数和的函数}\n";
    return x + y + z;
```

```
    }

    double add(double x, double y){
        cout << "{求两实数和的函数}\n";
        return x + y;
    }
```

5.8 综合实训

1.【Jitor 平台实训 5-23】编写两个函数，分别实现华氏温度与摄氏温度的转换，并按要求修改主函数，以满足输入输出的要求。

2.【Jitor 平台实训 5-24】用普通函数、递归函数、库函数 3 种办法中的一种来实现计算 x 的 n 次幂。不能修改所提供的主函数。

3.【Jitor 平台实训 5-25】编写 strlen 和 strcpy 函数，替代库函数实现完全相同的功能。不能修改所提供的主函数。

4.【Jitor 平台实训 5-26】编写一个名为 fibonacci 的求裴波那契数列的递归函数。不能修改所提供的主函数。

第 6 章　编译预处理

本章所有实训可以在 Jitor 校验器的指导下完成。

从 C++程序（源代码）生成可执行文件并执行的过程如下：

（1）编译预处理：根据编译预处理指令对源代码进行必要的处理。

（2）编译：将 C++代码翻译为目标计算机（Windows 或 Linux 系统或单片机）的机器码。每个 C++文件编译为一个目标文件（.obj）。

（3）连接：将编译好的多个目标文件合并（连接）成为一个可执行（.exe）文件。

（4）执行：运行生成的可执行文件，处理输入的数据并输出计算的结果。

本章主要讲解编译预处理。编译预处理指令有 3 种：文件包含、宏定义和条件编译。所有编译预处理指令都是以#开头，它们都不是 C++语句，因此在行末不应该用分号结束。在代码规范上，所有预处理指令都是顶格排版的。

6.1　宏定义指令

在第 4 章中我们曾经用过如下的宏定义，它会将文件中所有的 N 替换为 5：

```
#define N 5
```

6.1.1　不带参数的宏定义

宏定义可以理解为全文替换，先用一个名字（宏名）代表一个替换文本（一个值或一小段代码），然后将文件中的宏名全部替换（也称为宏展开）为对应的替换文本。语法格式如下：

```
#define 宏名 替换文本
```

宏名习惯上采用大写字母，以便与普通变量名相区别。定义宏以后，这个源代码文件中的所有宏名将被替换为对应的替换文本。

宏定义与 const 常量的作用有点相似，但它们的机制不同，见表 6-1。

表 6-1　宏定义与 const 常量的比较

比较项	#define 宏	const 常量
实现方式	文本替换	是一种变量，只是它的值不能修改
实现时机	预编译	编译
语法格式（例子）	#define PI 3.14159265358979	const double PI = 3.14159265358979;

注意以下几点：

● 替换过程会自动识别代码和字符串，对于字符串中出现的宏名不作替换。

● 如果宏定义中的替换文本是一个字符串（用双引号引起来），则替换为字符串（含双引号的替换文本）。

- 宏可以嵌套，即在宏中引用另外一个宏定义。
- 语法检查时，对宏定义本身不作检查，只是对替换后的结果作语法检查。

【例 6-1】不带参数的宏定义（参见 Jitor 实训平台【实训 6-1】）。

（1）宏定义。

```
#include <iostream.h>
#define PI 3.1415926        //宏定义，结尾不能加分号，可以加注释

void main(void) {
    double pi = 3.1415926;       //这是变量，名称小写（宏名用大写）

    cout << "PI = {" << PI << "}\n";      //在预处理时用 3.1415926 替换 PI
    cout << "pi = {" << pi << "}\n";      //在运行时输出变量 pi 的值
}
```

（2）嵌套的宏定义。

```
#include <iostream.h>
#define PI 3.1415926
#define R 10
#define AREA PI*R*R      //在宏中引用已定义的宏，即嵌套宏

void main(void) {
    double pi = 3.1415926;

    cout << "PI = {" << PI << "}\n";
    cout << "pi = {" << pi << "}\n";

    cout << "THE AREA IS: {" << AREA << "}\n";      //字符串中的 AREA 不会被替换
}
```

（3）宏定义与字符串。

```
#include <iostream.h>
#define PI 3.1415926
#define R 10
#define AREA PI*R*R
#define PROMPT "圆的面积是：{"      //用宏代表字符串，必须用双引号引起来

void main(void) {
    double pi = 3.1415926;

    cout << "PI = {" << PI << "}\n";
    cout << "pi = {" << pi << "}\n";

    cout << "THE AREA IS: {" << AREA << "}\n";       //字符串中的 AREA 不会被替换
    cout << PROMPT << AREA << "}\n";        //PROMPT 被替换为带引号的字符串
}
```

（4）宏定义错误的检查。

```
#include <iostream.h>
#define PI 3.1415926
#define R 10
#define AREA PI*R*R
```

```
#define PROMPT "圆的面积是：{"
#define PERIMETER 2+*PI*R      //周长，故意写错成"+*"，在这一行不会有出错提示

void main(void) {
    double pi = 3.1415926;

    cout << "PI = {" << PI << "}\n";
    cout << "pi = {" << pi << "}\n";

    cout << "THE AREA IS: {" << AREA <<   "}\n";
    cout << PROMPT << AREA <<   "}\n";
    cout << "圆的周长是：{" << PERIMETER <<   "}\n";    //出错提示在使用宏定义的这一行
}
```

错误提示是在宏替换的那一行（第 16 行），而不是宏定义的那一行（第 6 行）。错误信息如下：

```
D:\VC60\cpp5\cpp5code.cpp(16) : error C2100: illegal indirection
Error executing cl.exe.
```

6.1.2 带参数的宏定义

宏定义还可以带参数，语法格式如下：

```
#define 宏名(参数表) 替换文本
```

注意在宏名与参数表的括号之间不允许有空格。

带参数的宏定义有点像函数，但两者有本质的区别，见表 6-2。

表 6-2 带参数的宏定义与函数的比较

比较项	带参数的宏定义	函数
参数定义形式不同	只需要参数名称	需要数据类型和参数名称
数据类型	替换后检查数据类型	直接检查数据类型
调用过程	不存在调用，只是进行宏替换（即宏展开）	将实参传入函数进行调用
运行机制	静态的，编译时将宏名替换为替换文本	动态的，运行时调用函数

使用带参数的宏时要注意运算符的优先级问题，否则可能出现错误（这种错误非常隐蔽，难以发现，需要特别注意）。

【例 6-2】带参数的宏定义（参见 Jitor 实训平台【实训 6-2】）。

（1）带参数的宏定义。

```
#include <iostream.h>
#define PI 3.1415926
#define AREA(r) PI * r * r      //带参数的宏，宏名不能写成 AREA  (r)，宏名和圆括号之间不能有空格

void main(void) {
    double radius;
    cout << "输入圆的半径：";
    cin >> radius;

    cout << "圆的面积是：{" << AREA(radius) <<   "}\n";
}
```

（2）带参数的宏定义中隐藏的错误。

```
#include <iostream.h>
#define PI 3.1415926
#define AREA(r) PI * r * r        //这个带参数的宏本身没有错误，但宏替换后可能有错误

void main(void) {
    double radius;
    cout << "输入圆环的内半径：";
    cin >> radius;

    cout << "宽为 5 的圆环的面积是：{" << AREA(radius+5) -AREA(radius) <<    "}\n";
}
```

这时运行的结果如下：

```
输入圆环的内半径：10
宽为 5 的圆环的面积是：{-227.743}
```

这个计算结果明显是错误的，面积不可能是负数。

原因出现在文本的替换上，AREA(radius+5)被替换成 PI * radius+5 * radius+5，注意这里的运算优先级导致了错误的结果。

正确的替换结果应该是：PI * (radius+5) * (radius+5)，因此宏定义需要作相应的修改。

（3）完善宏定义。

```
//改正错误后的宏定义
#define AREA(r) PI * (r) * (r)      //宏定义加上括号后，可以保证替换为 PI * (radius+5) * (radius+5)
```

6.2　文件包含指令

文件包含指令就是#include 指令，从第一节课开始就陪伴我们了。

文件包含指令是将一个文件原封不动地插入到#include 指令所在的位置。一条#include 指令只能包含一个文件，如果要包含多个文件，就需要多条#include 指令来实现。

语法格式如下：

```
#include <文件名>
#include "文件名"
```

文件名用尖括号括起来的表示系统文件，文件名用双引号引起来的表示用户自己编写的文件，不论是哪一种，默认的后缀都是.h。

包含指令是 C++程序中不可缺少的，它的用途主要是在以下两个方面：

- 引用库函数的时候，必须用#include 指令包含库函数的函数原型等。
- 进行团队合作时，引用自己或他人编写的代码，也应该用#include 指令包含相应的函数原型。

6.2.1　包含系统头文件

第 5 章介绍了三大类函数：C/C++库函数、第三方库函数和自定义函数，当使用 C/C++库函数时就需要包含系统头文件。

包含系统头文件的作用是将 C/C++提供的代码嵌入到你编写的文件中。下面用一个最简

单的例子来演示这个过程。

【例6-3】包含系统头文件（参见 Jitor 实训平台【实训 6-3】）。

即使是一个最简单的程序，它包含的文件也是非常复杂的。这个实训将显示 iostream.h 文件的全部代码，并尝试用这些代码来替换文件包含指令。

```
#include <iostream.h>        //在 Jitor 校验器中打开并阅读 iostream.h 文件，理解包含的作用

void main(void) {
        cout << "Hello, world!\n";
}
```

6.2.2　包含自定义头文件

可以简单地将包含自定义头文件理解为，根据一定的目的将原来的源代码文件分为两个文件，其中一个文件包含另一个文件。头文件的内容通常是函数原型，本书为了演示，在头文件中用了函数定义，这是不规范的。规范的使用方法参见"6.3.3　实例详解：文件包含与条件编译"。

【例6-4】包含自定义头文件（参见 Jitor 实训平台【实训 6-4】）。

（1）原来的源代码文件。

```
#include <iostream.h>

int add(int a, int b){
        return a + b;
}

void main(void) {
        int a, b;

        cout << "输入两个整数：";
        cin >> a >> b;

        cout << "两数和是{" << add(a, b) << "}\n";
}
```

（2）将 add 函数独立出来，作为自定义头文件（my_head.h）。

```
//简单地将 add 函数移到 my_head.h 头文件中
int add(int a, int b){
        return a + b;
}
```

（3）在原来的文件中包含自定义头文件。

```
#include <iostream.h>        //系统提供的头文件名用尖括号括起来
#include "my_head.h"         //自定义头文件内含被移出去的代码（文件名用双引号引起来）
void main(void) {
        int a, b;

        cout << "输入两个整数：";
        cin >> a >> b;
```

```
        cout << "两数和是{" << add(a, b) << "}\n";
    }
```

6.2.3 嵌套的文件包含

文件包含还允许嵌套包含，即文件 1 包含文件 2，文件 2 再包含文件 3。

【例 6-5】嵌套的文件包含（参见 Jitor 实训平台【实训 6-5】）。

（1）头文件 1（my_head1.h）。

```
int add(int a, int b){
    return a + b;
}
```

（2）头文件 2（my_head2.h）。

```
#include "my_head1.h"    //包含 my_head1.h
int sub(int a, int b){
    return a - b;
}
```

（3）主函数所在的文件。

```
#include <iostream.h>        //系统提供的头文件名用尖括号括起来
#include "my_head2.h"        //包含 my_head2.h，它又包含 my_head1.h
void main(void) {
    int a, b;

    cout << "输入两个整数：";
    cin >> a >> b;

    cout << "两数和是{" << add(a, b) << "}\n";        //在 my_head1.h 中
    cout << "两数差是{" << sub(a, b) << "}\n";        //在 my_head2.h 中

}
```

6.3 条件编译指令

6.3.1 条件编译

1. 条件编译指令

条件编译是将符合条件的源代码编译到机器码中，而对不符合条件的源代码直接丢弃，不会编译到机器码中。条件编译的语法格式如下：

```
#ifdef 宏名
    //代码段 1
#else
    //代码段 2
#endif
```

意思是如果宏名已经被定义，则编译代码段 1，否则编译代码段 2。

条件编译与条件语句类似，但它们之间有本质的区别，见表 6-3。

表 6-3　条件编译与条件语句的比较

比较项	条件编译	条件语句
所依据的条件	宏名是否已被定义	表达式是否为真

语法格式	#ifdef 宏名
	　　//代码段 1
	#else
	　　//代码段 2
	#endif
		if(表达式){
		　　//代码段 1
		}else{
		　　//代码段 2
		}

代码缩进	永远顶格	根据嵌套层数代码缩进
运行机制	静态的，编译时决定	动态的，运行时决定
是否编译到可执行文件	只编译其中一段代码到可执行文件中	所有代码都编译到可执行文件中

2. 条件编译的用途

条件编译的用途主要有以下两个：

● 解决不同平台的兼容性问题：例如要编写兼容 Windows 和 Linux 平台的程序，这时会有极少数源代码在不同平台上是不同的，可以通过条件编译来解决这个问题，在不同的平台下编译，编译不同的代码到可执行文件中。这种情况在嵌入式和底层驱动的开发中是比较常见的。

● 解决文件包含中的重复包含问题：见 6.3.2 节。

6.3.2　条件编译与文件包含

条件编译可以用来解决文件包含中出现的重复包含问题。

【例 6-6】条件编译（参见 Jitor 实训平台【实训 6-6】）。

（1）条件编译和条件语句的比较。

```
#include <iostream.h>
#define DEBUG        //宏定义

void main(void) {
    int debug;
    cout << "输入调试模式：";
    cin >> debug;

    //条件语句，根据变量的值决定是否输出
    if(debug){
        cout << "{条件语句：调试模式}：打印出各个变量的值...\n";
    }

    //条件编译，根据宏定义是否存在决定是否将这行语句编译到可执行文件中
    #ifdef DEBUG
        cout << "{条件编译：调试模式}：打印出各个变量的值...\n";
    #endif
}
```

（2）文件包含中的问题（一）header3.h 的头文件（缺少条件编译）。

```
int add(int x, int y){
    return x + y;
}
```

（3）文件包含中的问题（二）主函数所在的文件（重复包含同一文件）。

```
#include <iostream.h>
#include "header3.h"
#include "header3.h"     //第二次包含，就有了重复的同名 add 函数，将出现编译错误

void main(void) {
    cout << "调用 add 函数：" << add(3, 5) << endl;
}
```

（4）用条件编译来解决文件包含中的问题。改写 head3.h 文件。

```
#ifndef HEADER3_H_     //如果不存在 HEADER3_H_。通常在文件的第一行，宏名用文件名
#define HEADER3_H_     //定义它

int add(int x, int y){     //第二次及第 n 次包含时就不会编译这一部分，避免了同名函数
    return x + y;
}

#endif /*HEADER3_H_*/     //文件的最后一行
```

当第一次包含 header3.h 时，由于还没有宏定义 HEADER3_H_，因此 add 函数被包含进来，再次包含 header3.h 时，由于宏定义 HEADER3_H_ 已经存在，因此 add 函数不会再次被包含。

6.3.3 实例详解：文件包含与条件编译

文件包含与条件编译

一个项目通常由多个源代码文件组成，每个文件保存同类用途的函数。在调用这些函数的文件中还需要编写函数原型。

通常将函数定义保存在源代码文件中，将函数原型保存在头文件中。需要时，再将头文件包含到当前文件中，这就是文件包含处理。因此，处理的过程如下：

（1）将函数定义分门别类保存到单独的源代码文件（.cpp）中。

（2）为每个文件写一个头文件（.h），内容是对应文件中函数定义的函数原型。

（3）在需要调用这些函数的源代码文件中包含头文件，就能正确地调用函数，满足先声明后使用的原则。

【例 6-7】实例详解：文件包含（参见 Jitor 实训平台【实训 6-7】）。

在【例 5-13】中说明了函数与源代码文件的关系。采用文件包含技术和条件编译时，这个例子就变得更为完美（如图 6-1 所示）。

图 6-1 的左图与图 5-3 的右图完全相同，右图采用了文件包含技术，将函数原型保存到单独的文件 array.h 中，然后在 code1.cpp 和 code2.cpp 中不需要编写函数原型，只需要包含头文件 array.h。

（1）array.cpp 文件。

```
//代码与【例 5-13】中的 array.cpp 文件完全相同
//省略代码
```

（2）array.h 文件（新的文件，用于保存函数原型）。

```
#ifndef ARRAY_H_        //在 array.h 中,标准的写法是加上条件编译指令
//防止重复包含以下内容
#define ARRAY_H_        //宏定义使用文件名(大写)

void input(int x[], int n);     //函数原型
void output(int x[], int n);    //函数原型
void sort(int x[], int n);      //函数原型


#endif /* ARRAY_H_ */
```

图 6-1   采用文件包含技术建立文件之间的联系

(3)code1.cpp 文件。

```
#include "array.h"     //包含自定义的头文件
void function1(void){
    //此处代码与【例 5-13】中的 code1.cpp 文件完全相同
}
```

(4)code2.cpp 文件。

```
#include "array.h"     //包含自定义的头文件
void function2(void){
    //此处代码与【例 5-13】中的 code2.cpp 文件完全相同
}
```

(5)cpp5code.cpp 文件。

```
//代码与【例 5-13】中的 cpp5code.cpp 文件完全相同
```

//省略代码

这是大型项目的标准文件架构，文件之间的关系可以使整个程序的结构清晰，提高可读性和可维护性。

6.4 综合实训

1．【Jitor 平台实训 6-8】编写一个带参数的宏 MAX，它返回两个参数中较大的那一个数。

2．【Jitor 平台实训 6-9】一个项目中有下述两个文件。

文件 lib.cpp 的内容如下：

```
int add(int a, int b){
    return a+b;
}
int sub(int a, int b){
    return a-b;
}
```

含有主函数的文件 cpp6code.cpp 的内容如下：

```
#include <iostream.h>

void main(void){
    cout << add(5, 6) << endl;
    cout << sub(5, 6) << endl;
}
```

为 lib.cpp 编写一个头文件 lib.h，头文件中加上条件编译，使整个项目能够正常运行。注意，不能修改或删除原有的任何代码，只能增加代码。

第 7 章　指针与引用

本章所有实训可以在 Jitor 校验器的指导下完成。

7.1　指针变量

先认识一下什么是外存和内存，见表 7-1。

表 7-1　外存和内存的比较

比较项	外存	内存
全称	外部存储器	内部存储器
特点	读写速度慢，断电后数据不丢失	读写速度快，断电后数据立即消失
用途	保存文件（包括程序文件）	保存运行中的程序和变量的值
物理介质	硬盘、U 盘	计算机内的内存条

本章讨论变量在内存中是如何处理的，第 12 章将讨论如何在外存中处理文件。

内存地址（简称地址）是内存中的位置的编号，这个编号是连续的，用一个 32 位的无符号整数表示，例如 0x0019FF3C 是一个地址，它表示一个字节（8 位）数据的地址。

指针变量（简称指针）是一个保存地址的变量，指针变量的值是地址，例如 0x0019FF3C。

指针指向的值是内存中指针地址的位置保存的值，这个值可能是一个字符，例如字符'a'（1 个字节，0x61），也可能是一个整数 12（4 个连续的字节，0x0000000c）。

每个普通变量有一个名字、对应的地址以及在该地址上的值。就像信报箱上有住户的名字、门牌号码和里面的邮件，如图 7-1 所示。

图 7-1　信报箱上住户的名字、门牌号码和里面的邮件

每个指针变量也有一个名字、对应的地址以及在该地址上的值，但是该值是一个地址，这个地址有对应的值，这个值才是我们真正关心的值。就像信报箱上有住户的名字、门牌号码

和里面的邮件，但是这个邮件是一份领取邮件通知单，要到通知单上指定的地点去领取真正的邮件。

可以说，指针变量就像是一个专门存放领取邮件通知单的变量。

对于如下程序：

```
int a = 123;
int* p = &a;
cout << *p << endl;
```

程序内部指针变量 p 与普通变量 a 的关系如图 7-2 所示，在某个地址（图中的 0x0019FF3C）保存了变量 a 的值 123，指针变量 p 则保存了变量 a 的地址。通过变量 a 的名字可以直接访问 123 这个值，而通过指针 p 则可以间接访问 123 这个值。

图 7-2　指针变量的值是普通变量的地址

通常我们无须关心指针 p 的地址（图中的 0x0019FF38）。

7.1.1　指针变量与普通变量

指针变量与普通变量

在开始学习指针的时候，都是将指针与普通变量（包括数组）联系起来使用的。在本章的最后，"7.9　动态内存分配"一节将会讲解如何独立地使用指针。

定义指针的语法格式如下：

数据类型* 指针变量名;

为指针变量赋值的语法格式如下：

指针变量名 = &普通变量名;

引用指针变量的语法格式如下：

*指针变量名 = 值;

使用指针时要注意以下几点：

● 在定义时，星号（*）用于定义指针变量，表示定义的是一个指针。
● 符号&是取地址运算符，可以得到变量的地址。
● 在引用时，星号（*）是取值运算符，表示引用的是指针指向的值。
● 在引用时，不加星号（*）表示引用的是指针的值本身，它永远是一个地址（32 位的无符号整数）。
● 指针在初始化之前不允许访问。这种指针称为野指针，对野指针的访问可能造成程序崩溃。

　　　　星号（*）应用在多种场合：①乘法运算符；②定义指针变量；③取值运算符。后两种用途与指针有关。

因此，使用指针变量的 3 个步骤如下：

（1）定义一个指针变量：例如 int* p 定义了一个整型的指针变量 p。

（2）把变量地址赋值给指针：例如 p = &a 将事先定义好的变量 a 的地址赋值给指针。

（3）访问指针变量指向的值：例如*p = 3 将整数 3 赋值给 p 指向的空间，即变量 a。

【例 7-1】指针变量与普通变量（参见 Jitor 实训平台【实训 7-1】）。

```
1.          void main(void) {
2.              int a = 123;
3.              int b = 321;
4.              cout << "变量 a 的值是{" << a << "}\n";
5.              cout << "变量 b 的值是{" << b << "}\n\n";
6.
7.              int* p;          //定义一个指针变量 p，*表示是一个指针
8.              p = &a;          //把变量 a 的地址赋给指针，&是取地址运算符
9.
10.             //访问指针变量的值（地址）和指针变量指向的值（我们关心的值）
11.             cout << "指针 p 的值是" << p << "\n";              //p 的值是地址
12.             cout << "指针 p 指向的值是{" << *p << "}\n";        //*p 的值是 123，*是取值运算符
13.
14.             p = &b;          //可以动态地指向另一个变量 b
15.             cout << "\n 指针 p 的值是" << p << "\n";            //p 的值是变量 b 的地址
16.             cout << "指针 p 指向的值是{" << *p << "}\n";        //这时*p 的值 321
17.         }
```

运行结果如下：

```
变量 a 的值是{123}
变量 b 的值是{321}

指针 p 的值是 0x0019FF3C
指针 p 指向的值是{123}

指针 p 的值是 0x0019FF38
指针 p 指向的值是{321}
```

参考图 7-3 来理解指针和变量之间的关系，第 8 行代码为指针赋值后，这时内存中 p、a 和 b 之间的关系如图 7-3 所示，p 是一个地址，值是 0x0019ff3c（这个值在不同机器上可能不同），那是变量 a 的地址，因此 p 指向的值*p 就是变量 a 的值，代码第 12 行输出 123。

第 14 行代码赋给指针另外一个变量 b 的地址，这时内存中 p、a 和 b 之间的关系如图 7-4 所示。p 的值改为 0x0019ff38，那是变量 b 的地址，因此 p 指向的值*p 就是变量 b 的值，这时输出 321。

图 7-3　指针 p 指向变量 a　　　　　　　图 7-4　指针 p 改为指向另一个变量 b

指针变量与一维数组

7.1.2 指针变量与一维数组

指针的一个典型应用是对数组的处理。

当指针指向一个一维数组时，就是把一维数组变量的值（即数组首地址）赋值给指针，操作这个指针就如同操作这个数组，在许多情况下可以互换使用。

但是，指向数组的指针有一个特别之处，就是可以通过指针变量的增量（或减量）操作来指向下一个（或前一个）元素，从而访问当前指向的元素。

【例7-2】指针变量与一维数组（参见实训平台【实训7-2】）。

（1）用指针变量输出数组的元素。

```cpp
#include <iostream.h>

void main(void) {
    int a[] = {1, 2, 3, 4, 5};
    int *p;          //指针
    p = a;           //指向数组

    int i;
    cout << "通过数组变量输出：" << endl;
    for(i=0; i<5; i++){
        cout << "{" << a[i] << "}\t";        //数组变量
    }
    cout << endl;

    cout << "通过指针变量输出：" << endl;
    for(i=0; i<5; i++){
        cout << "{" << p[i] << "}\t";        //指针变量
    }
    cout << endl;
}
```

在代码中，p = a 这行代码将数组 a 的地址赋给了指针 p，指针 p 指向数组 a 的首地址，如图 7-5 所示。这时可以通过指针的索引值来访问数组的每一个元素。

图 7-5　指针指向数组的首元素

（2）用指针变量输入数组的元素。

在上述代码的基础上增加从键盘读入数组元素的功能，通过指针 p 实现。

```cpp
#include <iostream.h>
```

```
void main(void) {
    int a[5];
    int *p;
    p = a;

    int i;
    cout << "通过指针变量输入：" << endl;
    for(i=0; i<5; i++){
        cin >> p[i];        //指针变量
    }
    cout << endl;

    cout << "通过指针变量输出：" << endl;
    for(i=0; i<5; i++){
        cout << "{" << p[i] << "}\t";        //指针变量
    }
    cout << endl;
}
```

（3）通过指针增量访问每一个元素。

在上述代码的基础上改为通过指针增量访问每一个元素。

```
#include <iostream.h>

void main(void) {
    int a[5];
    int *p;

    cout << "通过指针变量输入：" << endl;
    for(p=a; p<a+5; p++){     //指针 p 初始化为数组 a 的首地址
        cin >> *p;        //指针变量
    }
    cout << endl;

    cout << "通过指针变量输出：" << endl;
    for(p=a; p<a+5; p++){    //指针 p 再次初始化
        cout << "{" << *p << "}\t";        //指针变量
    }
    cout << endl;
}
```

在循环中，指针 p 依次指向数组的每一个元素，如图 7-6 所示。因此，可以直接通过*p访问元素的值，而不需要通过索引来访问，这种访问数组元素的方式效率是最高的。

图 7-6　指针增量后指向其他元素

数组变量的值也是地址，但是这个值是不可变的，因此不能用增量的方式来访问数组元素，即不允许 a++，然后用*a 来访问每一个元素。

7.1.3 指针变量的运算

对指针变量可以进行某些运算。

- 指针的赋值：将普通变量的地址或另一个指针的值赋给指针。
- 指针自增与自减：指针的值本身自增或自减，即指向下一个或前一个元素。
- 指针的加与减：与自增和自减的意义相同，跳到下 n 个或前 n 个元素。
- 指针的关系运算：比较指针的地址，通常只是比较两个指针是否相同，相同时表示指向的是同一个变量或元素。

只有当指针指向数组之后，对指针的运算才有意义。但是对指针值的任何运算都不允许越界，否则引起程序崩溃。

【例 7-3】指针变量的运算（参见实训平台【实训 7-3】）。

```
#include <iostream.h>
void main(void) {
    int a[] = {1, 2, 3, 4, 5};
    int* p;

    //将表 7-2 的 4 组代码分别写在这里，看看结果是否与表中的说明相同

    //cout 语句参考表 7-2 自行编写
}
```

表 7-2　指针变量的运算

结果	代码			

	p = a;	p = a;
		p++;
		p++;
			p = a;
			p += 4;
			p--;
				p = a;
				p += 4;

p 的值	指向 a[0]	指向 a[2]	指向 a[3]	指向 a[4]
*p 的值	1	3	4	5
p[0]的值	1	3	4	5
p[1]的值	2	4	5	越界
p[-1]的值	越界	2	3	4
p == a+4 的值	0（假）	0（假）	0（假）	1（真）
p == &a[4]的值	0（假）	0（假）	0（假）	1（真）

7.1.4 指针指向的值的运算

7.1.3 节讲解了对指针变量本身（地址）的运算，这一节是对指针指向的值（数据）的运算。

表 7-3 中的 4 种运算符都可以用于对指针的运算和对指针指向的值的运算，但是含义上有所区别。

表 7-3 指针运算与指针指向的值的运算的区别

运算符	指针运算	指针指向的值的运算（以整型为例）
*	取值运算	乘法运算
&	取地址运算	位运算
++	指向下一个元素	指向的值自增 1
--	指向上一个元素	指向的值自减 1

对指针变量指向的值可以进行与其类型相同的运算。

● 当指向的值是普通变量时：对指向的值的运算与普通变量相同。

● 当指向的值是一维数组的元素时：对指向的值的运算与一维数组的元素相同。

【例 7-4】指针指向的值的运算（参见实训平台【实训 7-4】）。

（1）指向普通变量。

```
#include <iostream.h>
void main(void) {
    int a = 2;
    int* p = &a;

    *p = 5 * *p + 6;        //相当于 a = 5 * a + 6
    cout << "*p = {" << *p << "}\n";
    cout << " a = {" << a << "}\n";
}
```

（2）指向数组变量。

```
#include <iostream.h>
void main(void) {
    int a[] = {10 ,20 ,30 ,40 ,50};;
    int* p = a;

    cout << " {" << 5**p+2 << "}\n";        //相当于 5*a[0]+2
    cout << " {" << 5*p[0]+2 << "}\n";      //相当于 5*a[0]+2
    cout << " {" << 5*p[1]+2 << "}\n";      //相当于 5*a[1]+2
}
```

 对指针指向的值的运算是对所指向的具体数据的运算，与一般的变量或数组元素的运算是相同的。而对指针的运算则会使指针指向不同的内存空间。

7.1.5 指针运算的优先级

对指针进行运算的运算符有 4 个，它们的优先级相同，具有右结合性，见表 7-4。

表 7-4 指针运算

运算符	指针运算	结合性
*	取值运算	
&	取地址运算	
++（前置或后置）	指向下一个元素	右结合性
--（前置或后置）	指向上一个元素	

【例7-5】指针运算的优先级（参见实训平台【实训7-5】）。

（1）*和&的混合运算。

```
#include <iostream.h>
void main(void) {
    int a = 3;        //普通变量
    int* p = &a;
    cout << "指针变量 p 的值" << p << "\n";

    cout << "取地址后再取值" << *&p << "\n";        //右结合性，先求地址再求值
    cout << "取值后再取地址" << &*p << "\n";        //右结合性，先求值再求地址

    cout << "\n 普通变量 a 的值{" << a << "}\n";
    //对于变量，只有在先取地址时&和*才是互逆的，先求值则出错
    cout << "取地址后再取值{" << *&a << "}\n";      //右结合性，先求地址再求值
    cout << "取值后再取地址{" << &*a << "}\n";      //出错：右结合性，先求值，但变量无法求值
}
```

改正最后一行的错误后，运行结果如下：

```
指针变量 p 的值 0x0019FF3C
取地址后再取值 0x0019FF3C
取值后再取地址 0x0019FF3C

普通变量 a 的值{3}
取地址后再取值{3}
```

可以看到，对于指针，&运算和*运算是互逆运算。对于普通变量，&运算和*运算也是互逆运算，但不允许取值后再取地址。

（2）与增量的混合运算。

```
#include <iostream.h>
void main(void) {
    int a[] = {10, 20, 30 ,40, 50};        //数组
    int *p = a;
    int b;

    b = *p++;        //将这一行代码分别用表 7-5 中的代码替换，分析结果是什么
    cout << "p-a=" << p-a << "\n";
    cout << "b = {" << b << "}\n";
    cout << "*p= {" << *p << "}\n";
    cout << "a[0] = {" << a[0] << "}\n";
    cout << "a[1] = {" << a[1] << "}\n";
}
```

表 7-5　指针运算的优先级

前置或后置	代码	运行结果	说明

对指针的增量（后置）	b = *p++;
	或
	b = *(p++);
		p-a=1
		b = {10}
		*p = {20}
		a[0] = {10}
		a[1] = {20}
			先将 p 指向的值赋给 b，然后 p 增量，指向下一个元素。相当于 b = *p; p++;

续表

前置或后置	代码	运行结果	说明
对指向值的后置增量运算	b = (*p)++;	p-a=0 b = {10} *p = {11} a[0] = {11} a[1] = {20}	先将 p 指向的值赋给 b，然后 p 指向的值增量，p 仍然指向原来的元素。相当于 b = *p; a[0]++;

对指针的增量（前置）	b = *++p;
	或
	b = *(++p);
		p-a=1
		b = {20}
		*p= {20}
		a[0] = {10}
		a[1] = {20}
			p 增量，指向下一个元素，然后将指向的值赋给 b。相当于 p++; b = *p;

对指向值的前置增量运算	b = ++*p;
	或
	b = ++(*p);
		p-a=0
		b = {11}
		*p= {11}
		a[0] = {11}
		a[1] = {20}
			p 指向的值增量，然后将指向的值赋给 b。相当于 a[0]++; b = *p;

7.1.6 程序调试：变量、指针与内存

在 Visual C++ 6.0 中，通过对代码的调试可以从内存的变化中认识指针，理解指针变量和指针指向的值的区别及其在内存中的关系。

【例 7-6】程序调试：变量、指针与内存（参见 Jitor 实训平台【实训 7-6】）。

在 Jitor 校验器中按照所提供的每一步要求进行操作。

（1）观察变量、指针与内存。

从 Jitor 实训项目中复制演示代码，然后设置断点，按照要求一步一步调试。观察指针的值（地址）以及指针指向的值在内存中的表示，如图 7-7 和图 7-8 所示。

图 7-7   调试中的内存（一）

图 7-8　内存中指针 p 与变量 a 之间的关系（一）

图 7-7 中 p 的值（地址）是 0x0019ff3c，在内存区域显示为 3c ff 19 00（内存中字节的排列相反），它指向的值是变量 a 的值，十六进制表示为 0x12345678，在内存区域显示为 78 56 34 12，用十进制表示为 305419896。

（2）修改内存中指针指向的值。

修改内存中指针指向的值（例如改为 123），观察相应变量的变化，理解它们之间的关系，如图 7-9 和图 7-10 所示。

图 7-9　调试中的内存（二）

指针 p 指向的值在调试器中可以手工修改，图 7-9 显示的是将其修改为 123，同时 a 的值也就变成 123（同一个内存空间）。结果如图 7-10 所示。

图 7-10　内存中指针 p 与变量 a 之间的关系（二）

（3）修改内存中指针的值。

修改内存中指针的值是一个很危险的做法，将指针 p 的值（地址）改为下一个整数的地址（地址的绝对值加 4），这时 p 指向的值是一个不确定数，如图 7-11 和图 7-12 所示。

指针 p 的值在调试器中也可以手工修改，图 7-11 显示的是将其修改为 0x0019ff40，这时 a 的值不变，指针 p 指向了一个未知的空间，值为一个不确定的值。这时变量 a 与指针 p 之间没有关系。结果如图 7-12 所示。

图 7-11　调试中的内存（三）

图 7-12　内存中指针 p 指向一个不确定的位置

通过调试技术，从内存中可以观察到普通变量和指针变量的区别，见表 7-6。

表 7-6　普通变量与指针变量的区别

比较项	普通变量	指针变量
名字、地址和值	有名字、地址和值	有名字、地址和值
值的性质	数据	地址，指向数据
值是否可改	可以	可以
修改值的结果	修改数据本身	修改地址，指向新的数据
是否有指向值	否	有

7.2　指针与数组

7.2.1　一维数组与指针

在内存中，一维数组的元素是顺序排列的。在代码中，可以通过数组名来访问每个元素的值以及输出每个元素的地址（见表 7-7）。

表 7-7　一维数组的首元素地址、元素地址和元素值

类别	项目	表示方式
地址	首元素地址（也是一维数组变量的值）	a、&a[0]
	元素 a[i] 的地址	&a[i]、a+i
值	元素 a[i] 的值	a[i]、*(a+i)

图 7-13 中 p 是一个指针，它指向数组 a 的首元素，这时可以有 5 种办法来访问元素，例如访问索引值为 i 的元素的 5 种办法是：a[i]、*(a+i)、p[i]、*(p+i)，还有一种是先将 p 自增 i 次，然后访问 p 指向的值（即 p++;...; *p）。

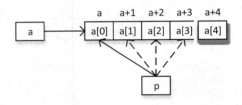

图 7-13　指针和数组（虚线表示改变指针的指向）

可以看到，数组名和指针名可以互换，这意味着数组和指针都是地址，但它们还是有区别的，数组变量的值（地址）不允许改变（不允许 a++），而指针变量的值（地址）可以改变，通过 p++ 可以指向不同的元素。

【例 7-7】一维数组与指针（参见 Jitor 实训平台【实训 7-7】）。

```
#include <iostream.h>
#define N 5

void main(void) {
    int a[] = {1,2,3,4,5};
    int i;

    cout << "  元素地址      值" << endl;
    for(i=0; i<N; i++){
        cout << &a[i] << " --> " << a[i] << endl;        //使用数组变量的索引值
    }

    cout << "  元素地址      值" << endl;
    for(i=0; i<N; i++){
        cout << a+i << " --> " << *(a+i) << endl;        //使用数组变量的地址
    }

    cout << "  元素地址      值" << endl;
    int* p;
    p = a;
    for(i=0; i<N; i++){
        cout << &p[i] << " --> " << p[i] << endl;        //使用指针变量的索引值
    }
```

```
        cout << "   元素地址        值" << endl;
        p = a;
        for(i=0; i<N; i++){
            cout << p+i << " --> " << *(p+i) << endl;        //使用指针变量的地址
        }

        cout << "   元素地址        值" << endl;
        for(int* p1=a; p1<p+N; p1++){    //另外定义一个独立的指针
            cout << p1 << " --> " << *p1 << endl;            //使用指针，依次指向每一个元素
        }
    }
```

这个例子采用了 5 种方式访问一维数组（见表 7-8），这些方式的运行结果相同。

表 7-8　5 种访问一维数组元素的方式

访问方式	数组元素地址	数组元素值	说明
使用数组变量的索引值	&a[i]	a[i]	对一维数组和指针可以用相同的方式进行操作
使用数组变量的地址	a+i	*(a+i)	
使用指针变量的索引值	&p[i]	p[i]	
使用指针变量的地址	p+i	*(p+i)	
使用另一个指针，进行增量（p1++）	P1	*p1	效率最高

7.2.2　二维数组与指针

在内存中，同一维数组一样，二维数组的元素在物理上是顺序排列的，但是在逻辑上，二维数组是按行和列排列的，如图 7-14 所示。

图 7-14　数组 int a[4][3] 中元素的逻辑排列

在代码中，可以通过数组名访问每个元素的值以及输出每个元素的地址，见表 7-9。另外，行地址和行首地址是不同的概念（但是两者的地址值是相同的），行地址是指向整行（二维数组的一行，该行是一维数组）的地址，行首地址是指向某行的首元素（是一个元素）的地址。

表 7-9　二维数组的行地址、行首地址、元素地址和元素值

类别	项目	表示方式
地址	第 i 行的行地址（第 i 行的地址）	a+i、&a[i]
	第 i 行的行首地址（第 i 行第 0 列的地址）	a[i]、*(a+i)、&a[i][0]
	元素 a[i][j] 的地址	&a[i][j]、a[i]+j、*(a+i)+j、&a[i][0]+j
值	第 i 行第 j 列元素值	a[i][j]、*(a[i]+j)、*(*(a+i)+j)、*(&a[i][0]+j)

同一维数组一样，二维数组与指针在使用上也很相似。

【例 7-8】二维数组与指针（参见 Jitor 实训平台【实训 7-8】）。

```
#include <iostream.h>
#define N 2
#define M 3

void main(void) {
    int a[N][M] = {{1,2,3}, {4,5,6}};
    int i,j;

    cout << "\n  行列    行首地址      元素地址        值" << endl;
    for(i=0; i<N; i++){
        for(j=0; j<M; j++){    //高低维都用索引
            cout << "a[" << i << "," << j << "] " << &a[i] << " --> "
                << &a[i][j] << " --> {" << a[i][j] << "}\n";
        }
    }

    cout << "\n  行列    行首地址      元素地址        值" << endl;
    for(i=0; i<N; i++){
        for(j=0; j<M; j++){    //只有高维用索引
            cout << "a[" << i << "," << j << "] " << a[i] << " --> "
                << a[i]+j << " --> {" << *(a[i]+j) << "}\n";
        }
    }

    cout << "\n  行列    行首地址      元素地址        值" << endl;
    for(i=0; i<N; i++){
        for(j=0; j<M; j++){    //高低维都不使用索引
            cout << "a[" << i << "," << j << "] " << a+i << " --> "
                << *(a+i)+j << " --> {" << *(*(a+i)+j) << "}\n";
        }
    }

    cout << "\n  行列    行首地址      元素地址        值" << endl;
    for(i=0; i<N; i++){
        for(j=0; j<M; j++){    //取地址后再取值
            cout << "a[" << i << "," << j << "] " << &a[i][0] << " --> "
                << &a[i][0]+j << " --> {" << *(&a[i][0]+j) << "}\n";
        }
    }
}
```

这个例子采用了 4 种方式来访问二维数组（见表 7-10），这些方式的结果相同。

表 7-10　4 种访问二维数组元素的方式

访问方式	行首地址	数组元素地址	数组元素值
高低维都用索引	a[i]	&a[i][j]	a[i][j]
只有高维用索引	a[i]	a[i]+j	*(a[i]+j)
高低维都不使用索引	*(a+i)	*(a+i)+j	*(*(a+i)+j)
取地址后再取值	&a[i][0]	&a[i][0]+j	*(&a[i][0]+j)

7.2.3　字符数组与字符指针

字符数组可以存放字符串，对字符数组中的字符逐个处理时，前面讲解的指针与数组之间的关系也适用于字符数组，但是字符指针还有一些特殊之处。

字符数组初始化的语法格式如下：

char 字符数组名[] = "字符串常量";

字符指针初始化的语法格式如下：

char* 字符指针名 = "字符串常量";

两者在语法格式上很相似，但是两者的运行机制不同。

- 对于字符数组，是将字符串保存到为数组分配的存储空间中。
- 对于字符指针，是先将字符串保存到内存的某个存储空间中（这个空间是只读的，不允许修改），然后将这个空间的地址赋给字符指针。

字符数组与字符指针的比较见表 7-11。

表 7-11　字符数组与字符指针的比较

比较项	字符数组 （以 char s[] = "Hello!"为例）	字符指针（以 char* pc 为例）	
		指向字符数组 char s[80]; pc = s;	指向字符串 pc = "Hello!";
分配内存	分配 7 个字节	分配 4 个字节的地址	分配 4 个字节的地址
初始化的含义	字符串存入数组存储空间	指针指向字符数组	指针指向字符串
改变值	值不能改变、永远指向首地址 例如 s = "Hi!"; 是错的	值可以改变，重新指向字符数组或字符串 例如 pc = "Hi!"; 是允许的	
改变指向的值	可以改变字符数组元素的值 例如 s[0] = 'h'; 或 pc[0] = 'h'; 是允许的		不允许改变字符串元素的值 例如 pc[0] = 'h'; 是错的
	从键盘输入（只要不越界） 例如 cin >> s; 或 cin >> pc; 是允许的		不允许从键盘输入 例如 cin >> pc; 是错的
输出	直接输出，如 cout << s; 或 cout << pc;		

从表 7-11 可以看出，一个字符指针虽然可以动态地指向字符数组或字符串，但是指向字符数组时和指向字符串时有所不同。

- 字符指针指向一个字符串后，这个指向的值（字符串）不能改变，也不能从键盘输入。
- 字符指针指向一个字符数组后，这个指向的值（字符数组）可以改变，既可以从键盘输入，也可以修改数组元素的值。

【例 7-9】字符数组与字符指针（参见 Jitor 实训平台【实训 7-9】）。

（1）初始化的比较。

```cpp
#include <iostream.h>
void main(void) {
    //初始化含义不同
    char str[] = "Hello,world!";    //定义并初始化字符数组，字符串存入数组存储空间
    char* pstr1 = str;              //定义并初始化字符指针，指向字符数组
    char* pstr2 = "C++ Files.";     //定义并初始化字符指针，指向字符串，字符串保存在某个位置

    //输出它们
    cout << "{" << str << "}\n";
    cout << "{" << pstr1 << "}\n";
    cout << "{" << pstr2 << "}\n";
}
```

（2）值的改变。

```cpp
#include <iostream.h>
void main(void) {
    char str[] = "Hello,world!";
    char* pstr = "C++ Files.";

    str = "abc";        //错误：值不能改变，永远指向首地址
    str = pstr;         //错误：值不能改变，永远指向首地址

    pstr = str;         //值可以改变，重新指向字符数组
    pstr = "abc";       //值可以改变，重新指向字符串
}
```

（3）指向的值的改变。

```cpp
#include <iostream.h>
void main(void) {
    char str[] = "Hello,world!";

    str[0] = 'h';       //可以改变字符数组元素的值
    cout << "{" << str << "}\n";
    cout << "输入  str  字符串：";
    cin >> str;         //也可以从键盘输入
    cout << "{" << str << "}\n";

    char* pstr = "C++ Files.";
    //字符指针指向字符串后
    pstr[0] = 'c';      //错误：不允许改变字符串元素的值
    cin >> pstr;        //错误：不允许从键盘输入
    cout << pstr << endl;

    char s[80] = "C++ Files.";
    pstr = s;
    //同一个字符指针指向字符串数组后
    pstr[0] = 'c';      //可以改变字符数组元素的值
    cout << "{" << pstr << "}\n";
```

```
        cout << "输入 pstr 字符串：";
        cin >> pstr;        //也可以从键盘输入
        cout << "{" << pstr << "}\n";
    }
```

7.3　指针与函数参数

7.3.1　传指针调用——指针变量作为函数参数

传值调用和传指针调用

"5.2.1　传值调用——实参与形参"提出了一个问题，函数内对形参的改变如何改变函数外实参变量的值？

如果将传值调用改为传指针调用，就可以很好地解决这个问题。下面的例子就是函数调用中参数传递的第二种方式——传指针（地址）调用。

【例 7-10】传指针调用（参见 Jitor 实训平台【实训 7-10】）。

（1）回顾【实训 5-7】传值调用的 swap 函数。

```
#include <iostream.h>

void swap(double, double);

void main(void) {
    double x, y;
    cout << "输入两个实数：";
    cin >> x >> y;

    cout << "调用前 x={" << x << "}, y={" << y << "}\n";
    swap(x, y);
    cout << "调用后 x={" << x << "}, y={" << y << "}\n";
}

void swap(double p, double q){
    cout << "swap 函数内，交换前 p={" << p << "}, q={" << q << "}\n";
    double t = p;
    p = q;
    q = t;
    cout << "swap 函数内，交换后 p={" << p << "}, q={" << q << "}\n";
}
```

运行结果如下：

```
输入两个实数：2 3
调用前 x={2}, y={3}
swap 函数内，交换前 p={2}, q={3}
swap 函数内，交换后 p={3}, q={2}
调用后 x={2}, y={3}
```

（2）改为传指针调用的 swap 函数。

```
//要修改下述 3 个部分，其余代码与上述代码相同
//1. 函数原型
void swap(double*, double*);        //形参是指针
```

```
//2. 主函数中调用的方式
    swap(&x, &y);                        //实参是地址

//3. 函数定义以及函数体中对指针的引用
void swap(double* p, double* q){
    cout << "swap 函数内，交换前 *p={" << *p << "}, *q={" << *q << "}\n";
    double t = *p;
    *p = *q;                             //交换的是指针指向的值
    *q = t;
    cout << "swap 函数内，交换后 *p={" << *p << "}, *q={" << *q << "}\n";
}
```

运行结果如下：

```
输入两个实数：2 3
调用前 x={2}, y={3}
swap 函数内，交换前 *p={2}, *q={3}
swap 函数内，交换后 *p={3}, *q={2}
调用后 x={3}, y={2}
```

表 7-12 是传值调用与传指针调用的比较，图 7-15 和图 7-16 从内存的变量中比较传值调用与传指针调用的区别。

表 7-12　传值调用与传指针调用的比较

比较项	传值调用	传指针调用
函数原型	void swap (float p, float q)	void swap (float *p, float *q)
函数体	p = q;	*p = *q;
调用方式	swap (x, y);	swap (&x, &y);
运行结果	不改变外部实参变量的值	改变外部实参变量的值

图 7-15　传值调用

图 7-16　传指针调用

传指针调用的编写需要注意以下 3 个细节：

● 函数定义时，形参为指针，数据类型不变。

● 函数调用时，实参为变量的地址（也可能是指针）。

● 函数内部，原来的变量改为指针指向的值。

一般来说，有多个参数时，只将需要改变值的参数改为传指针，对不需要改变值的参数仍保留传值。尽量用传值的方式，因为传值更加安全，不会意外地改变外部实参的值。

7.3.2　一维数组与指针作为函数参数

在【例 7-7】一维数组与指针中，讲解过可以用相同的方式操作一维数组和指向一维数组的指针，因为它们保存的都是地址，唯一的区别是数组的地址不可改变。

因此以下 4 种方式是等效的：

● 函数的形参为数组，实参为数组名。

● 函数的形参为指针变量，实参为数组名。

● 函数的形参为数组，实参为指针变量。

● 函数的形参为指针变量，实参为指针变量。

【例 7-11】一维数组与指针作为函数参数（参见 Jitor 实训平台【实训 7-11】）。

（1）形参为数组，实参为数组名。

```
#include <iostream.h>
//函数定义
int max(int array[], int n){
    int max = array[0];
    for(int i=1; i<n; i++){
        max = max>array[i]?max:array[i];
    }
    return max;
}

void main(void) {
    int a[5];

    cout << "输入 5 个整数：";
    for(int i=0; i<5; i++){
        cin >> a[i];
    }

    int* p;
    p = a;

    //函数调用（主函数内）
    int m = max(a, 5);
    cout << "max = {" << m << "}\n";
}
```

（2）形参为指针变量，实参为数组名。

```
//函数定义
int max(int* array, int n){
```

```
        //函数体
    }

        //函数调用（主函数内）
        int m = max(a, 5);
```

（3）形参为指针变量，实参为指针变量。

```
//函数定义
int max(int* array, int n){
        //函数体
    }

        //函数调用（主函数内）
        int m = max(p, 5);
```

（4）形参为数组，实参为指针变量。

```
//函数定义
int max(int array[], int n){
        //函数体
    }

        //函数调用（主函数内）
        int m = max(p, 5);
```

观察运行结果，可以发现结果是相同的。当一维数组或指针作为函数参数时数组和指针可以互换使用，但是只限于一维数组。

7.3.3　字符串复制函数

用字符数组或字符指针作为函数参数时，字符数组与字符指针同样可以互换使用。下面的例子演示了两种形式的字符串复制和多种调用方式。

【例7-12】字符串复制函数（参见Jitor实训平台【实训7-12】）。

（1）数组版本的字符串复制函数。

```
#include <iostream.h>
void a_strcpy(char d[], char s[]) {//数组版本的字符串复制函数
        int i = 0;
        while(d[i] = s[i++]);
}

void main(void) {
        char str1[80];
        char str2[80];
        char* pstr1 = str1;
        char* pstr2 = str2;

        cout << "输入一个字符串：";
        cin.getline(str1,80);
        a_strcpy(str2, str1);
        cout << "复制结果  {" << str2 << "}\n";
}
```

（2）指针版本的字符串复制函数。

```
void p_strcpy(char *d, char *s) {//指针版本的字符串复制函数
    while(*d++ = *s++);
}
```

（3）多种调用方式。

```
void main(void) {
    char str1[80];
    char str2[80];
    char* pstr1 = str1;
    char* pstr2 = str2;

    cout << "输入一个字符串：";
    cin.getline(str1,80);

    //可以使用以下各种调用方式
    //调用数组版本的字符串复制函数
    a_strcpy(str2, str1);
    a_strcpy(pstr2, pstr1);
    a_strcpy(pstr2, str1);
    a_strcpy(str2, pstr1);

    //调用指针版本的字符串复制函数
    p_strcpy(str2, str1);
    p_strcpy(pstr2, pstr1);
    p_strcpy(pstr2, str1);
    p_strcpy(str2, pstr1);

    pstr2 = "C++ Programming.";
    //以下都是错误的，因为这时 pstr2 指向了字符串，导致程序崩溃
    a_strcpy(pstr2, pstr1);
    a_strcpy(pstr2, str1);
    p_strcpy(pstr2, pstr1);
    p_strcpy(pstr2, str1);

    cout << "复制结果{" << str2 << "}\n";
}
```

指针版本的字符串复制函数可读性好、效率高，是最合适的选择。

7.4　指针数组与数组指针

7.4.1　指针数组——每个元素都是指针

在第 4 章中讨论了数组，它的元素是整型或其他基本数据类型。如果数组的元素是指针，那么这个数组称为指针数组。定义指针数组的语法格式如下：

数据类型* 指针数组名[数组长度];

如图 7-17 所示，左侧是 4 个独立的指针，右侧是拥有 4 个元素的数组，但每个元素都是指针。

图 7-17 4 个独立的指针变量（左）和 4 个元素的指针数组（右）

下面的例子用指针数组实现排序，它的优点是不改变原有数组中的元素顺序。

【例 7-13】指针数组（参见 Jitor 实训平台【实训 7-13】）。

```cpp
#include <iostream.h>
void sort(int *a[], int n);        //参数是指针数组

void main(void) {
    int a[6];
    int n = 6;

    cout << "输入 6 个数组元素：";
    for(int i=0; i<n; i++){
        cin >> a[i];
    }

    //定义指针数组，用于保存排序结果，并初始化每个元素
    int *p[6];
    for(i=0; i<n; i++){
        p[i] = &a[i];        //初始化每个指针
    }

    sort(p, n);        //调用排序函数，第一个参数传入的是指针

    //排序之后输出原始数据和排序的结果
    cout << "原始数组元素是：";
    for(i=0; i<n; i++){
        cout << "{" << a[i] << "}";
        if(i<n-1){
            cout << ", ";
        }
    }
    cout << endl;

    cout << "排序后数组元素是：";
    for(i=0; i<n; i++){
        cout << "{" << *p[i] << "}";        //访问指针指向的值
        if(i<n-1){
            cout << ", ";
        }
    }
    cout << endl;
}
//测试数据：3 4 5 1 2 6

//冒泡排序法函数，参数改为指针数组
//交换时，不是交换元素值，而是交换指针值（比较仍然是元素值）
```

```
void sort(int *a[], int n){
    for(int i=0; i<n-1; i++) {
        for(int j=0; j<n-1-i; j++) {
            if(*a[j] > *a[j+1]) {
                int* tmp = a[j];
                a[j] = a[j+1];
                a[j+1] = tmp;
            }
        }
    }
}
```

排序前指针数组 p 与数组 a 是一一对应的，排序函数只对指针数组 p 进行排序（排序时交换的不是指针指向的值，而是交换了指针数组中指针的值，即地址），因此排序后，指针数组 p 指向的值是经过排序的，而数组 a 本身保留了原来的顺序，如图 7-18 所示。

图 7-18　用指针数组实现排序

7.4.2　数组指针——指向数组的指针

整数指针是一个指向整数变量的指针，双精度数指针是一个指向双精度变量的指针，数组指针就是一个指向数组的指针。定义数组指针的语法格式如下：

数据类型 (*数组指针名)[数组长度];

数组指针的赋值语法格式如下（指向一维数组）：

数组指针名 =&一维数组名;　　　　//一维数组的地址（不是首元素地址）

或者（指向二维数组的第 i 行）。

数组指针名 =&二维数组名[i];　　　//二维数组的第 i 行的行地址（不是行首地址）
数组指针名 = 二维数组名 + i;　　　//二维数组的第 i 行的行地址的另一种写法

数组指针的引用格式如下：

(*数组指针名) [索引值];

数组指针是一个指针，它指向的不是普通变量（整型、字符型等），而是指向数组（整型数组、字符数组等），如图 7-19 所示。普通指针与数组指针的区别见表 7-13。

图 7-19　整数指针 p 和整数数组指针 p1

表 7-13　普通指针与数组指针的区别

比较项	普通指针	数组指针
指向的值的类型	整型、双精度型、字符型	数组（整型、双精度型、字符型的数组）
增量运算	下一个整型、双精度型、字符型	下一个数组

　　　　整数指针增量运算是指向下一个整数，双精度指针增量运算是指向下一个双精度数，而数组指针的增量运算就是指向下一个数组，在处理二维数组时很有用，这时数组指针可以依次指向二维数组的每一行。这也是 7.2.2 节中讨论过的二维数组的行地址。

【例 7-14】数组指针（参见 Jitor 实训平台【实训 7-14】）。

（1）整数指针和整数数组指针。

```
#include <iostream.h>
void main(void) {
    int a[] = {1, 2, 3, 4, 5};
    int i;
    int* p;        //整数指针
    p = a;
    cout << "整数指针的地址" << p << endl;
    for(i=0; i<5; i++){
        cout << "{" << p[i] << "}\t";
    }
    cout << "\n 增量后的整数指针的地址" << ++p;
    cout << endl;

    int (*p1)[5];      //整数数组指针
    p1 = &a;           //&a 是数组的地址，而不是数组首元素的地址
    cout << "\n 整数数组指针的地址" << p1 << endl;
    for(i=0; i<5; i++){
        cout << "{" << (*p1)[i] << "}\t";      //访问指针指向的值
    }
    cout << "\n 增量后的整数数组指针的地址" << ++p1;
    cout << endl;
}
```

运行结果如下：

```
整数指针的地址 0x0019FF2C
{1}      {2}      {3}      {4}      {5}
增量后的整数指针的地址 0x0019FF30

整数数组指针的地址 0x0019FF2C
{1}      {2}      {3}      {4}      {5}
增量后的整数数组指针的地址 0x0019FF40
```

　　从结果中看到，初始化后的整数指针的地址和整数数组指针的地址是相同的，指向同一个位置，但是二者的数据类型不同，因此增量后的地址是不同的，前者是加上 4 字节（一个整数占用 4 字节空间），后者是加上 20 字节（整个整数数组占用 4×5 = 20 字节空间）。

（2）数组指针的应用。

这个例子是数组指针的一个应用，对二维数组的每一行进行排序，排序函数 sort 接受数组指针作为参数，也就是二维数组中每一行的行地址。

```cpp
#include <iostream.h>

void sort(int (*)[4], int);        //函数原型，第一个参数是数组指针

void main(void) {
    int a[3][4] = {{21, 12, 13, 24},{11, 22, 33, 41},{12, 23, 36, 24}};
    int i,j;

    cout << "原始数据\n";
    for(i=0; i<3; i++) {
        for(j=0; j<4; j++) {
            cout << "{" << a[i][j] << "}\t";
        }
        cout << endl;
    }

    for(i=0; i<3; i++){
        sort(a+i, 4);        //以行地址（是一个数组指针）作为参数
    }

    cout << "排序后数据\n";
    for(i=0; i<3; i++) {
        for(j=0; j<4; j++) {
            cout << "{" << a[i][j] << "}\t";
        }
        cout << endl;
    }
}

//冒泡排序法函数，参数改为数组指针
void sort(int (*a)[4], int n){
    for(int i=0; i<n-1; i++) {
        for(int j=0; j<n-1-i; j++) {
            if((*a)[j] > (*a)[j+1]) {
                int tmp = (*a)[j];
                (*a)[j] = (*a)[j+1];
                (*a)[j+1] = tmp;
            }
        }
    }
}
```

向 sort 函数传入的是行地址，因此排序在每一行内部进行。运行结果如下：

```
原始数据
{21}      {12}      {13}      {24}
{11}      {22}      {33}      {41}
{12}      {23}      {36}      {24}
```

排序后数据

{12}	{13}	{21}	{24}
{11}	{22}	{33}	{41}
{12}	{23}	{24}	{36}

7.5 指针函数与函数指针

7.5.1 指针函数——返回指针值的函数

返回值为整数的函数称为整数函数，因此返回值为指针的函数就称为指针函数。这种函数与普通函数一样，不同的是返回值是一个指针。语法格式如下：

返回类型 *函数名(形参表){...}

普通函数与指针函数的区别如下：

● 普通函数：返回值是整型、双精度型、字符型等的函数。

● 指针函数：返回值是指针的函数。

【例 7-15】指针函数（参见 Jitor 实训平台【实训 7-15】）。

（1）指针函数。

```cpp
#include <iostream.h>
//函数原型，定义返回值是整型指针
int* max(int, int);

void main(void) {
    cout << "输入两个整数：";
    int a, b;
    cin >> a >> b;

    int* p = max(a, b);      //调用时，返回值赋给一个指针

    cout << "最大值是{" << *p << "}\n";

    delete p;                //delete 操作符在 7.6 节讲解
}

int* max(int a, int b){
    int *z = new int();      //new 操作符在 7.6 节讲解
    *z = a;
    *z = *z>b ? *z : b;
    return z;      //函数的返回值是一个指针
}
```

（2）指针函数的应用——返回一个数组。

```cpp
#include <iostream.h>
//函数原型（分别是输入和输出）
int* input(int);
void output(int[], int);

void main(void) {
```

```
        int n;
        cout << "输入数组长度：";
        cin >> n;

        int* x = input(n);
        output(x, n);

        delete x;    //delete 操作符在 7.6 节讲解
    }

    //input 函数，从键盘输入 n 个整数，返回这个数组
    int* input(int n){
        int* a = new int[n];           //new 操作符在 7.6 节讲解
        cout << "输入" << n << "个整数：";
        for(int i=0; i<n; i++){
            cin >> a[i];
        }
        return a;
    }

    //output 将数组输出到屏幕上
    void output(int* a, int n){
        cout << "数据是：";
        for(int i=0; i<n; i++){
            cout << "{" << a[i] << "}\t";
        }
        cout << endl;
    }
```

7.5.2　函数指针——保存函数地址的指针

前面讲过整数指针、字符指针、数组指针等，它们分别指向整数、字符、数组。如果一个指针指向函数，则称其为函数指针。

如同数组的首元素地址一样，函数也有首地址（开始执行的起始地址），保存这个首地址的指针变量就是函数指针。定义函数指针的语法格式如下：

返回类型 (*函数指针名)(形参表){...}

函数指针的赋值语法格式如下：

函数指针名 = 函数名;

赋值时要求函数指针和函数的形参在数量、类型和含义上是一一对应的。如果参数不一一对应，则不能赋值。

函数指针的调用格式如下：

函数指针名(实参表);

本章学习过几种指针，它们的比较见表 7-14。

表 7-14　几种指针的比较

比较项	整数指针	字符指针	数组指针	函数指针
指向的值	整数	字符	数组	函数
语法格式	int *指针名;	char *指针名;	数据类型(*指针名)[n];	数据类型(*指针名)(...);

比较项	整数指针	字符指针	数组指针	函数指针

例子	int a;
	int *p;
	p = &a
	*p = 3;
		char c[4] = "abc";
		char *p;
		p = c;
		p[0] = 'A';
			int a[3][6];
			int (*p)[6];
			p = &a[1];
			(*p)[0] = 21;
				int add(int, int);
				int (*pf)(int, int);
				pf = add;
				int c = pf(3, 4);

增量[注]	下一个整数	下一个字符	下一个数组	不允许

注：增量时，如果是数组，则不应该越界；如果不是数组，则下一个指向的值是不确定的。

本章还学习了两种与指针有关的概念：

- 指针数组（int *p[n]）：数组的元素是指针。
- 指针函数（int *add()）：函数的返回值是指针。

【例 7-16】函数指针（参见 Jitor 实训平台【实训 7-16】）。

（1）函数指针。

```
#include <iostream.h>

int add(int, int);

void main(void) {
    int a, b, c;
    cout << "输入两个整数：";
    cin >> a >> b;

    int (*pf)(int, int);       //定义函数指针
    pf = add;                  //将 add 函数的首地址赋值给 pf
    cout << "函数指针的地址  " << pf << endl;
    c = pf(a, b);              //通过指针函数调用 add 函数

    cout << "结果是{" << c << "}\n";
}

int add(int a, int b){
    return a+b;
}
```

运行结果如下：

```
输入两个整数：3 6
函数指针的地址 0x00401014
结果是{9}
```

其中函数指针的地址（0x00401014）也就是函数 add 的地址。

（2）函数指针的应用——用函数指针实现简单的计算器。

```
#include <iostream.h>
#include <stdlib.h>

double add(double, double);
double sub(double, double);
double mul(double, double);
```

```
double div(double, double);

void main(void) {
    char choice;
    double a, b, c;

    while(1){    //无限循环，当输入 0 时退出
        cout << "输入运算符（+-*/之一，输入 0 结束）: ";
        cin >> choice;
        if(choice=='0'){
            break;         //退出循环
        }

        cout << "输入两个实数: ";
        cin >> a >> b;

        double (*pf)(double, double);        //定义函数指针
        switch(choice){
        case '+':
            pf = add;    //根据用户的输入为函数指针赋值
            break;
        case '-':
            pf = sub;    //根据用户的输入为函数指针赋值
            break;
        case '*':
            pf = mul;    //根据用户的输入为函数指针赋值
            break;
        case '/':
            pf = div;    //根据用户的输入为函数指针赋值
            break;
        default:
            cout << "非法的运算符。";
            exit(0);
        }
        c = pf(a, b);    //统一通过函数指针 pf 来进行运算
        cout << "结果是{" << c << "}\n";
    }
}


double add(double x, double y){
    return x+y;
}

double sub(double x, double y){
    return x-y;
}

double mul(double x, double y){
    return x*y;
```

```
}

double div(double x, double y){
    return x/y;
}
```

7.5.3 实例详解（一）：通用求定积分函数

求定积分有多种办法，其中一种简单的办法是梯形法。

函数 $y = f(x)$ 的定积分 $\int_a^b f(x)dx$ 的值等于由曲线 y=f(x)、直线 x=a、x=b、y=0 所围成的形状的面积 S，如图 7-20 中阴影的面积。

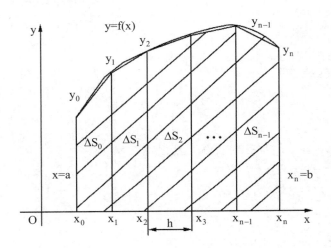

图 7-20　梯形法求定积分

梯形法是一种近似计算法，它将函数曲线下的面积划分为 n 个小曲边梯形，将小曲边梯形近似为梯形，并计算所有梯形的和，就是定积分的值。n 的值越大，则精度越高。下面是采用梯形法计算任意函数的定积分的计算公式：

$$s = \left[\frac{f(a) + f(b)}{2} + \sum_{i=1}^{i=n-1} f(a + i \times h) \right] \times h$$

本节采用这个公式计算定积分。

【例 7-17】实例详解（一）：通用求定积分函数（参见 Jitor 实训平台【实训 7-17】）。

（1）求定积分函数：求一个函数的定积分，不使用函数指针。

```
# include <iostream.h>

double f1(double x) { //需要求定积分的函数
    return (1 + x);
}

double integral(double a, double b, int n) { //梯形法求定积分的算法
    double y, h;
```

```
        int i;

        y = (f1(a) + f1(b)) / 2;
        h = (b - a) / n;
        for (i = 1; i < n; i++) {
                y += f1(a + i * h);
        }

        return (y * h);
}

void main(void) {
        double s;

        s = integral(1, 4, 1000);        //计算定积分

        cout << "函数 f1 从 1 到 4 的定积分  s = {" << s << "}\n";
}
```

（2）通用求定积分函数：求 3 个函数的定积分，采用函数指针实现通用性。

```
# include <iostream.h>
# include <math.h>

double f1(double x) { //需要求定积分的函数
        return (1 + x);
}

double f2(double x) { //第 2 个需要求定积分的函数
        return (x / (1 + x * x));
}

double f3(double x) { //第 3 个需要求定积分的函数
        return (x + x * x) / (1 + cos(x) + x * x);
}

double integral(double (*fp)(double), double a, double b, int n) {
//通用的定积分函数，增加一个函数指针作为参数，它指向需要求定积分的函数
        double y, h;
        int i;

        y = (fp(a) + fp(b)) / 2;          //使用函数指针
        h = (b - a) / n;
        for (i = 1; i < n; i++) {
                y += fp(a + i * h);       //使用函数指针
        }

        return (y * h);
}

void main(void) {
        double s, s2, s3;
```

```
        s = integral(f1, 1, 4, 1000);        //调用通用的定积分函数，传入第 1 个函数的指针
        s2 = integral(f2, 0, 1, 1000);       //调用通用的定积分函数，传入第 2 个函数的指针
        s3 = integral(f3, 1, 3, 1000);       //调用通用的定积分函数，传入第 3 个函数的指针

        cout << "函数 f1 从 1 到 4 的定积分 s = " << s << endl;
        cout << "函数 f2 从 0 到 1 的定积分 s2 = " << s2 << endl;
        cout << "函数 f3 从 1 到 3 的定积分 s3 = " << s3 << endl;
}
```

通用求定积分函数是函数指针的一个典型应用，从中可以看到函数指针的强大功能。

7.6 动态内存分配

7.6.1 new 和 delete 运算符

1. 动态分配内存

到目前为止，所有的内存分配都是静态的，在编译时已经确定了内存的大小。在实际编程中，内存的需求常常是动态的，例如班级的人数不能在程序中预先指定，而是在运行时根据实际的人数申请内存空间。静态内存分配和动态内存分配的比较见表 7-15。

表 7-15　静态内存分配和动态内存分配的比较

比较项	静态内存分配	动态内存分配
内存分配的时机	编译时	运行时
何时确定内存大小	编译时决定内存大小，运行时不能改变	运行时动态决定内存的大小
是否自动管理	是	否

本节学习的动态内存分配就是在运行时根据需要分配合适大小的内存空间。这是指针的一个非常重要的应用。

动态内存分配使用 new 运算符，根据不同的应用需求，有以下 3 种语法格式：

格式 1：动态为一个指针变量分配空间。

数据类型 *指针名 ＝new 数据类型;

格式 2：动态为一个指针变量分配空间并初始化。

数据类型 *指针名 ＝new 数据类型(初始值);

格式 3：动态为一个指针数组变量分配空间。

数据类型 *指针名 ＝new 数据类型[数组长度];

2. 回收内存

所有动态分配的内存在使用后都必须回收，否则会造成内存碎片和内存垃圾，常常导致程序崩溃。

回收内存使用 delete 运算符，根据不同的应用需求有以下两种语法格式：

格式 1：回收已分配的指针变量的空间。

delete 指针名;

格式 2：回收已分配的数组指针变量的空间。

delete[] 数组指针名;

动态使用内存时应该记住这样的原则：有借有还，再借不难，否则崩溃；原物归还，只还一次，否则崩溃。这是初学者常常忘记的重要细节。

【例 7-18】new 和 delete 运算符（参见 Jitor 实训平台【实训 7-18】）。

（1）静态内存分配与动态内存分配。

```
#include <iostream.h>
void main(void) {
        //1．静态内存分配（整数）
        int a = 1;
        int* p1 = &a;                        //p1 指向的值是 1

        //2．动态内存分配（整数）
        int* p2 = new int;                   //p2 指向的值未初始化
        *p2 = 2;                             //p2 指向的值赋值为 2

        cout << "*p1 = {" << *p1 << "}\n";
        cout << "*p2 = {" << *p2 << "}\n";

        delete p1;                           //错误：静态分配的空间不允许回收
        delete p2;                           //回收 p2 的空间
}
```

（2）3 种动态内存分配方式。

```
#include <iostream.h>

void main(void) {
        //1．动态内存分配（整数）
        int* p2 = new int;        //p2 指向的值未初始化
        *p2 = 2;                  //p2 指向的值赋值为 2

        //2．动态内存分配（整数），同时初始化
        int* p3 = new int(3);     //p2 指向的值初始化为 3

        //3．动态内存分配（整数数组，共 4 个元素）
        int* p4 = new int[4];
        //为数组赋值
        p4[0] = 11;
        p4[1] = 12;
        p4[2] = 13;
        p4[3] = 14;

        cout << "*p2 = {" << *p2 << "}\n";
        cout << "*p3 = {" << *p3 << "}\n";
        for(int i=0; i<4; i++){
                cout << "p4[" << i << "] = {" << p4[i] << "}\n";
        }

        delete p2;                //回收 p2 的空间
```

```
        delete p3;          //回收 p3 的空间
        delete[] p4;        //回收 p4 的空间
}
```

（3）必须原物归还。

```
#include <iostream.h>

void main(void) {
        int* p4 = new int[4];
        p4[0] = 11;
        p4[1] = 12;
        p4[2] = 13;
        p4[3] = 14;

        p4++;
        cout << "p4++后指向的值{" << *p4 << "}\n";

        delete[] p4;     //因为 p4 的值（地址）改变了，不是原来的指针，回收时将会导致程序崩溃
}
```

应该改为如下代码：

```
int *p = p4;         //定义一个临时指针变量
p++;                 //对临时指针变量进行增量运算，p4 的地址保持不变
cout << "p4++后指向的值{" << *p << "}\n";

delete[] p4;         //回收的还是原来 p4 的空间（应该保证 p4 的地址没有改变）
```

（4）不能多次归还。

```
#include <iostream.h>

void main(void) {
        int* p3 = new int(3);    //p2 指向的值初始化为 3
        int* p = p3;

        cout << "p3 和 p 指向的值都是{" << *p << "}\n";

        delete p3;
        delete p;        //错误：第 2 次回收同一个地址的空间（两行语句需要且只需要任意一行）

}
```

7.6.2 实例详解（二）：一维数组的动态管理

动态内存分配

上一节学习了动态内存分配，其中的一个应用是用来动态管理数组，
管理的方式有如下 3 种：

- 动态申请数组的空间：直接根据数组的长度申请相应的数组空间。
- 动态增加数组的长度：申请一个新的数组空间，其长度为原有的长度加上新增的长度，
  然后将原有的数据复制到新的数组中，新的空间用于保存新的数据。
- 动态减少数组的长度：申请一个新的数组空间，其长度为减少后的长度，然后将原有
  的部分数据复制到新的数组中，多余的数据将被丢弃。

本节仅以前两种情况为例子，减少长度的代码可以自己去尝试。

【例 7-19】实例详解（二）：一维数组的动态管理（参见 Jitor 实训平台【实训 7-19】）。

（1）动态申请数组的空间。

```cpp
#include <iostream.h>
void main(void) {
    int n;
    cout << "输入数组长度：";
    cin >> n;

    //添加一行动态申请数组的空间
    int* a = new int[n];

    cout << "输入" << n <<"个整数：";
    int i;
    for(i=0; i<n; i++){
        cin >> a[i];
    }

    cout << "输入的数据是：\n";
    for(i=0; i<n; i++){
        cout << "{" << a[i] << "}\t";
    }
    cout << endl;

    //使用后归还
    delete[] a;
}
```

（2）动态增加数组的长度。

```cpp
#include <iostream.h>

void main(void) {
    int n;
    cout << "输入数组长度：";
    cin >> n;

    int* a = new int[n];

    cout << "输入  " << n << "个整数：";
    int i;
    for(i=0; i<n; i++){
        cin >> a[i];
    }

    cout << "输入的数据是：\n";
    for(i=0; i<n; i++){
        cout << "{" << a[i] << "}, ";
    }
    cout << endl;

    int m;
```

```
        cout << "输入增加的元素个数: ";
        cin >> m;

        //以下是动态增加数组的长度（复制数据到新的数组中）
        int* a1 = new int[n+m];      //需要一个新的数组，长度为新的长度
        //将原有数据复制到新的数组中（保留原来的数据）
        for(i=0; i<n; i++){
            a1[i] = a[i];
        }

        //输入新的数据（添加的部分）
        cout << "输入新增的" << m << "个整数: ";
        for(; i<n+m; i++){
            cin >> a1[i];      //添加部分的数组
        }

        //输出所有数据
        cout << "输入的所有数据是: \n";
        for(i=0; i<n+m; i++){
            cout << "{" << a1[i] << "}, ";      //新数组
        }
        cout << endl;

        //使用后归还
        delete[] a;
        delete[] a1;
}
```

7.6.3 实例详解（三）：二维数组的动态管理

上一节学习了一维数组的动态管理，二维数组的动态管理也分为以下几种：

● 动态申请数组的空间：直接根据数组的行数和列数申请相应的数组空间。

● 动态增加数组的长度：可能是增加行数，也可能是增加列数。

● 动态减少数组的长度：可能是减少行数，也可能是减少列数。

在动态管理二维数组时，可以将二维数组看作是数组的数组，其中高维的元素是数组，最低维的元素才是具体的元素值。

本节仅以动态申请数组的空间为例，增加或减少长度的代码可以自己去尝试。

【例7-20】实例详解（三）：二维数组的动态管理（参见 Jitor 实训平台【实训 7-20】）。

```
#include <iostream.h>
void main(void) {
        int rows, cols;      //行数和列数
        int i, j;

        cout << "输入行数和列数: ";
        cin >> rows >> cols;

        //为行分配空间
        int **p = new int*[rows];      //分配一个指针数组，将其首地址保存在 p 中
```

```
        //为每一行的各列分配空间
        for(i = 0; i < rows; i++) {      //为指针数组的每个元素（即每行）分配一个数组
            p[i] = new int[cols];        //这时在第二维上不保证是连续存储的
        }


        //输入每一行各列的值
        cout << "输入  " << rows << " 行  " << cols << "列的数据：";
        for(i = 0; i < rows; i++) {      //为指针数组的每个元素（即每行）分配一个数组
            int* p1 = p[i];
            for(j = 0; j < cols; j++){
                cin >> p1[j];
            }
        }


        cout << "数组的数据如下： " << endl;
        for(i = 0; i < rows; i++) {
            int* p1 = p[i];
            for(j = 0; j < cols; j++){
                cout << "{" << p1[j] << "}\t";
            }
            cout << endl;
        }


        //回收空间
        //有多少个 new 就应该有多少个 delete
        for(i = 0; i < rows; i++) {
            delete[] p[i];               //为指针数组的每个元素（即每行）回收空间
        }
        delete[] p;
    }
```

7.7　引用类型变量和 const 的指针

7.7.1　引用类型变量

引用类型变量是另一个变量的别名，语法格式如下（定义的同时必须初始化）：
数据类型 &引用变量名 = 变量名;

这时引用变量名是变量名的一个别名，它们占用同一个内存空间，本质上是同一个变量，只是名称不同。普通变量、指针变量和引用变量的比较见表 7-16。

表 7-16　普通变量、指针变量和引用变量的比较

比较项	普通变量	指针变量	引用变量
名称	变量名	指针名	变量的别名
独立空间	有	有	无
值	值是一个数据	值是一个地址，指向数据	值是对应变量的值

符号&应用在多种场合：①按位与运算符；②取地址运算符；③引用运算符。另外，关系运算符&&是两个&符号连用。

【例7-21】引用类型变量（参见 Jitor 实训平台【实训 7-21】）。

（1）引用类型变量。

```
#include <iostream.h>
void main(void) {
    int a = 3;
    int &b = a;         //定义一个引用变量 b
    cout << "a = {" << a << "}\n";
    cout << "b = {" << b << "}\n";
    cout << "两者的值是否相等 = {" << (a==b) << "}\n";
    cout << "两者的地址是否相等 = {" << (&a==&b) << "}\n";
}
```

（2）动态的引用类型变量。

```
#include <iostream.h>
void main(void) {
    int &c = * new int(3);      //new 返回的是地址，加上取值运算符才是值
    cout << "c = {" << c << "}\n";
    delete &c;      //delete 的操作数是指针，所以要加上取地址运算符 &
}
```

7.7.2 传引用调用——引用变量作为函数参数

"5.2.1 传值调用——实参与形参"提出了一个问题，函数内对形参的改变如何改变函数外实参变量的值？"7.3.1 传指针调用——指针变量作为函数参数"给出了一种解决办法，本节再给出另一种解决办法。

采用引用变量作为形参，因为引用变量是实参变量的别名，因此函数内对引用变量的修改也就是对函数外实参变量的修改，从而实现对函数外实参变量的值的修改。

传值调用、传指针调用和传引用调用的比较见表 7-17。

表 7-17 传值调用、传指针调用和传引用调用的比较

比较项	传值调用	传指针调用	传引用调用
函数原型	void swap (float p, float q)	void swap (float *p, float *q)	void swap (float &p, float &q)
函数体	p = q;	*p = *q;	p = q;
调用方式	swap (x, y);	swap (&x, &y);	swap (x, y);
效果	不改变外部实参变量的值	改变外部实参变量的值	改变外部实参变量的值

【例7-22】传引用调用——引用变量作为函数参数（参见 Jitor 实训平台【实训 7-22】）。

（1）回顾【实训 5-7】传值调用——实参与形参。

```
#include <iostream.h>
void swap(double, double);

void main(void) {
```

```
        double x, y;
        cout << "输入两个实数：";
        cin >> x >> y;

        cout << "调用前 x={" << x << "}, y={" << y << "}\n";
        swap(x, y);
        cout << "调用后 x={" << x << "}, y={" << y << "}\n";
    }

    void swap(double p, double q){
        cout << "swap 函数内，交换前 p={" << p << "}, q={" << q << "}\n";
        double t = p;
        p = q;
        q = t;
        cout << "swap 函数内，交换后 p={" << p << "}, q={" << q << "}\n";
    }
```

（2）回顾【实训 7-10】传指针调用——指针变量作为函数参数。

```
#include <iostream.h>

void swap(double*, double*);

void main(void) {
    double x, y;
    cout << "输入两个实数：";
    cin >> x >> y;

    cout << "调用前 x={" << x << "}, y={" << y << "}\n";
    swap(&x, &y);
    cout << "调用后 x={" << x << "}, y={" << y << "}\n";
}

void swap(double* p, double* q){
    cout << "swap 函数内，交换前*p={" << *p << "}, *q={" << *q << "}\n";
    double t = *p;
    *p = *q;
    *q = t;
    cout << "swap 函数内，交换后*p={" << *p << "}, *q={" << *q << "}\n";
}
```

（3）第三种调用方式——传引用调用。

```
#include <iostream.h>

void swap(double&, double&);

void main(void) {
    double x, y;
    cout << "输入两个实数：";
    cin >> x >> y;

    cout << "调用前 x={" << x << "}, y={" << y << "}\n";
    swap(x, y);
```

```
        cout << "调用后 x={" << x << "}, y={" << y << "}\n";
    }

    void swap(double &p, double &q){
        cout << "swap 函数内，交换前 p={" << p << "}, q={" << q << "}\n";
        double t = p;
        p = q;
        q = t;
        cout << "swap 函数内，交换后 p={" << p << "}, q={" << q << "}\n";
    }
```

7.7.3 const 的指针

在第 2 章中学习过 const 常量，当用 const 修饰指针时，情况变得有点不同。

在使用指针时涉及到两个内存区域：一是指针的值（地址），二是指针指向的值（数据），因此，用 const 修饰指针时，应该指明是不允许修改指针的值还是不允许修改指针指向的值，还是两者都不允许修改。const 指针的 3 种作用见表 7-18。

表 7-18 const 指针的 3 种作用

作用	语法	例子
指针的值（地址）不可变	数据类型 * const 指针名 = 地址;	int * const p = &a;
指针指向的值（数据）不可变	数据类型 const *指针名 = 地址; const 数据类型 *指针名 = 地址;	int const * p = &a; const int * p = &a;
指针指向的值和地址均不可变	数据类型 const * const 指针名 = 地址; const 数据类型 * const 指针名 = 地址;	int const * const p = &a; const int * const p = &a;

【例 7-23】const 指针（参见 Jitor 实训平台【实训 7-23】）。

```
#include <iostream.h>
void main(void) {
    int a = 1;
    int b = 2;

    int *const p1 = &a;          //指针的值（地址）不可变
    int const *p2 = &a;          //指针指向的值（数据）不可变
    int const * const p3 = &a;   //两者均不可变

    p1 = &b;   //错误：因为改变了指针值（地址）
    p2 = &b;
    p3 = &b;   //错误：因为改变了指针值（地址）

    *p1 = 3;
    *p2 = 4;   //错误：因为改变了指针指向的值（数据）
    *p3 = 5;   //错误：因为改变了指针指向的值（数据）

    cout << "a = {" << a << "}\n";
    cout << "b = {" << b << "}\n";
    cout << "*p1 = {" << *p1 << "}\n";
    cout << "*p2 = {" << *p2 << "}\n";
```

```
        cout << "*p3 = {" << *p3 << "}\n";
}
```

改正错误后的运行结果如下：
```
a = {3}
b = {2}
*p1 = {3}
*p2 = {2}
*p3 = {3}
```

7.8　综合实训

1.【Jitor 平台实训 7-24】编写一个程序，求一维数组的平均值和最大值，数组的长度和数据从键盘输入。

2.【Jitor 平台实训 7-25】编写一个程序，对数组进行排序，数组的长度和数据从键盘输入。

3.【Jitor 平台实训 7-26】编写一个程序，接收从键盘输入的一个字符串，并将每个字符逆序输出。

4.【Jitor 平台实训 7-27】编写两个字符串处理函数：strcat 和 strcmp，实现与 C++库函数中同名函数的相同功能。

5.【Jitor 平台实训 7-28】编写一个程序，接收从键盘输入的 5 个字符串，然后对字符串排序并输出。

第 8 章　枚举和结构体

本章所有实训可以在 Jitor 校验器的指导下完成。

以前学习过的数据类型有整型、浮点型（单精度、双精度）、字符型等，这些类型是由 C/C++ 提供的。本章首先学习两种自定义类型：枚举类型和结构体类型，然后学习结构体类型的一个典型应用——链表。

8.1　枚举类型

8.1.1　枚举类型的使用

1. 枚举类型的定义

枚举是一种数据类型，是自定义的数据类型。定义枚举的语法格式如下：

```
enum 枚举类型名 {枚举元素表};
```

将枚举与整型作一个对比，整型是一种基本数据类型，因此只需要直接使用它来定义变量；枚举是一种自定义数据类型，需要先定义，然后才能使用这个数据类型来定义变量。枚举类型与整型的比较见表 8-1。

表 8-1　枚举与整型的比较

比较项	整型	枚举类型
数据类型定义	无需定义（内置基本数据类型）	Enum Weekdays{SUN,MON,TUE,WED,THU,FRI,SAT};
定义	int score;	Weekdays today;
引用	score =86;	today = MON;

2. 枚举变量的定义

枚举变量的定义有 3 种方式，分别用例子加以说明。

● 枚举的定义和枚举变量的定义分开编写。

```
enum Weekdays {SUN,MON,TUE,WED,THU,FRI,SAT};          //分为两条语句编写
Weekdays today;
```

● 枚举的定义和枚举变量的定义合并编写。

```
enum Weekdays {SUN,MON,TUE,WED,THU,FRI,SAT} today;          //合为一条语句编写
```

● 直接定义枚举变量（枚举定义是匿名的）。

```
enum {SUN,MON,TUE,WED,THU,FRI,SAT} today;          //省略枚举名
```

最后这种方式的枚举定义是一次性的，不可复用，通常不建议使用。

3. 枚举类型的元素值

枚举类型的每一个元素相当于一个常量，因此元素名用大写字母，其值对应一个整数，默认从 0 开始，依次增量 1。例如以下枚举定义：

```
enum Weekdays {SUN,MON,TUE,WED,THU,FRI,SAT};
```

相当于定义了 7 个常量 SUN、MON、TUE、WED、THU、FRI、SAT，它们的值分别是 0、1、2、3、4、5、6。而枚举类型变量的取值范围就是这一组常量。例如定义枚举类型常量 today。

```
Weekdays today;
```

这时，变量 today 就只能取枚举类型 Weekdays 中 7 个元素 SUN、MON、TUE、WED、THU、FRI、SAT 中的任意一个。例如以下语句：

```
today = MON;
```

由此可见，枚举的作用如下：

- 定义一组具有明确含义的常量，提高代码的可读性。
- 限制枚举变量的取值范围，增加代码的可靠性。

4. 指定枚举类型的元素值

枚举类型默认的元素值是从 0 开始，依次增量 1。

也可以指定枚举类型的元素值。例如以下代码：

```
enum Color {RED=1,GREEN,BLUE};
```

这时 RED、GREEN、BLUE 的值分别是 1、2、3。如果修改为如下代码：

```
enum Color {RED,GREEN=3,BLUE};
```

这时 RED、GREEN、BLUE 的值分别是 0、3、4。如果再修改为如下代码：

```
enum Color {RED=2,GREEN=1,BLUE};
```

这时 RED、GREEN、BLUE 的值分别是 2、1、2（这只是演示，会混淆 RED 和 BLUE）。

因此，指定元素值的规律如下：

- 未指定值时，采用默认值，第一个元素的值为 0，其他元素的值是前一元素的值加上 1。
- 指定值时，就采用指定值。
- 不允许出现重复的元素名，但不同的元素名可以有相同的值，不论是指定的相同值，还是因为自动加 1 而形成的相同值。

5. 枚举变量的赋值

枚举变量只能取枚举类型中的任意一个元素作为变量的值。例如以下代码：

```
enum Color {RED=1,GREEN,BLUE};
enum Weekdays {SUN,MON,TUE,WED,THU,FRI,SAT};
Color fontColor;
fontColor = GREEN;        //正确
fontColor = MON;          //错误，使用了另一个枚举定义中的元素
```

6. 枚举变量的关系运算

枚举变量的值在内存中是以整数的形式表示的，因此对这个整数可以进行关系运算。例如以下代码：

```
enum Weekdays {SUN,MON,TUE,WED,THU,FRI,SAT};
Weekdays today = WED, yestoday = TUE;
cout << (yestoday > today) << endl;          //输出 0（假），相当于是比较 2>3
```

【例 8-1】枚举类型的使用（参见 Jitor 实训平台【实训 8-1】）。

改正以下代码中的错误：

```
#include <iostream.h>
void main(void) {
    enum Weekdays = {SUN,MON,TUE,WED,THU,FRI,SAT};        //错误：定义中不能有等号
    enum Color {RED=1,GREEN,BLUE};
```

```
enum newColor {RED,GREEN,BLUE};        //错误：元素常量名（如 RED 等）不能重复
Color fontColor;
fontColor = TUE;               //错误：只能取 Color 中的元素值

cout << "RED = {" << RED << "}\n";
cout << "fontColor = {" << fontColor << "}\n";

Weekdays today = WED, yestoday = TUE;
cout << "比较结果  {" << (yestoday > today) << "}\n";
}
```

8.1.2 枚举变量的类型转换、输出和输入

1. 枚举类型的转换

枚举变量的值是一个整数，但是枚举变量和整数之间需要进行转换。例如以下代码：

```
enum Weekdays {SUN, MON, TUE, WED, THU, FRI, SAT};
Weekdays today;
today = THU;
int no = (int) today;     //today 的值是 THU，即整数 4（可以是自动类型转换）
today = (weekdays)3;   //将整数 3 转换为 WED（必须是强制类型转换）
```

2. 枚举类型的输出

直接输出一个枚举变量时输出的是对应的整数值，如果需要输出对应的常量名（元素名），则需要作一些转换。例如以下代码：

```
enum Weekdays {SUN, MON, TUE, WED, THU, FRI, SAT};
Weekdays today;
today = MON;
switch(today){
    case SUN:
        cout << "SUN";
        break;
    case MON:
        cout << "MON";
        break;
    case TUE:
        cout << "TUE";
        break;
    //省略其他 case
}
cout << endl;
```

3. 枚举类型的输入

从键盘输入一个枚举变量的值时应该输入一个整数，然后再将这个整数强制类型转换为枚举类型，要注意取值的范围。例如以下代码：

```
enum Weekdays {SUN, MON, TUE, WED, THU, FRI, SAT};
Weekdays today;

cout << "输入星期的值（0～6）: ";
int wday;
cin >> wday;
```

```
        today = (Weekdays)wday;
        cout << "today =" << today << "\n";
```

【例 8-2】枚举变量的输入和输出（参见 Jitor 实训平台【实训 8-2】）。

```
#include <iostream.h>
void main(void) {
        //枚举定义和枚举变量定义
        enum Weekdays {SUN, MON, TUE, WED, THU, FRI, SAT};
        Weekdays today;

        //枚举值的输入和强制类型转换
        cout << "输入星期的值（0～6）: ";
        int day;
        cin >> day;
        if(day<0 || day >6){
                cout << "星期的值输入{错误}\n";
                return;
        }
        today = (weekdays)day;
        cout << "today =" << today << "\n";

        //枚举值的输出，以常量名（即元素名）的方式
        char days[7][4] = {"SUN", "MON", "TUE", "WED", "THU", "FRI", "SAT"};        //二维字符数组
        cout << "输入的星期的值是{" << days[day] << "}\n";
}
```

8.2　结构体类型

结构体是为了处理复杂的数据而设计的一种数据类型。

例如学生的成绩数据包含了学号、姓名、数学、物理、英语以及平均成绩，见表 8-2。

表 8-2　学生成绩数据

no	name	math	phy	eng	avg
1001	Zhou	90	85.5	80	85.2
1002	Li	75	80	85	80
1003	Wang	95	85	90	90

这样的数据不能用单纯的数组来解决，C/C++提供了结构体来解决这个问题。

8.2.1　结构体类型的使用

1. 结构体类型的定义

结构体是一种数据类型，是一种自定义的数据类型。定义结构体的语法格式如下：

```
struct 结构体类型名 {
        数据类型 变量名 1;        //变量也称为成员或成员变量
        数据类型 变量名 2;
        ...
```

```
        数据类型  变量名 n;
    };                                  //定义结构体，以分号结束
```

在结构体中，变量也称为成员或成员变量，意思是这些变量是结构体的成员。

例如表 8-2 中的成绩数据可以用以下结构体来表示：

```
struct Student {
    int no;                             //学号
    char name[30];                      //姓名
    float math, phy, eng, avg;          //三门课程以及平均成绩
};
```

因此，在一个结构体内可以保存不同数据类型的数据。

2. 结构体类型变量的定义

与枚举变量的定义一样，结构体变量也有 3 种定义的方式。语法格式如下：

● 结构体的定义和结构体变量的定义分开编写。

```
    struct 结构体类型名{变量定义列表};          //分为两条语句编写
    结构体类型名 结构体变量名;
```

● 结构体的定义和结构体变量的定义合并编写。

```
    struct 结构体类型名{变量定义列表} 结构体变量名;    //合为一条语句编写
```

● 直接定义结构体变量（结构体定义是匿名的）。

```
    struct {变量定义列表} 结构体变量名;         //省略结构体类型名
```

最后这种方式的结构体定义是一次性的，不可复用，通常不建议使用。

例如下述 3 段代码分别对应上述 3 种定义方式。

```
struct Student {
    int no;                             //学号
    char name[30];                      //姓名
    float math, phy, eng, avg;          //三门课程以及平均成绩
};                                      //定义学生结构体，以分号结束
Student zhangsan;                       //定义一个学生结构体变量"张三"
```

或者

```
struct Student {
    int no;
    char name[30];
    float math, phy, eng, avg;
} zhangsan;                             //同时定义一个学生结构体和结构体变量"张三"
```

或者

```
struct {                                //省略了结构体类型名 Student（没有名字，匿名的）
    int no;
    char name[30];
    float math, phy, eng, avg;
} zhangsan;                             //仅定义了学生结构体变量"张三"
```

3. 结构体变量的初始化

与数组类似，在定义结构体变量时可以同时进行初始化。例如以下代码：

```
Student zhangsan ={1001, "张三", 80, 82, 90};              //一个学生
Student class1[2] = {{1001, "张三", 80, 82, 90}, {1002, "李四", 70, 88, 72}};    //一个班级有两个学生
```

4. 结构体变量的引用

使用小数点"."运算符来引用结构体变量的成员（变量）。语法格式如下：

结构体变量.成员名

小数点 "." 可以读做 "的"，即读为 "结构体变量的成员名"。

例如以下代码：

```
zhangsan.no = 1000;              //张三的学号赋值为 1000
```

或者

```
cout << zhangsan.math << endl;   //输出张三的数学成绩
```

5. 结构体变量的赋值

两个同类型的结构体变量可以直接赋值，赋值的结果是将一个结构体变量的各个成员的值赋值给另一个结构体变量的对应的成员变量。语法格式如下：

结构体变量 1 ＝　结构体变量 2;

例如以下代码：

```
Student zhangsan ={1001, "张三", 80, 82, 90};   //学生张三
Student lisi;                //另一个学生李四
lisi = zhangsan;             //赋值后，两个结构体变量的值是相同的
lisi.no = 1002;              //修改李四的学号
lisi.name = "李四";          //修改李四的姓名（这时成绩还是相同的）
```

【例 8-3】结构体类型的使用（参见 Jitor 实训平台【实训 8-3】）。

```
#include <iostream.h>
struct Student {
     int no;
     char name[10];
     float math, phy, eng, avg;
};

void main(void) {
     //初始化李四（lisi）的数据
     Student lisi = {10002, "李四", 80, 85, 90};
     //计算李四的平均成绩
     lisi.avg = (lisi.math+lisi.phy+lisi.eng)/3;
     //输出李四的数据（学号、姓名和平均成绩）
     cout << "学号: {" << lisi.no << "}\n";
     cout << "姓名: {" << lisi.name << "}\n";
     cout << "平均成绩: {" << lisi.avg << "}\n";
     cout << endl;

     //定义学生数组：软件 319 班（sw319）并初始化
     Student sw319[] = {{31901, "李婧", 82, 85, 90},
                        {31902, "王强", 83, 75, 65},
                        {31903, "张明", 70, 75, 80}};
     int i;
     //计算每位学生的平均成绩
     for(i=0; i<3; i++){
          sw319[i].avg = (sw319[i].math+sw319[i].phy+sw319[i].eng)/3;
     }

     //输出全班的全部数据（表格形式）
     cout << "学号\t 姓名\t 数学\t 物理\t 英语\t 平均\n";
     for(i=0; i<3; i++){
```

```
        cout << "{" << sw319[i].no << "}\t";
        cout << "{" << sw319[i].name << "}\t";
        cout << "{" << sw319[i].math<< "}\t";
        cout << "{" << sw319[i].phy << "}\t";
        cout << "{" << sw319[i].eng << "}\t";
        cout << "{" << sw319[i].avg << "}\t";
        cout << endl;
    }
}
```

这个例子定义了一个学生结构体，学生结构体有学号、姓名、三门课程的成绩和平均成绩等 6 个成员属性。

在主函数中，定义并初始化了一个学生结构体的变量 lisi（李四），输出李四的各项信息。然后还定义了一个学生结构体的数组 sw319，这个数组有 3 位学生，最后输出这些学生的信息。

8.2.2 结构体变量的输入和输出

结构体变量的输入和输出实际上是结构体变量的成员变量的输入和输出。理解了这一点即可很容易地处理结构体变量的输入和输出。

结构体类型和变量

【例 8-4】结构体变量的输入和输出（参见 Jitor 实训平台【实训 8-4】）。

（1）结构体变量的输入和输出。

```
#include <iostream.h>
struct Rectangle{ //矩形结构体，成员变量有长和宽
    double length;   //长
    double width;    //宽
};

void main(void) {
    Rectangle rec;

    cout << "输入矩形的长和宽：";
    //cin >> rec;          //不允许直接输入到结构体变量中
    cin >> rec.length;     //而是分别输入到结构体的成员变量中
    cin >> rec.width;

    cout << "矩形的长和宽数据如下：\n";
    //cout << rec;    //不允许直接输出结构体变量
    cout << "长是{" << rec.length << "}\n";
    cout << "宽是{" << rec.width << "}\n";
}
```

在这个例子中，输入和输出是针对每一个成员变量进行的，如同整数数组，输入和输出是针对每一个元素进行的。不允许对结构体变量进行输入和输出，如 cin >> rec 这样的代码是无法运行的，而应该是 cin >> rec.width，从键盘输入矩形变量的宽度。

（2）一个实例：学生成绩管理。

```
#include <iostream.h>
struct Student {
    int no;
    char name[10];
```

```
        float math, phy, eng, avg;
    };

    void main(void) {
        Student class193[5];

        int i;
        cout << "输入 5 位学生的数据（学号、姓名、数学、物理、英语成绩）: \n";
        for(i=0; i<5; i++){
            cin >> class193[i].no;
            cin >> class193[i].name;
            cin >> class193[i].math;
            cin >> class193[i].phy;
            cin >> class193[i].eng;
        }

        //计算每位学生的平均成绩
        for(i=0; i<5; i++){
            class193[i].avg = (class193[i].math+class193[i].phy+class193[i].eng)/3;
        }

        //输出全班的全部数据（表格形式）
        cout << "\n 学号\t 姓名\t 数学\t 物理\t 英语\t 平均\n";
        for(i=0; i<5; i++){
            cout << "{" << class193[i].no << "}\t";
            cout << "{" << class193[i].name << "}\t";
            cout << "{" << class193[i].math<< "}\t";
            cout << "{" << class193[i].phy << "}\t";
            cout << "{" << class193[i].eng << "}\t";
            cout << "{" << class193[i].avg << "}\t";
            cout << endl;
        }
    }
```

运行结果如下：

```
输入 5 位学生的数据（学号、姓名、数学、物理、英语成绩）:
19301  张三  70 81 86
19302  李四  81 77 89
19303  王五  73 87 86
19304  赵六  77 76 70
19305  钱七  88 79 79
```

学号	姓名	数学	物理	英语	平均
{19301}	{张三}	{70}	{81}	{86}	{79}
{19302}	{李四}	{81}	{77}	{89}	{82.3333}
{19303}	{王五}	{73}	{87}	{86}	{82}
{19304}	{赵六}	{77}	{76}	{70}	{74.3333}
{19305}	{钱七}	{88}	{79}	{79}	{82}

　　这是一个完整的输入输出的例子。注意在输入时要严格按顺序输入数据，平均成绩不需要输入，是通过计算得到的。

8.2.3　结构体指针

与整型有关的指针有整型指针和整型数组指针，与结构体类型有关的指针也有结构体指针和结构体数组指针。结构体指针的定义格式如下：

结构体类型名　*结构体指针名;

当引用结构体指针的成员变量时，可以采用以下两个方法之一：

● 点运算符"."，语法格式如下：

(*结构体指针名).成员变量名

● 箭头运算符"->"，语法格式如下：

结构体指针名->成员变量名

通常采用箭头运算符，因为它简单明了、可读性好。

【例 8-5】结构体指针（参见 Jitor 实训平台【实训 8-5】）。

（1）结构体指针。

```
#include <iostream.h>
struct Rectangle{ //矩形结构体，成员变量有长和宽
    double length;      //长
    double width;       //宽
};

void main(void) {
    Rectangle rec = {20, 30};      //普通变量，初始化
    Rectangle* prec = &rec;        //指针，将地址赋给指针

    //直接访问变量
    cout << "长  rec.length = {" << rec.length << "}\n";   //输出 rec 的成员变量，用点运算符访问
    cout << "宽  rec.width = {" << rec.width << "}\n";

    //通过指针访问
    cout << "长  (*prec).length = {" << (*prec).length << "}\n"; //输出指针指向的值，可以用点运算符访问
    cout << "宽  prec->width = {" << prec->width << "}\n";     //用箭头运算符（->）更方便
}
```

这个例子比较了普通结构体变量（rec）和结构体指针变量（prec），注意代码中是如何为结构体指针变量赋值的，又是如何访问结构体指针变量的成员（点运算符和箭头运算符）的。

（2）结构体指针（动态分配内存）。

```
#include <iostream.h>
struct Rectangle{ //矩形结构体，成员变量有长和宽
    double length;      //长
    double width;       //宽
};

void main(void) {
    Rectangle* prec = new Rectangle;      //动态分配内存
    (*prec).length = 20;    //赋值，可以用点运算符（.）
    prec->width = 30;       //用箭头运算符（->）更方便

    cout << "长  prec->length = {" << prec->length << "}\n";
```

```
        cout << "宽　*prec.width = {" << prec->width << "}\n";

        delete prec;    //不要忘记回收内存空间
    }
```

　　这个例子演示了结构体变量的动态内存分配，用 new Rectangle 来为结构体变量分配内存。结束时不要忘记回收内存空间。

　　（3）一个实例：学生成绩管理（动态版本）。

```
#include <iostream.h>
struct Student {    //学生结构体
    int no;
    char name[10];
    float math, phy, eng, avg;
};

void main(void) {
    int i;

    int n;
    cout << "输入班级人数：";
    cin >> n;

    Student* sw193 = new Student[n];        //动态确定学生人数
    cout << "输入" << n << "位学生的数据（学号、姓名、数学、物理、英语成绩）：\n";
    for(i=0; i<n; i++){
        cin >> sw193[i].no;
        cin >> sw193[i].name;
        cin >> sw193[i].math;
        cin >> sw193[i].phy;
        cin >> sw193[i].eng;
    }

    //计算平均成绩
    for(i=0; i<n; i++){
        sw193[i].avg = (sw193[i].math+sw193[i].phy+sw193[i].eng)/3;
    }

    cout << "\n 学号\t 姓名\t 数学\t 物理\t 英语\t 平均\n";
    for(i=0; i<n; i++){
        cout << "{" << sw193[i].no << "}\t";
        cout << "{" << sw193[i].name << "}\t";
        cout << "{" << sw193[i].math<< "}\t";
        cout << "{" << sw193[i].phy << "}\t";
        cout << "{" << sw193[i].eng << "}\t";
        cout << "{" << sw193[i].avg << "}\t";
        cout << endl;
    }

    //回收内存
    delete[] sw193;
}
```

运行结果如下：

输入班级人数：3
输入 3 位学生的数据（学号、姓名、数学、物理、英语成绩）：
19301　张三　70 81 86
19302　李四　81 77 89
19303　王五　73 87 86

学号	姓名	数学	物理	英语	平均
{19301}	{张三}	{70}	{81}	{86}	{79}
{19302}	{李四}	{81}	{77}	{89}	{82.3333}
{19303}	{王五}	{73}	{87}	{86}	{82}

这个例子是将【例 8-4】中的对应例子改为动态分配内存，根据用户输入的班级人数来确定班级数组的大小 new Student[n]，从而动态地确定班级人数（结构体数组的大小）。

8.2.4　结构体作为函数参数

1. 结构体变量作为函数参数

与普通变量一样，结构体变量作为函数的参数时，也有传值、传指针和传引用 3 种方式，并且它们的区别与普通变量是一样的。表 8-3 不仅适用于普通变量，也适用于结构体变量。

表 8-3　传值调用、传指针调用和传引用调用的比较

比较项	传值调用	传指针调用	传引用调用
函数原型	void swap (float p, float q)	void swap (float *p, float *q)	void swap (float &p, float &q)
函数体	p = q;	*p = *q;	p = q;
调用方式	swap (x, y);	swap (&x, &y);	swap (x, y);
效果	不改变外部实参变量的值	改变外部实参变量的值	改变外部实参变量的值

2. 结构体数组变量作为函数参数

与普通数组变量一样，结构体数组变量也是一个地址，就是说，当结构体数组变量作为函数的参数时，因为数据的值也是地址，所以传值调用与传地址调用的效果是相同的。

【例 8-6】结构体作为函数参数（参见 Jitor 实训平台【实训 8-6】）。

（1）结构体变量作为函数参数（传值）。

传值调用的例子，结论是不改变外部实参变量的值。

```cpp
#include <iostream.h>

struct student {
    int no;
    char name[10];
    float math, phy, eng, avg;
};

void swap(student s1, student s2) {        //传值调用
    cout << "函数内，交换前：s1 = {" << s1.name << "}, s2 = {" << s2.name << "}\n";
    student t = s1;
    s1 = s2;
```

```
            s2 = t;
            cout << "函数内，交换后：s1 = {" << s1.name << "}, s2 = {" << s2.name << "}\n";
        }

        void main(void) {
            student sa = {1001, "Zhou", 90,80,70, 80};
            student sb = {1002, "Li", 95,85,75, 85};

            cout << "调用前：sa = {" << sa.name << "}, sb = {" << sb.name << "}\n";
            swap(sa, sb);
            cout << "调用后：sa = {" << sa.name << "}, sb = {" << sb.name << "}\n";
        }
```

（2）结构体变量作为函数参数（传指针）。

传指针调用的例子，结论是会改变外部实参变量的值。

```
#include <iostream.h>

struct student {
    int no;
    char name[10];
    float math, phy, eng, avg;
};

void swap(student *s1, student *s2) {      //传指针调用
    cout << "函数内，交换前：s1 = {" << s1->name << "}, s2 = {" << s2->name << "}\n";
    student t = *s1;
    *s1 = *s2;
    *s2 = t;
    cout << "函数内，交换后：s1 = {" << s1->name << "}, s2 = {" << s2->name << "}\n";
}

void main(void) {
    student sa = {1001, "Zhou", 90,80,70, 80};
    student sb = {1002, "Li", 95,85,75, 85};

    cout << "调用前：sa = {" << sa.name << "}, sb = {" << sb.name << "}\n";
    swap(&sa, &sb);
    cout << "调用后：sa = {" << sa.name << "}, sb = {" << sb.name << "}\n";
}
```

（3）结构体变量作为函数参数（传引用）。

传引用调用的例子，结论是会改变外部实参变量的值。

```
#include <iostream.h>

struct student {
    int no;
    char name[10];
    float math, phy, eng, avg;
};

void swap(student &s1, student &s2) {          //传引用调用
```

```
        cout << "函数内，交换前：s1 = {" << s1.name << "}, s2 = {" << s2.name << "}\n";
        student t = s1;
        s1 = s2;
        s2 = t;
        cout << "函数内，交换后：s1 = {" << s1.name << "}, s2 = {" << s2.name << "}\n";
    }

    void main(void) {
        student sa = {1001, "Zhou", 90,80,70, 80};
        student sb = {1002, "Li", 95,85,75, 85};

        cout << "调用前：sa = {" << sa.name << "}, sb = {" << sb.name << "}\n";
        swap(sa, sb);
        cout << "调用后：sa = {" << sa.name << "}, sb = {" << sb.name << "}\n";
    }
```

（4）结构体数组作为函数参数（传数组）。

将结构体数组作为函数参数，结论是会改变外部实参变量的值，因为数组本来就是地址。

```
#include <iostream.h>

struct student {
    int no;
    char name[10];
    float math, phy, eng, avg;
};

//计算平均成绩
void average(student s[], int n) {
    for(int i=0; i<n; i++)
    {
        s[i].avg = (s[i].math + s[i].phy + s[i].eng)/3;
    }
}

void main(void) {
    //初始化时平均成绩为 0
    student sa[] = {{1001, "Zhou", 90,80,70, 0}, {1002, "Li", 95,85,75, 0}};

    //调用计算平均成绩函数 average，传值（数组）调用，但会改变外部的值
    average(sa, 2);

    //输出计算出来的平均成绩
    for(int i=0; i<2; i++)
    {
        cout << sa[i].name << "的平均成绩是{" << sa[i].avg << "}\n";
    }
}
```

8.2.5　结构体的典型应用——链表

链表是结构体的一个典型应用，本节以下述结构体定义为例来讲解链表的处理。

```
struct Node {
    int no;      //学号
    int score;   //成绩
};
```

链表是由若干个同类型节点用指针链接而成的数据结构。链表由表头、节点和链尾 3 个部分组成。

- 表头：指向链表头的一个指针。表头不是节点，它指向链表的首节点。
- 节点：链表的每一个节点，每个节点都有一个指针指向下一个节点。
- 链尾：也是一个节点，不同的是它的下一节点指针的值为 NULL（整数 0），用于表示链表的结束。类似于字符串中以 0 作为结束标志。

图 8-1 表示了一个由 4 个节点组成的链表，图中的指针 head 是表头，它指向链表的首节点（节点 1），节点 1 的 next 指针指向节点 2，节点 2 的 next 指针指向节点 3，节点 3 的 next 指针指向节点 4，节点 4 是这个链表的链尾（尾节点），它的 next 指针值为 NULL，表示链表的结束。其核心思想是通过 next 指针把 4 个节点连成一个链条，并用 head 指针来标识链条的起始位置。

图 8-1　4 个节点组成的链表（节点 4 的 next 指针值为 0）

链表的主要操作如下：

- 创建节点：Node* newNode();
- 插入节点：Node* insert(Node* head, Node* pn);
- 打印链表：void print(Node* head);
- 清空链表：Node* clearChain(Node* head);
- 查找节点：Node* findNode(Node* head, int no);
- 删除节点：Node* deleteNode(Node* head, int no);
- 按序插入节点：Node* insertByOrder(Node* head, Node* pn);

本节分为 5 个连续的小节来依次讲解上述操作，这 5 个小节应该顺序阅读和完成，从而组成一个完整的链表处理过程。

8.2.6　链表的基本操作

链表的基本操作是创建节点、插入节点和打印链表。

定义节点，代码如下：

```
struct Node
{
    int no;                //学号
    int score;             //成绩
```

```
        Node *next;              //指针变量（指向下一个节点）
};
```

为简化代码，结构体中的数据只有学号和成绩，而 next 指针是链表节点的必需成员。

【例 8-7】链表的基本操作（参见 Jitor 实训平台【实训 8-7】）。

```cpp
#include <iostream.h>

//用结构体作为链表的节点
struct Node{
    int no;              //学号
    int score;           //成绩
    Node *next;          //指针变量（指向下一个节点）
};

//从键盘输入的数据创建一个节点
Node* newNode(){
    Node* pn = new Node;
    cout << "输入学号（-1 结束）：";
    cin >> pn->no;
    if(pn->no==-1){
        delete pn;
        return NULL;     //返回空（没有节点）
    }
    cout << "输入成绩：";
    cin >> pn->score;
    pn->next = NULL;
    return pn;
}

//插入一个节点
Node* insert(Node* head, Node* pn){
    if(head == NULL){            //如果是链表中的第一个节点
        head = pn;
    }else{ //否则插入在首节点之前
        pn->next = head;
        head = pn;
    }
    return head;                 //表头的值已被改变，所以要返回它
}

//输出链表的各个节点到屏幕上
void print(Node* head){
    cout << "节点列表如下：\n";
    Node* p = head;          //临时指针
    while(p != NULL){
        cout << p->no << " --> {" << p->score << "}\n";
        p = p->next;             //依次指向下一个节点
```

188

```
        }
        cout << "链表输出结束\n";
    }

    //主函数
    void main(void) {
        Node* head = NULL;

        cout << "创建链表\n";
        while(1){
            Node* pn = newNode();
            if(pn==NULL){
                break;
            }
            head = insert(head, pn);        //插入到链表中
        }
        cout << "结束创建链表\n";
        print(head);

        //缺少回收内存的部分，下一节讲解
    }
```

运行结果如下（创建了 3 个节点）：

```
创建链表
输入学号（-1 结束）: 1
输入成绩: 78
输入学号（-1 结束）: 2
输入成绩: 82
输入学号（-1 结束）: 3
输入成绩: 72
输入学号（-1 结束）: -1
结束创建链表
节点列表如下:
3 --> {72}
2 --> {82}
1 --> {78}
链表输出结束
```

上述代码有 4 个函数，下面分别说明。

1. newNode 函数

newNode 函数用于从键盘输入的数据动态创建一个节点，如果输入的学号是-1，则返回一个空指针，表示输入的结果。

2. insert 函数

insert 函数用于将节点插入到链表中，分为以下两种情况：

● 如果原来的链表是空的，则新节点作为唯一的一个节点，如图 8-2 所示，左侧为插入新节点之前，右侧为插入新节点之后。

图 8-2 向空链表中插入第一个节点（虚线箭头代表将要建立的指向）

- 如果链表不是空的，这时将新节点插入到原有节点之前，新节点成为首节点，原来的首节点成为第二个节点，如图 8-3 所示，左侧为插入新节点之前，右侧为插入新节点之后。

图 8-3 向非空链表中插入新节点（虚线箭头代表将要建立的指向）

3. print 函数

print 函数是输出链表中每一个节点的内容，从首节点开始，直到尾节点（next 的值为 NULL 表示尾节点），如图 8-4 所示。临时指针 p 从 head 中获得首节点（节点 1）的地址，然后从节点 1 的 next 中获得节点 2 的地址，从节点 2 的 next 中获得节点 3 的地址，从节点 3 的 next 中获得节点 4 的地址，节点 4 是尾节点，它的 next 为 NULL，循环结束。

图 8-4 print 函数循环访问每一个节点（虚线箭头表示依次访问）

4. main 函数

main 函数的第一行定义表头 head 并初始化为 NULL，表示这是一个空的链表，然后是一个循环，每一次循环都创建一个节点，再插入到链表中，直到新节点是一个空节点（用户输入了学号为-1 的值）。最后调用 print 函数输出链表每一个节点的值。

8.2.7 程序调试：内存中的链表

通过跟踪调试可以更好地理解链表，在调试过程中可以发现程序中的错误。

办法是在上一次实训完成的程序中，分别在 insert() 和 print() 函数中各设置一个断点，对插入节点和打印节点的过程进行跟踪，进入断点后，按 F10 键单步跟踪，同时观察 head 及有关变量的值的变化。当 head 所指向的链表有多个节点时，可以通过展开其中的加号（+）来查看节点链接的详细信息。

【例 8-8】程序调试：内存中的链表（参见 Jitor 实训平台【实训 8-8】）。

在 Jitor 校验器中按照所提供的操作要求，参考图 8-5进行跟踪调试。

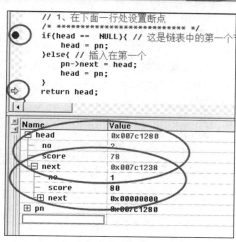

图 8-5　只有一个节点（左图）和有两个节点（右图）时的 head 链接信息

8.2.8　清空链表

清空链表是清除链表中的所有节点，并回收每一个节点的空间。

【例 8-9】清空链表（参见 Jitor 实训平台【实训 8-9】）。

```
Node* clearChain(Node* head){
    Node* p = head;
    while(head){
        head = p->next;
        delete p;
        p = head;
    }
    cout << "链表已被清空\n";
    return NULL;
}
```

并在主函数中添加一行清空链表的代码（位于主函数的最后）。

```
clearChain(head);
```

清空链表的过程是先将下一节点设置为首节点，然后清除原来的首节点。下一次循环依此类推，直到所有节点清除完毕，这时链表成为空链表，也就是 head 为空指针。如图 8-6 所示，先将临时指针 p 指向首节点，表头 head 指向下一节点，这时节点 2 成为新的首节点；然后回收 p 指向的原来的首节点的空间，完成对首节点的清除；循环清除每一个新晋升的首节点，直到表头为空。

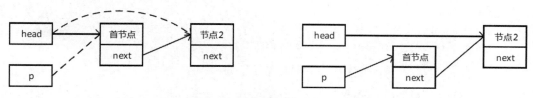

图 8-6　删除首节点（虚线箭头表示将要建立的指向）

8.2.9 查找节点

查找节点是根据学号查找，如果找到，则返回这个节点；如果没有找到，则返回空指针。

【例 8-10】查找节点（参见 Jitor 实训平台【实训 8-10】）。

```cpp
Node* findNode(Node* head, int no){
    Node* p = head;
    while(p){
        if(p->no == no){ //找到这个学号
            return p;
        }
        p = p->next;
    }
    cout << "节点未找到！\n";
    return NULL;
}
```

并在主函数中添加一段查找的代码。

```cpp
while(1){
    int no;
    cout <<"输入要查找的学号（-1 表示结束查找）：";
    cin>>no;
    if(no==-1){
        break;
    }
    Node* pn = findNode(head, no);
    if(pn!=NULL){
        cout<<"该生的成绩是{" << pn->score <<"}\n";
    }
}
```

查找节点的过程有点像打印节点（如图 8-4），不同的是一旦找到符合条件的节点，循环结束；如果查找到最后一个节点都没有符合条件的节点，则返回空指针。

8.2.10 删除节点

删除节点是删除指定学号的那个节点，如果指定学号的节点不存在，则不删除任何节点。

【例 8-11】删除节点（参见 Jitor 实训平台【实训 8-11】）。

```cpp
Node* deleteNode(Node* head, int no){
    if(!head){
        cout << "链表为空，无节点可删!\n";
        return NULL;
    }

    Node* pc = head;        //当前节点
    if(pc->no == no){       //第一个节点为要删除的节点
        head = pc->next;
        delete pc;
        cout << "删除了首节点\n";
        return head;
    }
```

```
//查找要删除的节点，至少是第二个节点
Node* pa = NULL;    //目标节点之前的节点（目标节点是当前比较的节点）
while(pc){
    if(pc->no == no){ //找到这个学号
        break;    //这时 pc 保存的是将被删除的节点，pa 保存的是 pc 之前的节点
    }
    pa = pc;
    pc = pc->next;
}
if(!pc){
    cout << "链表中未找到要删除的节点\n";
}else{
    pa->next = pc->next;    //链接关系中跳过当前节点
    delete pc;              //删除当前节点
    cout << "删除一个节点\n";
}
return head;
}
```

并在主函数中添加一段删除的代码。

```
while(1){
    int no;
    cout<<"输入要删除的学号（-1 表示结束）：";
    cin>> no;
    if(no==-1){
        break;
    }
    head = deleteNode(head, no);
}
```

删除节点与查找节点有点相似，先要根据学号找到将被删除的节点。但是找到之后的删除操作却比较复杂。如果符合删除条件的节点是首节点，则参考清空链表的代码删除首节点；否则从第二个节点再次查找，如果找到符合删除条件的节点（如图 8-7 所示，图中节点 3 是符合删除条件的节点），这时用临时指针 pc 保存将被删除的节点（节点 3），临时指针 pa 保存该节点之前的节点（节点 2），将节点 2 的 next 指向节点 4（pa->next = pc->next）之后才可以安全地删除节点 3（delete pc）。

图 8-7　删除"节点 3"的过程（非首节点）

8.2.11　按序插入节点

按序插入节点按照成绩的高低次序来决定节点插入的位置，成绩高的在前，成绩低的在后。

　　按序插入节点需要一个前提条件，要么链表为空，要么链表已经是按成绩进行排序的。因此只要从一开始就是按序插入节点，就可以维护一个按成绩排序的链表。

【例 8-12】按序插入节点（参见 Jitor 实训平台【实训 8-12】）。

```
Node* insertByOrder(Node* head, Node* pn){
    if(head ==   NULL){ //这是链表中的第一个节点
        head = pn;
        return head;
    }

    if(pn->score>=head->score){ //若新节点成绩是最高的，插在第一个
        pn->next = head;
        head = pn;
        return head;
    }

    //否则，查找小于或等于其成绩的第一个节点
    Node* pc = head;        //当前节点
    Node* pa = NULL;        //当前节点之前的节点
    while(pc){
        if(pc->score <= pn->score){ //找到插入点
            break;   //这时新节点 pn 将插入到 pa 和 pc 之间
        }
        pa = pc;
        pc = pc->next;
    }
    pa->next = pn;
    pn->next = pc;

    return head;
}
```

　　然后修改主函数中原来对插入节点（insert）的函数调用，改为调用按序插入节点（insertByOrder）。

```
cout<<"创建链表\n";
while(1){
    Node* pn = newNode();
    if(pn==NULL){
        break;
    }
    head = insertByOrder(head, pn);    //插入到链表中
}
```

　　按序插入节点的过程是，先根据新节点的成绩找到插入的位置，然后向该位置插入新节点。分为以下 3 种情况：

● 链表为空：这时与无序插入新节点时新链表为空是相同的。

● 新节点的成绩大于或等于首节点：新节点插入到首节点之前，成为新的首节点，这种情况与无序插入新节点是相同的。

● 其他：这时从第二个节点开始查找符合条件的插入位置，如果根据成绩比较，已经确定新节点应该插入到节点 2 和节点 3 之间（如图 8-8 所示），这时将节点 2 的 next 指

向新节点（pa->next = pn），将新节点的 next 指向节点 3（pn->next = pc）。

图 8-8　按序插入节点的过程（非首节点）

8.3　综合实训

1.【Jitor 平台实训 8-13】为 12 个月的英文名称设计一个枚举类型 Month，这 12 个月的名称是 JAN、FEB、MAR、APR、MAY、JUN、JUL、AUG、SEP、OCT、NOV、DEC，指定 1 月份的值为 1，依此类推。在主函数中定义一个这种枚举的变量，要求从键盘输入月份（整数），并将月份名称（即枚举元素的名称）输出到屏幕上。

2.【Jitor 平台实训 8-14】定义一个名为 Color 的枚举，它含有 3 个元素：红 RED、绿 GREEN、蓝 BLUE，值分别为 0xff0000、0x00ff00 和 0x0000ff，该值与 Web 色彩定义相同。再定义一个圆柱体结构体，含有底圆半径 radius、高 height 和颜色 color 三个属性，前两个属性为双精度，后一个属性是枚举 Color。在主函数中定义一个这种结构体变量数组，长度动态输入。要求从键盘输入数组长度，然后输入每个数组元素的圆柱体 3 个属性的值，最后输出整个数组的所有信息到屏幕上。

第 9 章　类和对象——封装性

本章所有实训可以在 Jitor 校验器的指导下完成。

本书第 1 章到第 8 章讨论的都是"面向过程的程序设计"技术，这些是 C 语言和 C++语言共同的技术。

本书从第 9 章开始讨论"面向对象的程序设计"技术，这是 C++语言与 C 语言的最大区别，C 语言没有类和对象的概念。

9.1　类与对象

类和对象

9.1.1　类与对象的使用

1. 类的定义

类是一种数据类型，是一种自定义的数据类型。定义类的语法格式如下：

```
class 类名 {
访问权限:
        数据类型  变量名 1;              //变量也称为成员变量或成员属性
        数据类型  变量名 2;

        ...
        数据类型  变量名 n;

        数据类型  函数名 1(形参表);       //函数也称为成员函数
        数据类型  函数名 2(形参表);

        ...
        数据类型  函数名 n(形参表);
访问权限:
        ...
};                                    //定义类，以分号结束
```

在类中，变量称为成员变量或成员属性，函数称为成员函数，也就是说这些变量和函数都是类的成员，是隶属于类的。

例如表 8-2 中的成绩数据，将平均成绩改为用函数计算，可以用以下的类来表示：

```
class Student {
public:
        int no;                       //学号
        char name[30];                //姓名
        float math, phy, eng;         //三门课程成绩

        float getAvg(){
                return (math+phy+eng)/3;   //计算平均成绩
        }
};
```

　　类定义可以用类图来表示，如图 9-1 所示，用矩形表示类，3 个部分分别是类名、成员变量和成员函数。

图 9-1　Student 类的类图

　　因此，在一个类中可以保存不同数据类型的数据，还可以有函数，上述学生类的函数是求平均成绩，因此学生类就有了求平均成绩的行为。

2. 访问控制

类中成员的访问控制有以下 3 种：

- public：公有的，被修饰的成员不论从类的内部还是外部都可以访问。
- protected：保护的，在下一章详细讲解。
- private：私有的，被修饰的成员只能从类的内部访问，从类的外部无法访问，在下一节详细讲解。

　　默认的访问控制是私有的（private），在本节中，所有成员都定义为公有的（public），因此每个类的第一行都需要加上下面这行代码。

```
public:
```

3. 对象（类变量）的定义

对象（类变量）有 3 种定义的方式。语法格式如下：

- 类的定义和对象的定义分开编写。

```
class 类名{属性和函数列表};          //分为两条语句编写
类名 对象名;
```

- 类的定义和对象的定义合并编写。

```
class 类名{属性和函数列表} 对象名;    //合为一条语句编写
```

- 直接定义对象（类定义是匿名的）。

```
class {属性和函数列表} 对象名;        //省略类名
```

最后这种方式的类定义是一次性的，不可复用，通常在特殊情况下使用。

下述 3 段代码分别对应上述 3 种定义方式。

```
class Student {
public:
    int no;                        //学号
    char name[30];                 //姓名
    float math, phy, eng;          //三门课程成绩

    float getAvg(){
        return (math+phy+eng)/3;   //计算平均成绩
    }
};                                 //定义学生类，以分号结束
```

```
    Student zhangsan;              //定义一个学生对象"张三"

    class Student {
    public:
        int no;
        char name[30];
        float math, phy, eng;

        float getAvg(){
            return (math+phy+eng)/3;
        }
    } zhangsan;              //定义学生类的同时定义一个学生对象"张三"
```

```
    class {                //省略了类名（没有名字，匿名的）
    public:
        int no;
        char name[30];
        float math, phy, eng;

        float getAvg(){
            return (math+phy+eng)/3;
        }
    } zhangsan;                      //仅定义了学生对象"张三"
```

4. 对象的初始化

与数组类似，在定义对象时可以同时进行初始化。例如以下代码：

```
Student zhangsan ={1001, "张三", 80, 82, 90};          //一个学生
Student class1[2] = {{1001, "张三", 80, 82, 90}, {1002, "李四", 70, 88, 72}};    //一个班级有两个学生
```

5. 对象的引用

使用小数点"."运算符来引用对象的成员变量或成员函数。语法格式如下：

```
对象名.成员变量名
对象名.成员函数名
```

小数点"."可以读作"的"，即读为"对象的成员变量或函数"。例如以下代码：

```
zhangsan.no = 1000;              //张三的学号赋值为1000
```

或者

```
cout << zhangsan.math << endl;    //输出张三的数学成绩
```

6. 对象的赋值

同一个类的两个对象可以直接赋值，赋值的结果是将一个对象的各个成员的值赋值给另一个对象的对应的成员变量。语法格式如下：

```
对象1 = 对象2;
```

例如以下代码：

```
Student zhangsan ={1001, "张三", 80, 82, 90};        //学生张三
Student lisi;                              //另一个学生李四
lisi = zhangsan;                           //赋值后，两个对象的值是相同的
lisi.no = 1002;              //修改李四的学号
lisi.name = "李四";           //修改李四的姓名（这时成绩还是相同的）
```

【例 9-1】对象的使用（参见 Jitor 实训平台【实训 9-1】）。

```
#include <iostream.h>
```

```cpp
class Student {
public:
    int no;                          //学号
    char name[30];                   //姓名
    float math, phy, eng;            //三门课程成绩

    float getAvg(){
        return (math+phy+eng)/3;     //计算平均成绩
    }
};

void main(void) {
    //初始化李四（lisi）的数据
    Student lisi = {10002, "李四", 80, 85, 90};
    //输出李四的数据（学号、姓名和平均成绩）
    cout << "学号：{" << lisi.no << "}\n";
    cout << "姓名：{" << lisi.name << "}\n";
    cout << "平均成绩：{" << lisi.getAvg() << "}\n";
    cout << endl;

    //定义学生数组：软件 319 班（sw319）并初始化
    Student sw319[] = {{31901, "李婧", 82, 85, 90},
                       {31902, "王强", 83, 75, 65},
                       {31903, "张明", 70, 75, 80}};

    int i;
    //输出全班的全部数据（表格形式）
    cout << "学号\t 姓名\t 数学\t 物理\t 英语\t 平均\n";
    for(i=0; i<3; i++){
        cout << "{" << sw319[i].no << "}\t";
        cout << "{" << sw319[i].name << "}\t";
        cout << "{" << sw319[i].math<< "}\t";
        cout << "{" << sw319[i].phy << "}\t";
        cout << "{" << sw319[i].eng << "}\t";
        cout << "{" << sw319[i].getAvg() << "}\t";
        cout << endl;
    }
}
```

这个例子定义了一个学生类，学生类有学号、姓名、三门课程的成绩等 5 个属性，还有一个求平均成绩的函数。

在主函数中，定义并初始化了一个学生类的实例 lisi（李四），输出李四的各项信息；然后还定义了一个学生类的数组 sw319，这个数组有 3 位学生，最后输出这些学生的信息。

9.1.2　程序调试：内存中的对象和对象数组

【例 9-2】程序调试：内存中的对象和对象数组（参见 Jitor 实训平台【实训 9-2】）。

在 Jitor 校验器中按照所提供的操作要求，参考图 9-2 进行实训。

图 9-2　调试过程中看到的类的封装

从图 9-2 中可以看到对象 lisi 的每一个属性，也可以看到数组 sw319 中每一个元素都是一个对象。

9.1.3　类和封装性

面向对象程序设计的核心思想是，世间万物是由对象（Object，也可翻译为物件）组成的，具有相同属性和行为的对象抽象为类（class）。

例如【例 9-1】中有学生类（Student）和李四对象（lisi），以及软件 319 班 sw319[]，这是一个对象数组。

1. 类和对象

类（class）是一个专有名词，是一种自定义的数据类型。类与第 8 章的结构体有非常多的相近之处。

对象（Object）也是一个专有名词，特指类这个数据类型的变量，因此对象和类变量是同义词。

2. 封装性

在类的内部包含了成员变量和成员函数，意思是封装了属性（成员变量）和行为（成员函数），这就是类的封装性。

3. 对象和实例化

对象是一种类变量，有时会把定义类变量（对象）的过程称为实例化，而对象也可以被称为实例。

注意理解以下几个术语的含义和使用：
- 函数：泛指各种函数。
- 成员函数：特指在类中定义的函数。
- 变量：泛指各种变量，如整数变量、数组变量、指针变量和对象（类变量）。
- 对象：特指类变量，它的数据类型是类，有时也称为实例。

- 成员变量：特指在类中定义的变量，可以是整数变量、指针变量和对象等。
- 成员属性：成员变量的另一个名称，有时简称为属性。

4. 命名规范

通常类名的首字母大写，对象名、变量名、函数的首字母小写。

类名和对象名通常采用名词命名，例如 Student、lisi（学生李四）。

成员变量表示的是对象的属性，可以用名词来命名，例如 name。

成员函数表示的是对象的行为，通常用动词来命名，例如 getAvg（名词 average 的缩写 Avg 前加上动词 get）。

5. 类图

在设计过程中，常常用类图来直观地表示类的设计，如图 9-3 所示，有利于团队成员对设计的理解。

图 9-3　类图——类的图形化表示

例如学生类、矩形类、圆类和点类，如图 9-4 所示，其中类之间带各种箭头的连线表示类之间的各种关系。

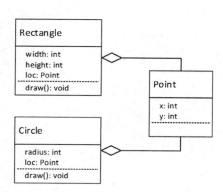

图 9-4　几个类的类图

9.1.4　对象的输入和输出

对象的输入和输出实际上是对象的成员变量的输入和输出。理解了这一点，就可以很容易地处理对象的输入和输出。

【例 9-3】对象的输入和输出（参见 Jitor 实训平台【实训 9-3】）。

（1）对象的输入和输出。

```
#include <iostream.h>
```

```
class Rectangle{ //矩形类，成员变量有长和宽，成员函数有计算面积
public:
    double length;    //长
    double width;     //宽

    double getArea(){ //计算面积
        return length*width;
    }
};

void main(void) {
    Rectangle rec;

    cout << "输入矩形的长和宽: ";
    //cin >> rec;                //不允许直接输入到对象中
    cin >> rec.length;           //而是分别输入到对象的成员变量中
    cin >> rec.width;

    cout << "矩形的长和宽数据如下: \n";
    //cout << rec;               //不允许直接输出对象
    cout << "长是{" << rec.length << "}\n";
    cout << "宽是{" << rec.width << "}\n";
    cout << "面积是{" << rec.getArea() << "}\n";
}
```

在这个例子中，输入和输出是针对每一个对象属性进行的，如同整数数组，输入和输出是针对每一个元素进行的。不允许对整个对象进行输入和输出，如 cin >> rec 这样的代码是无法运行的，而应该是 cin >> rec.width，从键盘输入矩形的宽度。

（2）一个实例：学生成绩管理。

```
#include <iostream.h>

class Student {
public:
    int no;                      //学号
    char name[30];               //姓名
    float math, phy, eng;        //三门课程成绩

    float getAvg(){
        return (math+phy+eng)/3; //计算平均成绩
    }
};

void main(void) {
    Student class193[5];

    int i;
    cout << "输入 5 位学生的数据（学号、姓名、数学、物理、英语成绩）: \n";
    for(i=0; i<5; i++){
        cin >> class193[i].no;
```

```
        cin >> class193[i].name;
        cin >> class193[i].math;
        cin >> class193[i].phy;
        cin >> class193[i].eng;
    }

    //输出全班的全部数据（表格形式）
    cout << "\n 学号\t 姓名\t 数学\t 物理\t 英语\t 平均\n";
    for(i=0; i<5; i++){
        cout << "{" << class193[i].no << "}\t";
        cout << "{" << class193[i].name << "}\t";
        cout << "{" << class193[i].math<< "}\t";
        cout << "{" << class193[i].phy << "}\t";
        cout << "{" << class193[i].eng << "}\t";
        cout << "{" << class193[i].getAvg() << "}\t";
        cout << endl;
    }
}
```

运行结果如下：

输入 5 位学生的数据（学号、姓名、数学、物理、英语成绩）：
19301　张三　70 81 86
19302　李四　81 77 89
19303　王五　73 87 86
19304　赵六　77 76 70
19305　钱七　88 79 79

学号	姓名	数学	物理	英语	平均
{19301}	{张三}	{70}	{81}	{86}	{79}
{19302}	{李四}	{81}	{77}	{89}	{82.3333}
{19303}	{王五}	{73}	{87}	{86}	{82}
{19304}	{赵六}	{77}	{76}	{70}	{74.3333}
{19305}	{钱七}	{88}	{79}	{79}	{82}

这是一个完整的输入输出的例子。注意，在输入时要严格按顺序输入数据，平均成绩不需要输入，是通过计算得到的。

9.1.5　对象指针

与整型有关的指针有整型指针和整型数组指针，与类有关的指针也有对象指针和对象数组指针。对象指针的定义格式如下：

类名 *对象指针名;

当引用对象指针的成员变量或成员函数时，可以采用以下两个方法之一：

● 点运算符"."，语法格式如下：

(*对象指针名).成员变量或成员函数名

● 箭头运算符"->"，语法格式如下：

对象指针名->成员变量或成员函数名

通常采用箭头运算符，因为它简单明了、可读性好。

【**例 9-4**】对象指针（参见 Jitor 实训平台【实训 9-4】）。

（1）对象指针。

```
#include <iostream.h>

class Rectangle{ //矩形对象，成员变量有长和宽，成员函数有计算面积
public:
    double length;    //长
    double width;     //宽

    double getArea(){ //计算面积
        return length*width;
    }
};

void main(void) {
    Rectangle rec = {20, 30};    //普通变量，初始化
    Rectangle* prec = &rec;      //指针，将地址赋给指针

    //直接访问变量
    cout << "长  rec.length = {" << rec.length << "}\n";    //输出 rec 的成员变量，用点运算符访问
    cout << "宽  rec.width = {" << rec.width << "}\n";
    cout << "面积  rec.getArea() = {" << rec.getArea() << "}\n";

    //通过指针访问
    cout << "长  (*prec).length = {" << (*prec).length << "}\n";    //输出指针指向的值，可以用点运算符访问
    cout << "宽  prec->width = {" << prec->width << "}\n";          //用箭头运算符（->）更方便
    cout << "面积  prec->getArea() = {" << prec->getArea() << "}\n";  //访问成员函数
}
```

这个例子比较了普通对象变量（rec）和对象指针变量（prec），注意代码中是如何为对象指针变量赋值的，又是如何访问对象指针变量的成员（点运算符和箭头运算符）的。

（2）对象指针（动态分配内存）。

```
#include <iostream.h>

class Rectangle{ //矩形类，成员变量有长和宽，成员函数有计算面积
public:
    double length;    //长
    double width;     //宽

    double getArea(){ //计算面积
        return length*width;
    }
};

void main(void) {
    Rectangle* prec = new Rectangle;    //动态分配内存
    (*prec).length = 20;    //赋值，可以用点运算符（.）
    prec->width = 30;       //用箭头运算符（->）更方便

    cout << "长  prec->length = {" << prec->length << "}\n";
```

```
        cout << "宽  *prec.width = {" << prec->width << "}\n";
        cout << "面积  prec->getArea() = {" << prec->getArea() << "}\n";    //访问成员函数

        delete prec;    //不要忘记回收内存空间
}
```

这个例子演示了对象的动态内存分配，用 new Rectangle 来为对象分配内存。结束时不要忘记回收内存空间。

（3）一个实例：学生成绩管理（动态版本）。

```cpp
#include <iostream.h>

class Student {
public:
        int no;                              //学号
        char name[30];                       //姓名
        float math, phy, eng;                //三门课程成绩

        float getAvg(){
                return (math+phy+eng)/3;     //计算平均成绩
        }
};

void main(void) {
        int i;

        int n;
        cout << "输入班级人数：";
        cin >> n;

        Student* sw193 = new Student[n];     //动态确定学生人数
        cout << "输入  " << n << " 位学生的数据（学号、姓名、数学、物理、英语成绩）：\n";

        for(i=0; i<n; i++){
                cin >> sw193[i].no;
                cin >> sw193[i].name;
                cin >> sw193[i].math;
                cin >> sw193[i].phy;
                cin >> sw193[i].eng;
        }

        cout << "\n 学号\t 姓名\t 数学\t 物理\t 英语\t 平均\n";
        for(i=0; i<n; i++){
                cout << "{" << sw193[i].no << "}\t";
                cout << "{" << sw193[i].name << "}\t";
                cout << "{" << sw193[i].math<< "}\t";
                cout << "{" << sw193[i].phy << "}\t";
                cout << "{" << sw193[i].eng << "}\t";
                cout << "{" << sw193[i].getAvg() << "}\t";
                cout << endl;
        }
```

```
//回收内存
delete[] sw193;
}
```

运行结果如下：

输入班级人数：3

输入 3 位学生的数据（学号、姓名、数学、物理、英语成绩）：

19301 张三 70 81 86

19302 李四 81 77 89

19303 王五 73 87 86

学号	姓名	数学	物理	英语	平均
{19301}	{张三}	{70}	{81}	{86}	{79}
{19302}	{李四}	{81}	{77}	{89}	{82.3333}
{19303}	{王五}	{73}	{87}	{86}	{82}

这个例子是将【例 9-2】中的对应例子改为动态分配内存，根据用户输入的班级人数来确定班级数组的大小 new Student[n]，从而动态地确定班级人数（对象数组的大小）。

9.1.6 对象作为函数参数

1. 普通对象作为函数参数

与普通变量一样，普通对象作为函数的参数时也有传值、传指针和传引用 3 种方式，并且它们的区别与普通变量也是一样的。表 9-1 不仅适用于普通变量，也适用于对象。

表 9-1 传值调用、传指针调用和传引用调用的比较

比较项	传值调用	传指针调用	传引用调用
函数原型	void swap (float p, float q)	void swap (float *p, float *q)	void swap (float &p, float &q)
函数体	p = q;	*p = *q;	p = q;
调用方式	swap (x, y);	swap (&x, &y);	swap (x, y);
效果	不改变外部实参变量的值	改变外部实参变量的值	改变外部实参变量的值

2. 对象数组变量作为函数参数

与普通数组变量一样，对象数组变量也是一个地址，就是说，当对象数组作为函数的参数时，因为数组的值就是地址，传值调用与传地址调用的效果是相同的。

【例 9-5】对象作为函数参数（参见 Jitor 实训平台【实训 9-5】）。

（1）对象变量作为函数参数（传值）。

传值调用的例子，结论是不改变外部实参变量的值。

```
#include <iostream.h>

class Student {
public:
    int no;                    //学号
    char name[30];             //姓名
    float math, phy, eng;      //三门课程成绩
```

```
        float getAvg(){
            return (math+phy+eng)/3;    //计算平均成绩
        }
    };

    void swap(Student s1, Student s2) {    //传值调用
        cout << "函数内，交换前：s1 = {" << s1.name << "}, s2 = {" << s2.name << "}\n";
        Student t = s1;
        s1 = s2;
        s2 = t;
        cout << "函数内，交换后：s1 = {" << s1.name << "}, s2 = {" << s2.name << "}\n";
    }

    void main(void) {
        Student sa = {1001, "Zhou", 90, 80, 70};
        Student sb = {1002, "Li", 95, 85, 75};

        cout << "调用前：sa = {" << sa.name << "}, sb = {" << sb.name << "}\n";
        swap(sa, sb);
        cout << "调用后：sa = {" << sa.name << "}, sb = {" << sb.name << "}\n";
    }
```

（2）对象作为函数参数（传指针）。

传指针调用的例子，结论是会改变外部实参变量的值。

```
#include <iostream.h>

class Student {
public:
        int no;                    //学号
        char name[30];             //姓名
        float math, phy, eng;      //三门课程成绩

        float getAvg(){
            return (math+phy+eng)/3;    //计算平均成绩
        }
    };

void swap(Student *s1, Student *s2) {    //传指针调用
    cout << "函数内，交换前：s1 = {" << s1->name << "}, s2 = {" << s2->name << "}\n";
    Student t = *s1;
    *s1 = *s2;
    *s2 = t;
    cout << "函数内，交换后：s1 = {" << s1->name << "}, s2 = {" << s2->name << "}\n";
}

void main(void) {
    Student sa = {1001, "Zhou", 90, 80, 70};
    Student sb = {1002, "Li", 95, 85, 75};

    cout << "调用前：sa = {" << sa.name << "}, sb = {" << sb.name << "}\n";
    swap(&sa, &sb);
    cout << "调用后：sa = {" << sa.name << "}, sb = {" << sb.name << "}\n";
}
```

（3）对象作为函数参数（传引用）。

传引用调用的例子，结论是会改变外部实参变量的值。

```cpp
#include <iostream.h>

class Student {
public:
    int no;                          //学号
    char name[30];                   //姓名
    float math, phy, eng;            //三门课程成绩

    float getAvg(){
        return (math+phy+eng)/3;     //计算平均成绩
    }
};

void swap(Student &s1, Student &s2) {          //传引用调用
    cout << "函数内，交换前：s1 = {" << s1.name << "}, s2 = {" << s2.name << "}\n";
    Student t = s1;
    s1 = s2;
    s2 = t;
    cout << "函数内，交换后：s1 = {" << s1.name << "}, s2 = {" << s2.name << "}\n";
}

void main(void) {
    Student sa = {1001, "Zhou", 90, 80, 70};
    Student sb = {1002, "Li", 95, 85, 75};

    cout << "调用前：sa = {" << sa.name << "}, sb = {" << sb.name << "}\n";
    swap(sa, sb);
    cout << "调用后：sa = {" << sa.name << "}, sb = {" << sb.name << "}\n";
}
```

（4）对象数组作为函数参数（传数组）。

将对象数组作为函数参数，结论是会改变外部实参变量的值，因为数组本来就是地址。

```cpp
#include <iostream.h>

class Student {
public:
    int no;                          //学号
    char name[30];                   //姓名
    float math, phy, eng;            //三门课程成绩

    float getAvg(){
        return (math+phy+eng)/3;     //计算平均成绩
    }
};

void input(Student s[], int n) { //传值（数组）调用
    cout << "输入学号、姓名、三门课成绩：\n";
    for(int i=0; i<n; i++){
```

```
            cout << "第 " << i << " 位学生: ";
            cin >> s[i].no >> s[i].name >> s[i].math >> s[i].phy >> s[i].eng;
    }
}


void main(void) {
    Student sa[2];

    input(sa, 2);         //传值（数组）调用

    cout << "输入的数据是: \n";
    for(int i=0; i<2; i++){
        cout << "{" << sa[i].no << "}\t{" << sa[i].name << "}\t{"
            << sa[i].getAvg() << "}\n";
    }
}
```

9.1.7　对象作为类的成员变量

类的成员变量可以是整型变量、字符数组等，也可以是对象（类变量）。

例如要在屏幕上画矩形和圆，需要定义矩形类和圆类，各自包含了画到屏幕上所需要的所有信息：大小、位置（x、y 坐标）。

位置（x、y 坐标）信息是所有图形都有的，因此可以将变量 x 和 y 提取出来，构成一个新的类，命名为点（Point）。点、矩形和圆的类图及其关系如图 9-5 所示。

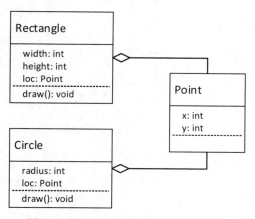

图 9-5　点、矩形和圆的类图及其关系

在图 9-5 中有 3 个类：点类（Point）、矩形类（Rectangle）和圆类（Circle），它们各自拥有一些属性（成员变量）和成员函数。其中矩形类和圆类都拥 loc 属性，loc 的数据类型是 Point，所以 loc 也称为对象，这就是对象作为类的成员变量的一个例子。

在图 9-5 中，类之间由菱形箭头的线连接，不同箭头的线表示了类之间不同的关系。空心菱形箭头表示聚合关系，意思是整体与部分，箭头指向整体。图中的意思是矩形类（Rectangle）和圆类（Circle）都拥有点类（Point）的对象。

【例 9-6】 对象作为类的成员变量（参见 Jitor 实训平台【实训 9-6】）。

```cpp
#include <iostream.h>

class Point{          //点类
public:
    int x;            //横坐标位置
    int y;            //纵坐标位置
};

class Rectangle{      //矩形类
public:
    int width;        //宽
    int height;       //高
    Point loc;        //位置
    void draw(){
        cout << "在 x={" << loc.x << "}, y={" << loc.y << "} 处画一个宽{";
        cout << width << "}高{" << height << "}的矩形\n";
    }
};

class Circle{         //圆类
public:
    int radius;       //半径
    Point loc;        //位置
    void draw(){
        cout << "在 x={" << loc.x << "}, y={" << loc.y << "} 处画一个半径{";
        cout << radius << "}的圆\n";
    }
};

void main(void) {
    Point p = {5, 5};            //位置所在的点
    Rectangle rec = {10, 20};
    rec.loc = p;
    rec.draw();
    Circle c = {15};
    c.loc = p;                   //圆和矩形在同一个位置
    c.draw();
}
```

在这个例子中，矩形类（Rectangle）和圆类（Circle）都拥有点类（Point）的对象 loc。注意在主函数中是如何为成员对象 loc 赋值的。

9.1.8　引用性说明和定义性说明

在第 5 章中讲解函数时，定义一个函数分为函数原型和函数定义两个部分。

在定义类时，也可以分成两个部分，这两个部分分别称为引用性说明和定义性说明，相当于函数原型和函数定义。因此，定义类的语法可以写为下述格式。

第一部分是引用性说明，包括类名、成员变量和函数原型。

```cpp
class 类名 {
```

访问权限:
```
    数据类型  成员变量;
    数据类型  成员函数(...);      //函数原型，不能有函数定义
    ...
};
```
第二部分是定义性说明，包括引用性说明中所有函数原型的定义。
```
数据类型  类名::成员函数(...){...}   //定义性说明，类似于第 5 章的函数定义
...
```
其中的双冒号（::）称为域运算符，表示成员函数所属的类。

例如下述代码是类的引用性说明。
```
class Circle{                      //引用性说明，类似于第 5 章的函数原型
public:
    int radius;                    //半径
    double getArea();              //函数原型，不能有函数定义
};
```
而函数定义部分则成为类的定义性说明。
```
double Circle::getArea(){          //定义性说明，即函数定义
    return 3.14159 * radius * radius;
}
```
在主函数中可以使用 Circle 这个数据类型来定义对象。
```
void main(void) {
    Circle c;
    c.radius = 20;

    cout << c.getArea() << endl;
}
```

在第 6 章中讲解文件包含和条件编译时，我们将函数原型保存在头文件中，将函数定义保存在源代码文件中。同理，应该将类的引用性说明保存在头文件（.h）中，将类的定义性说明保存在源代码文件（.cpp）中，文件名与类名完全相同。

【例 9-7】引用性说明和定义性说明（参见 Jitor 实训平台【实训 9-7】）。

采用引用性说明和定义性说明，对【例 9-1】的代码进行重构。

（1）学生类的引用性说明（Student.h 文件）。
```
#ifndef STUDENT_H_
#define STUDENT_H_             //宏定义使用类名（大写）

class Student {                //Student 类的引用性说明
public:
    int no;                    //学号
    char name[30];             //姓名
    float math, phy, eng;      //三门课程成绩

    float getAvg();            //计算平均成绩的函数原型
};

#endif /* STUDENT_H_ */
```
在头文件中的类定义应该是引用性说明，不应该出现函数定义的内容。注意头文件一定

要用条件编译指令,以防止多次被包含。

(2)学生类的定义性说明(Student.cpp 文件)。

```
#include "Student.h"

//Student 类的定义性说明
float Student::getAvg(){              //计算平均成绩的函数定义
    return (math+phy+eng)/3;
}
```

这个文件需要包含 Student 类的头文件,将所有定义性说明的内容全部保存在源代码文件中,哪怕是只有一行代码。

(3)主函数文件。

```
#include <iostream.h>
#include "Student.h"        //包含类的头文件(引用性说明)

void main(void) {
    //初始化李四(lisi)的数据
    Student lisi = {10002, "李四", 80, 85, 90};
    //输出李四的数据(学号、姓名和平均成绩)
    cout << "学号:{" << lisi.no << "}\n";
    cout << "姓名:{" << lisi.name << "}\n";
    cout << "平均成绩:{" << lisi.getAvg() << "}\n";
    cout << endl;

    //定义学生数组:软件 319 班(sw319)并初始化
    Student sw319[] = {{31901, "李婧", 82, 85, 90},
                       {31902, "王强", 83, 75, 65},
                       {31903, "张明", 70, 75, 80}};

    int i;
    //输出全班的全部数据(表格形式)
    cout << "学号\t 姓名\t 数学\t 物理\t 英语\t 平均\n";
    for(i=0; i<3; i++){
        cout << "{" << sw319[i].no << "}\t";
        cout << "{" << sw319[i].name << "}\t";
        cout << "{" << sw319[i].math<< "}\t";
        cout << "{" << sw319[i].phy << "}\t";
        cout << "{" << sw319[i].eng << "}\t";
        cout << "{" << sw319[i].getAvg() << "}\t";
        cout << endl;
    }
}
```

这个文件需要包含 Student 类的头文件。主函数与【例 9-2】对应例子的主函数是相同的,运行结果也相同。

大中型项目可能有成百上千个类,每个类有两个文件,头文件保存的是引用性说明,源代码文件保存的是定义性说明,当使用这个类时,只要包含头文件即可。

本书的项目都是微型项目,为方便起见,常常直接把引用性说明和定义性说明写在同一个文件中。

9.2 访问控制

9.2.1 访问控制修饰符

访问控制修饰符有 3 种，见表 9-2。

表 9-2 访问控制修饰符

访问控制修饰符	公开性
public	公有的，被修饰的成员不论从类的内部还是外部都可以访问
protected	保护的，在下一章详细讲解
private	私有的，被修饰的成员只能从类的内部访问，不能从类的外部访问。这是默认值

在类的外部不允许访问私有属性，可以编写 get 函数和 set 函数来访问，下面通过例子加以说明。

【例 9-8】访问控制修饰符（参见 Jitor 实训平台【实训 9-8】）。

（1）矩形类的属性是公有的。

```cpp
#include <iostream.h>

class Rectangle{   //矩形类
public:      //公有的
    double length;
    double width;

    double getArea(){
        return length*width;
    }
};

void main(void) {
    Rectangle rec;
    rec.length = 30;
    rec.width = 20;
    cout << "面积是{" << rec.getArea() << "}\n";
}
```

这个例子是可以运行的，没有错误。

（2）保护矩形类的属性。

```cpp
#include <iostream.h>

class Rectangle{   //矩形类
private:   //私有的
    double length;
    double width;

public:   //公有的
    double getArea(){
```

```
            return length*width;
        }
};

void main(void) {
    Rectangle rec;
    rec.length = 30;
    rec.width = 20;

    cout << "面积是{" << rec.getArea() << "}\n";
}
```

将前一步骤例子的属性改为私有的以后，出现如下错误信息：

```
cpp9code.cpp
D:\VC60\cpp9\cpp9code.cpp (16) : error C2248: 'length' : cannot access private member declared in class
'Rectangle'
        D:\VC60\cpp9\cpp9code.cpp (5) : see declaration of 'length'
D:\VC60\cpp9\cpp9code.cpp (17) : error C2248: 'width' : cannot access private member declared in class
'Rectangle'
        D:\VC60\cpp9\cpp9code.cpp 6) : see declaration of 'width'
Error executing cl.exe.
```

原因是无法访问私有的成员变量，无法为矩形的长和宽进行赋值。

（3）访问矩形类的私有属性。

```
#include <iostream.h>

class Rectangle{        //矩形类
private:                //私有的
    double length;
    double width;

public:                 //公有的
    /* 写入：为每一个变量写一个 set 函数，函数名为 set 变量名()，其中变量名的首字母改为大写，
    它接受一个同类型的参数，设置该变量的值。在 set 函数内，还可以加上一些数据校验，例如
    不允许长和宽的值为负数。*/
    void setLength(double length){
        this->length = length;
    }

    void setWidth(double width){
        this->width = width;
    }

    /* 读取：为每一个变量写一个 get 函数，函数名为 get 变量名()，其中
    变量名的首字母改为大写，它返回该变量的值。*/
    double getLength(){
        return length;
    }

    double getWidth(){
        return width;
```

```
        }

        double getArea(){
            return length*width;
        }
};

void main(void) {
    Rectangle rec;
    rec.setLength(20);      //通过 set 函数设置变量的值
    rec.setWidth(30);

    //通过 get 函数访问变量
    cout << "矩形的长是{" << rec.getLength() << "}\n";

    cout << "面积是{" << rec.getArea() << "}\n";
}
```

对于私有成员变量的访问，一般是通过 get 函数和 set 函数来实现的。

get 函数用于获得成员变量的值，它的命名是 get 加上变量名（首字母大写），它是无参的，直接返回这个成员变量的值。

set 函数用于设置成员变量的值，它的命名是 set 加上变量名（首字母大写），它有一个参数，这个参数的值将被赋给这个成员变量，set 函数通常没有返回值。

9.2.2　友元函数和友元类

从外部访问一个类的私有成员还有两种特殊的途径可以实现，这就是友元函数和友元类。

1. 友元函数

成员函数可以访问类的私有属性，而友元函数不是类的成员函数，但却可以访问类的私有属性。

友元函数是在类的外部定义的，同时在类中将它指定为朋友，就能允许这个友元函数访问类的私有成员。

在类中指定友元函数的格式如下：

friend 数据类型 函数名(形参表);

这个格式与函数原型非常相近，唯一的不同是加上了关键字 friend。

【例 9-9】友元函数（参见 Jitor 实训平台【实训 9-9】）。

```
#include <iostream.h>

class Rectangle{         //矩形类
private:                 //私有的
    double length;
    double width;
public:                  //公有的
    double getArea();

friend void setSize(Rectangle&, double, double);      //关键字 friend 指定友元函数
};
```

```
void main(void) {
    Rectangle rec;
    setSize(rec, 20, 30);     //调用友元函数，设置矩形的长和宽

    cout << "面积是{" << rec.getArea() << "}\n";
}

double Rectangle::getArea(){
    return length * width;     //成员函数是直接访问成员
}

void setSize(Rectangle& r, double l, double w){     //第一个参数是引用变量（&），因为要修改它的值
    r.length = l;     //在友元函数内，通过形参r访问私有成员
    r.width = w;
}
```

这个例子在矩形类中指定 setSize 函数为友元函数。

2. 友元类

在类中定义一个友元类，将允许这个友元类的所有函数访问类的私有成员。

在类中指定友元类的格式如下：

friend 友元类名;

需要注意的是，友元类应该是先声明后使用，所以在这之前必须先定义这个类的存在（类的定义在后面完成）。

【例 9-10】友元类（参见 Jitor 实训平台【实训 9-10】）。

```
#include <iostream.h>

class Screen;          //先声明屏幕类

class Rectangle{        //定义矩形类
private:
    double length;
    double width;
public:
    double getArea(){
        return length*width;
    }

friend Screen;          //关键字 friend 指定友元类
};

class Screen{           //定义屏幕类
public:
    Rectangle rec;

    void setSize(double l, double w){
        rec.length = l;          //在友元类中，可以访问矩形类的私有成员
        rec.width = w;
    }
```

```
        double getArea(){
            return rec.getArea();
        }
};

void main(void) {
    Screen scr;                //这个友元类拥有矩形对象
    scr.setSize(20, 30);       //setSize 函数可以访问矩形对象的私有属性

    cout << "屏幕上矩形的面积是{" << scr.getArea() << "}\n";
}
```

9.3 构造函数

9.3.1　构造函数的使用

1. 构造函数的定义

构造函数的主要作用是对对象进行初始化，特别是当对象的属性是私有的情况时。定义构造函数的语法格式如下：

```
类名(形参列表){
    构造函数体;
}
```

构造函数的定义与普通函数的定义有以下两点不同：

- 构造函数名必须与类名完全一致。
- 构造函数没有返回类型，也不能指定 void 为返回类型。

例如以下矩形类拥有构造函数：

```
class Rectangle{                                    //矩形类
private:
    double length;
    double width;
public:
    Rectangle(double length, double width){         //矩形类的构造函数
        this->length = length;   //this 是一个指针，表示自己，用来区别两个同名的变量 length
        this->width = width;
    }

    double getArea(){
        return length*width;
    }
};
```

使用这个矩形类的构造函数的代码如下：

```
void main(void) {
    Rectangle rec = Rectangle(20, 30);              //使用构造函数初始化矩形类
    cout << "矩形面积是{" << rec.getArea() << "}\n";
}
```

2. 重载的构造函数

与普通函数一样，构造函数也可以有重载的构造函数，形成重载的条件也是一样的，满足以下两个条件之一即可构成重载：

● 参数的个数不同。

● 参数的类型不同。

例如以下矩形类有两个重载的构造函数：

```
Rectangle(double length, double width){      //重载的双参数构造函数
    this->length = length;
    this->width = width;
}

Rectangle(double length){                    //重载的单参数构造函数
    this->length = length;
    width = 0;                               //赋给默认值 0，这个例子的意义不大，仅用于演示
}
```

使用这个矩形类的两个重载构造函数的代码如下：

```
Rectangle rec1 = Rectangle(20, 30);      //使用双参数构造函数初始化矩形类
cout << "矩形 1 面积是{" << rec1.getArea() << "}\n";
Rectangle rec2 = Rectangle(20);          //使用单参数构造函数初始化矩形类
cout << "矩形 2 面积是{" << rec2.getArea() << "}\n";
```

3. 默认构造函数

如果一个类没有构造函数，则编译器会自动生成一个默认构造函数，默认构造函数是一个无参构造函数。自动生成的默认构造函数的函数体为空，其函数定义如下：

```
类名(){
}
```

下述矩形类有一个自动生成的默认构造函数。

```
class Rectangle{        //矩形类
private:
    double length;
    double width;
public:
    double getArea(){
        return length*width;
    }
};

void main(void) {
    Rectangle rec = Rectangle();        //使用默认构造函数，但长和宽仍然是一个不确定值
    cout << "矩形面积是{" << rec.getArea() << "}\n";
}
```

但是，如果编写了构造函数，则编译器不再生成默认构造函数，代码如下：

```
class Rectangle{        //矩形类
private:
    double length;
    double width;
public:
    Rectangle(double length, double width){      //矩形类的构造函数
```

```
            this->length = length;   //this->的意思是自己的，用来区别两个同名的变量 length
            this->width = width;
        }

        double getArea(){
            return length*width;
        }
};

void main(void) {
    Rectangle rec1 = Rectangle(20, 30);     //使用构造函数
    cout << "矩形 1 面积是{" << rec1.getArea() << "}\n";
    Rectangle rec2 = Rectangle();            //错误：不存在默认构造函数
    cout << "矩形 2 面积是{" << rec2.getArea() << "}\n";
}
```

这时，编译错误信息如下：

```
cpp9code.cpp
D:\VC60\cpp9\cpp9code.cpp(21) : error C2512: 'Rectangle::Rectangle' : no appropriate default constructor
available
D:\VC60\cpp9\cpp9code.cpp(21) : error C2512: 'Rectangle' : no appropriate default constructor available
Error executing cl.exe.

cpp9.exe - 2 error(s), 0 warning(s)
```

错误是出在 Rectangle r2 = Rectangle()这一行，原因是不存在无参的构造函数（默认构造函数）。

这时，如果要使用无参的默认构造函数，则需要手工补写一个，代码如下：

```
class Rectangle{         //矩形类
private:
        double length;
        double width;
public:
        Rectangle(double length, double width){       //矩形类的构造函数
            this->length = length;   //this->的意思是自己的，用来区别两个同名的变量 length
            this->width = width;
            cout << "{调用构造函数}\n";
        }

        Rectangle(){           //补写的默认构造函数
            length = 0;
            width = 0;
            cout << "{调用默认构造函数}\n";
        }

        double getArea(){
            return length*width;
        }
};

void main(void) {
```

```
        Rectangle rec1 = Rectangle(20, 30);      //使用构造函数
        cout << "矩形 1 面积是{" << rec1.getArea() << "}\n";
        Rectangle rec2 = Rectangle();              //这时使用补写的默认构造函数
        cout << "矩形 2 面积是{" << rec2.getArea() << "}\n";
    }
```

补写的默认构造函数的函数体可以为空，也可以不为空（上面的例子中有 3 行代码，将长和宽初始化为 0），但编译器自动生成的默认构造函数的函数体是空的。

【例 9-11】构造函数（参见 Jitor 实训平台【实训 9-11】）。

```
#include <iostream.h>
#include <string.h>

class Student {    //学生类
public:    //公有的
    int no;
    char name[10];
    float math, phy, eng;

public:    //也是公有的
    Student(int no, char* name, float math, float phy, float eng){
        this->no = no;
        strcpy(this->name, name);
        this->math = math;
        this->phy = phy;
        this->eng = eng;
        cout << "{有参构造函数}：{" << name << "}\n";
    }

    Student(int no, char* name){
        this->no = no;
        strcpy(this->name, name);
        cout << "{有参构造函数（双参数）}：{" << name << "}\n";
    }

    Student(){
        cout << "{默认构造函数（无参）}\n";
    }

    float getAvg(){
        return (math+phy+eng)/3;
    }
};
void main(void) {
    Student zsan(10001, "张三", 85, 78, 92);    //通过构造函数初始化

    cout << "学号：{" << zsan.no << "}\n";
    cout << "姓名：{" << zsan.name << "}\n";

    Student lisi(10002, "李四");    //通过双参数构造函数初始化
    cout << "学号：{" << lisi.no << "}\n";
```

```
        cout << "姓名：{" << lisi.name << "}\n";

        Student wwu;   //通过默认构造函数初始化（实际上默认构造函数内没有初始化代码）
        wwu.no = 10003;
        strcpy(wwu.name, "王五");

        cout << "学号：{" << wwu.no << "}\n";
        cout << "姓名：{" << wwu.name << "}\n";
}
```

运行结果如下：

```
{有参构造函数}：{张三}
学号：{10001}
姓名：{张三}
{有参构造函数（双参数）}：{李四}
学号：{10002}
姓名：{李四}
{默认构造函数（无参）}
学号：{10003}
姓名：{王五}
```

这个例子演示了学生类的 3 个重载构造函数，通过构造函数的参数对实例的属性进行初始化。而采用默认构造函数初始化时，由于无法提供参数，所以还需要直接赋值。

构造函数在类中起了很重要的作用，下面是一些总结。

（1）构造函数名必须与类名完全相同。

（2）构造函数一般是 public 的，在特殊需要时，也可以是 private 的。

（3）构造函数没有返回值和返回类型，并且也不能定义为 void。

（4）构造函数可以有多个（重载），只要它们的参数个数或参数类型不同。

（5）如果没有定义构造函数，则编译器自动生成一个默认构造函数。

（6）如果定义了构造函数，则编译器不再生成默认构造函数。

（7）默认构造函数是无参的构造函数，自动生成的默认构造函数的函数体是空的。

（8）需要时，可以补写默认构造函数，这时函数体可以为空，也可以不为空。

9.3.2　用构造函数建立一个对象的拷贝

构造函数的主要作用是对对象进行初始化，通常是向构造函数提供属性的初始值。在需要时还可以向构造函数提供一个对象，建立一个具有相同属性值的对象，也就是拷贝一个对象。

用构造函数建立一个对象的拷贝，要注意对象参数应该用传引用的方式。

【例 9-12】用构造函数建立一个对象的拷贝（参见 Jitor 实训平台【实训 9-12】）。

```
#include <iostream.h>
#include <string.h>

//为使代码简洁，只保留两个构造函数
class Student {   //学生类
public:
        int no;
        char name[10];
        float math, phy, eng;
```

```
        Student(Student &student){    //建立一个对象的拷贝，应该用传引用的方式
            no = student.no;
            strcpy(name, student.name);
            math = student.math;
            phy = student.phy;
            eng = student.eng;
        }

        Student(){}

        float getAvg(){
            return (math+phy+eng)/3;
        }
};

void main(void) {
        Student student1;    //调用默认构造函数
        student1.no = 10003;
        strcpy(student1.name, "王五");

        Student student2(student1);    //用构造函数建立一个对象的拷贝

        cout << "学号： {" << student1.no << "}\n";
        cout << "姓名： {" << student1.name << "}\n";

        cout << "学号： {" << student2.no << "}\n";
        cout << "姓名： {" << student2.name << "}\n";
}
```

这个例子中的学生类有两个构造函数：一个是无参的默认构造函数，另一个是用来建立对象拷贝的构造函数，因此主函数中的 student1 和 student2 的属性值是完全相同的。

9.3.3 new 运算符和构造函数

用 new 运算符分配整型变量空间，然后赋值给整型指针变量。同理，用 new 运算符分配对象空间，然后赋值给对象指针变量。

用 new 创建的对象也称为动态定义的对象，在这个过程中需要注意以下几点：

● new 运算符调用构造函数为对象分配内存空间并进行对象的初始化。

● new 运算符根据参数调用合适的构造函数。

● 无参时，调用默认构造函数进行初始化。

● 用 new 申请空间，使用后必须用 delete 回收空间。

【例 9-13】new 运算符和构造函数（参见 Jitor 实训平台【实训 9-13】）。

```
#include <iostream.h>

class Rectangle{        //矩形类
public:
        int width;          //宽
        int height;         //高
```

```
        int x;                  //横坐标位置
        int y;                  //纵坐标位置

        Rectangle(int width, int height, int x, int y){
            this->width = width;      //this->的意思是自己的
            this->height = height;
            this->x = x;
            this->y = y;
            cout << "宽{" << width << "}高{" << height << "}矩形的{构造函数} \n";
        }

        Rectangle(int width, int height){
            this->width = width;      //this->的意思是自己的
            this->height = height;
            x = 0;
            y = 0;
            cout << "宽{" << width << "}高{" << height << "}矩形的{构造函数} \n";
        }

        Rectangle(){
            width = 0;
            height = 0;
            x = 0;
            y = 0;
            cout << "{默认构造函数}\n";
        }

        void draw(){
            cout << "在 x={" << x << "}, y={" << y << "} 处画一个宽{";
            cout << width << "}高{" << height << "}的矩形\n";
        }
};

void main(void) {
    Rectangle* rec1 = new Rectangle(20, 30, 10, 15);    //动态创建的对象赋值给对象指针
    Rectangle* rec2 = new Rectangle(40, 20);            //调用另一个构造函数
    Rectangle* rec3 = new Rectangle();

    rec1->draw();
    rec2->draw();
    rec3->draw();

    delete rec1;   //结束时应该回收内存空间
    delete rec2;
    delete rec3;
}
```

　　例子中的矩形类有 3 个构造函数，主函数中的 3 个对象分别用这 3 个构造函数分配空间和初始化，结束时再回收内存空间。

9.4 析构函数

9.4.1 析构函数的使用

构造函数的主要作用是在建立对象时对其进行初始化，而析构函数的作用正好相反，是在销毁对象时对其进行一些善后处理。定义析构函数的语法格式如下：

```
~类名(){
    构造函数体;
}
```

析构函数的定义与普通函数的定义有以下不同：

● 析构函数名是在类名前加上波浪号（~）。

● 析构函数没有返回类型，也不能指定 void 为返回类型。

● 析构函数只有一个，是无参的，没有重载。

构造函数与析构函数的比较见表 9-3。

表 9-3 构造函数与析构函数的比较

比较项	构造函数	析构函数
命名	类名	~类名
作用	对象定义时初始化对象	对象销毁时善后处理
访问控制	一般是 public 的	只能是 public 的
返回值	无返回值和返回类型，不允许加 void	同左
参数	有零个或多个参数，因此有重载的构造函数	不允许有参数，因此没有重载
默认函数	无参的构造函数，无函数体	无参的析构函数，无函数体
调用方式	初始化时，或用 new 运算符直接调用	自动调用，或用 delete 运算符间接调用

【例 9-14】析构函数（参见 Jitor 实训平台【实训 9-14】）。

```cpp
#include <iostream.h>

class Rectangle{        //矩形类
public:
    int width;          //宽
    int height;         //高
    int x;              //横坐标位置
    int y;              //纵坐标位置

    Rectangle(int width, int height, int x, int y){
        this->width = width;
        this->height = height;
        this->x = x;
        this->y = y;
        cout << "宽{" << width << "}高{" << height << "}矩形的{构造函数} \n";
    }
```

```
        Rectangle(int width, int height){
            this->width = width;
            this->height = height;
            x = 0;
            y = 0;
            cout << "宽{" << width << "}高{" << height << "}矩形的{构造函数} \n";
        }

        Rectangle(){
            width = 0;
            height = 0;
            x = 0;
            y = 0;
            cout << "{默认构造函数}\n";
        }

        ~Rectangle(){ //析构函数（只能有一个）
            cout << "宽{" << width << "}高{" << height << "}矩形的{析构函数} \n";
        }

        void draw(){
            cout << "在 x={" << x << "}, y={" << y << "} 处画一个宽{";
            cout << width << "}高{" << height << "}的矩形\n";
        }
};

void main(void) {
    Rectangle rec1 = Rectangle(20, 30, 10, 15);
    Rectangle rec2 = Rectangle(40, 20);
    Rectangle rec3 = Rectangle();

    rec1.draw();
    rec2.draw();
    rec3.draw();
}
```

运行结果如下：

```
宽{20}高{30}矩形的{构造函数}
宽{40}高{20}矩形的{构造函数}
{默认构造函数}
在 x={10}, y={15} 处画一个宽{20}高{30}的矩形
在 x={0}, y={0} 处画一个宽{40}高{20}的矩形
在 x={0}, y={0} 处画一个宽{0}高{0}的矩形
宽{0}高{0}矩形的{析构函数}
宽{40}高{20}矩形的{析构函数}
宽{20}高{30}矩形的{析构函数}
```

这个矩形类有 3 个构造函数和一个析构函数，在主函数中定义了 3 个矩形类的实例，分别调用了不同的构造函数。程序结束时，系统自动调用每个对象的析构函数，注意观察析构函数的调用次序，与构造函数的调用次序正好相反，即最后创建的对象最先被销毁。

9.4.2 delete 运算符和析构函数

动态对象

用 new 运算符申请的任何内存空间,使用后都需要用 delete 回收,对于对象来说也是完全适用的。

用 new 创建的对象也称为动态定义的对象,在用 delete 回收对象的内存时会自动调用对象的析构函数,如果没有用 delete 回收对象的内存,对象的析构函数不会被调用。注意以下几点:

● 对于动态定义的对象,在使用后一定要用 delete 回收内存空间。
● 对于动态定义的对象,它的析构函数不是自动调用的,而是在 delete 回收内存空间时才调用。
● 对于动态定义的对象,析构函数调用的次序与 delete 的调用次序完全相同。

动态使用内存时的原则:有借有还,再借不难,否则崩溃;原物归还,只还一次,否则崩溃。这个原则在这里同样适用。

例如以下代码:

```cpp
class ClassA{ //一个演示类
public:
    int* p;    //一个指针变量

    ClassA(){ //构造函数
        p = new int(3);
        cout << "在{构造函数}中申请内存空间\n";
    }

    ~ClassA(){ //析构函数
        delete p;
        cout << "在{析构函数}中释放内存空间\n";
    }
};

void main(void) {
    ClassA* a = new ClassA();
    cout << "*a->p={" << *a->p << "}\n";
}
```

运行结果如下:

```
在{构造函数}中申请内存空间
*a->p={3}
```

在主函数中用 new 运算符申请了内存,但是没有用 delete 归还内存,因此析构函数没有被调用,这种情况很容易造成程序的崩溃。

当主函数改为以下代码时加上 delete 语句:

```cpp
void main(void) {
    ClassA* a = new ClassA();
    cout << "*a->p={" << *a->p << "}\n";
    delete a;    //回收内存
}
```

运行结果如下：

```
在{构造函数}中申请内存空间
*a->p={3}
在{析构函数}中释放内存空间
```

这时析构函数被正常调用，归还了动态申请的内存，这样就消除了一个安全隐患。

【例 9-15】delete 运算符和析构函数（参见 Jitor 实训平台【实训 9-15】）。

这个例子采用【例 9-13】的矩形类代码，只是主函数代码改为：

```
void main(void) {
    Rectangle *rec1 = new Rectangle(20, 30, 10, 15);
    Rectangle *rec2 = new Rectangle(40, 20);
    Rectangle *rec3 = new Rectangle();

    rec1->draw();
    rec2->draw();
    rec3->draw();

    delete rec1;
    delete rec2;
    delete rec3;
}
```

运行结果如下：

```
宽{20}高{30}矩形的{构造函数}
宽{40}高{20}矩形的{构造函数}
{默认构造函数}
在 x={10}, y={15}  处画一个宽{20}高{30}的矩形
在 x={0}, y={0}  处画一个宽{40}高{20}的矩形
在 x={0}, y={0}  处画一个宽{0}高{0}的矩形
宽{20}高{30}矩形的{析构函数}
宽{40}高{20}矩形的{析构函数}
宽{0}高{0}矩形的{析构函数}
```

在主函数中定义了 3 个动态的矩形对象，分别调用不同的构造函数。程序结束时的 delete 运算符调用每个对象的析构函数，注意观察析构函数的调用次序，与 delete 运算符的调用次序完全一致，这与静态对象不同。

9.5　构造函数和成员对象

在一个类中可以定义对象作为其成员变量（成员对象），本节讲解类的构造函数与成员对象的构造函数的关系。

9.5.1　调用成员对象的构造函数

在类的构造函数中调用成员对象的构造函数的语法格式如下：

```
类名(形参列表):成员对象名(实参列表){
    构造函数体;
}
```

其中成员对象名是类的成员对象，实参列表引用从形参中传递过来的值。例如以下代码：

```
class ClassA{    //这是 A 类
public:
    int a;
    ClassA(int a){
        this->a = a;
    }
};

class ClassB{    //这是 B 类
public:
    ClassA classA;    //B 类有 A 类的成员对象 classA
    int b;
    ClassB(int a, int b):classA(a){ //B 类的构造函数要同时初始化成员对象 classA
                //B 类的构造函数有两个形参：一个用于初始化 classA，一个用于初始化自己
        this->b = b;
    }
    void show(){
        cout << "a = {" << classA.a << "} b= {" << b << "}\n";
    }
};

void main(void) {
    ClassB classB = ClassB(2,3);
    classB.show();
}
```

【例 9-16】调用成员对象的构造函数（参见 Jitor 实训平台【实训 9-16】）。

```
#include <iostream.h>

class Point{               //点类（放在矩形类和圆类之前）
private:
    int x;                 //横坐标位置
    int y;                 //纵坐标位置
public:
    Point(int x, int y){ //通过构造函数设置私有变量
        this->x = x;
        this->y = y;
        cout << "{Point 构造函数}\n";
    }

    ~Point(){
        cout << "{Point 析构函数}\n";
    }

    int getX(){           //通过 get 函数读取私有变量
        return x;
    }

    int getY(){           //每个 get 函数读取一个变量
        return y;
    }
```

```
};

class Rectangle{          //矩形类
private:
    int width;            //宽
    int height;           //高
    Point loc;            //位置
public:
    Rectangle(int width, int height, int x, int y): loc(x,y){    //用对象名（不是类名）调用构造函数
//        loc = Point(x,y);   //不应该这样初始化成员对象
        this->width = width;
        this->height = height;
        cout << "{Rectangle 构造函数}\n";
    }

    ~Rectangle(){
        cout << "{Rectangle 析构函数}\n";
    }

    void draw(){
        cout << "在 x={" << loc.getX() << "}, y={" << loc.getY() << "} 处画一个宽{";
        cout << width << "}高{" << height << "}的矩形\n";
    }
};

void main(void) {
    Rectangle rec = Rectangle(10, 20, 5, 5);
    rec.draw();
}
```

运行结果如下：
```
{Point 构造函数}
{Rectangle 构造函数}
在 x={5}, y={5} 处画一个宽{10}高{20}的矩形
{Rectangle 析构函数}
{Point 析构函数}
```

从结果可以看到，成员对象的构造函数先被调用，析构函数的调用次序正好相反，成员对象的析构函数后被调用。

9.5.2 多个成员对象的构造函数

下面用一个例子来说明有多个成员对象时构造函数和析构函数的调用次序。

图 9-6 所示的类图表示计算机类、主机类、显示器类、键盘类和鼠标类，其中的实心菱形箭头表示组成关系，即主机类、显示器类、键盘类和鼠标类组成了一个计算机系统。

主机有两个属性：内存大小和硬盘大小，显示器的属性是型号和尺寸，键盘的属性是型号，鼠标的属性是型号。由这 4 种部件组装成计算机，计算机的属性是型号。

图 9-6　主机、显示器、键盘和鼠标组成计算机系统

【例 9-17】多个成员对象的构造函数（参见 Jitor 实训平台【实训 9-17】）。

```cpp
#include <iostream.h>

//为简化代码，容易理解，本程序省略了成员变量
class Mouse{   //鼠标
public:
     Mouse(){ cout << "{Mouse 默认构造函数}\n";}
     ~Mouse(){cout << "{Mouse～析构函数}\n";}
};

class Keyboard{    //键盘
public:
     Keyboard(){cout << "{Keyboard 默认构造函数}\n";}
     ~Keyboard(){cout << "{Keyboard～析构函数}\n";}
};

class Monitor{    //显示器
public:
     int size;    //有一大一小两个显示器，所以不省略

     Monitor(int size){
          this->size = size;
          cout << "{Monitor 构造函数(size=" << size << "英寸)}\n";
     }
     ~Monitor(){
          cout << "{Monitor～析构函数(size=" << size << "英寸)}\n";
     }
};

class Mainframe{   //主机
public:
     Mainframe(){cout << "{Mainframe 默认构造函数}\n";}
```

```
        ~Mainframe(){cout << "{Mainframe～析构函数}\n";}
    };

    class Computer{   //计算机
    public:
        //成员对象定义的次序：主机、双显示器、键盘和鼠标
        Mainframe mf;
        Monitor m1;   //双显示器
        Monitor m2;
        Keyboard kb;
        Mouse mouse;

        Computer(int size1, int size2):
                    mouse(), m2(size2), kb(), m1(size1), mf(){ //调用构造函数的次序
            cout << "{Computer 构造函数}\n";
        }
        ~Computer(){cout << "{Computer～析构函数}\n"; }
    };

    void main(void) {
        Computer* computer = new Computer(20, 32);

        cout << "显示器 1 的大小是{" << computer->m1.size << " 英寸}\n";
        cout << "显示器 2 的大小是{" << computer->m2.size << " 英寸}\n";

        //回收内存空间
        delete computer;
    }
```

运行结果如下：
```
{Mainframe 默认构造函数}
{Monitor 构造函数(size=20 英寸)}
{Monitor 构造函数(size=32 英寸)}
{Keyboard 默认构造函数}
{Mouse 默认构造函数}
{Computer 构造函数}
显示器 1 的大小是{20 英寸}
显示器 2 的大小是{32 英寸}
{Computer～析构函数}
{Mouse～析构函数}
{Keyboard～析构函数}
{Monitor～析构函数(size=32 英寸)}
{Monitor～析构函数(size=20 英寸)}
{Mainframe～析构函数}
```

这个例子的代码比较长，每个组成部分都有构造函数和析构函数，这里关注的重点是计算机与其 4 种组成部分（共 5 个，其中显示器有两个）之间的关系，如以下代码片段所示：
```
class Computer{   //计算机
```

```
public:
        //成员对象定义的次序：主机、双显示器、键盘和鼠标
        Mainframe mf;
        Monitor m1;        //第一个显示器
        Monitor m2;        //第二个显示器
        Keyboard kb;
        Mouse mouse;

        Computer(int size1, int size2):
                    mouse(), m2(size2), kb(), m1(size1), mf(){ //调用构造函数的次序
            cout << "{Computer  构造函数}\n";
        }
        ~Computer(){cout << "{Computer～析构函数}\n"; }
};
```

计算机由主机、双显示器、键盘和鼠标组成，在构造函数中对这些成员对象进行初始化。从运行结果可以看出，构造函数的调用次序是成员对象定义的次序，而不是成员对象构造函数调用的次序。例如定义的次序是 mf、m1、m2、kb 和 mouse，而成员对象构造函数的调用次序是 mouse()、m2(size2)、kb()、m1(size1)、mf()，实际调用的次序是按前者进行的。

析构函数的调用次序则与构造函数的调用次序正好相反。

9.6 静态成员变量

静态成员变量是用 static 关键字修饰的成员变量。语法格式如下：

```
class 类名 {
访问权限:
    static 数据类型 变量名;        //静态成员变量
    ...
};
```

静态成员变量是一个类的所有对象共用的变量，使用同一个内存空间，因此所有对象的静态成员变量的值都是相同的，而普通成员变量则是每一个对象都有自己的值。

下面用一个例子来加以说明。图 9-7 显示了一些圆形，左侧的 3 个圆有各自的圆心位置和半径，而右侧的 3 个圆则有完全相同的位置和不同的半径。只要将圆心位置（x，y）定义为静态成员变量，就能实现右侧 3 个同心圆，因为圆心位置是静态的，所以 3 个圆共用同一个圆心位置。

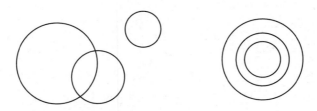

图 9-7   圆心位置是普通变量（左）与圆心位置是静态变量（右）

普通成员变量是属于对象的，而静态成员变量则不仅属于对象，也是属于类的，因此可以通过类名和域运算符 "::" 访问静态成员变量。语法格式如下：

类名::静态成员变量名 = 值;

 在第 5 章讲到过静态局部变量和全局变量（也是静态的）共用同一内存空间，而静态成员变量也共用同一内存空间。

【例 9-18】静态成员变量（参见 Jitor 实训平台【实训 9-18】）。

```cpp
#include <iostream.h>

class Circle{                //圆类
public:
        static int x;        //静态成员变量
        static int y;        //静态成员变量
        int radius;

        void draw(){
                cout << "在 x={" << x << "}, y={" << y << "} 处画一个半径{";
                cout << radius << "}的圆\n";
        }
};

int Circle::x = 5;           //静态成员变量的初始化
int Circle::y = 10;

void main(void) {
        Circle c1 = {10};
        Circle c2 = {15};
        Circle c3 = {20};
        c1.draw();
        c2.draw();
        c3.draw();

        cout << "移动之后\n";
        Circle::x = 12;              //静态成员变量的赋值
        Circle::y = 18;
        c1.draw();                   //静态成员变量的值改变后，所有圆的圆心都改变了
        c2.draw();
        c3.draw();
}
```

运行结果如下：

在 x={5}, y={10} 处画一个半径{10}的圆
在 x={5}, y={10} 处画一个半径{15}的圆
在 x={5}, y={10} 处画一个半径{20}的圆
移动之后
在 x={12}, y={18} 处画一个半径{10}的圆

在 x={12}, y={18} 处画一个半径{15}的圆
在 x={12}, y={18} 处画一个半径{20}的圆

9.7 this 指针

this 是一个关键字，它的意思是自己，是一个指向对象本身的指针。它有以下两个用途：

- 明确指明一个变量是自己的成员变量。
- 返回一个指向自己的指针。

例如在讲解构造函数时，下述代码就使用了 this 指针。

```
Rectangle(double length, double width){          //矩形类的构造函数
    this->length = length;  //this->的意思是自己的，用来区别两个同名的变量 length
    this->width = width;    //因为是指针，所以用箭头运算符
}
```

在上述赋值语句中，等号左边和等号右边的变量名相同，左边的变量前加上 this 后，表明左边这个变量是自身的成员变量，右边的则是参数变量。

在成员函数中，可以直接返回 this 指针。例如以下代码：

```
Rectangle* setLength(double length){
    this->length = length;
    return this;     //返回自己（指针）
}

Rectangle* setWidth(double width){
    this->width = width;
    return this;     //返回自己（指针）
}
```

有了上述两个 set 函数，在主函数中可以这样写：

```
Rectangle rec;
rec.setLength(12);   //分别设置长和宽
rec.setWidth(18);
```

也可以这样写：

```
Rectangle rec;
rec.setLength(12)->setWidth(18);   //设置长度后，立即设置宽度
```

还可以这样写：

```
Rectangle rec;
rec.setWidth(18)->setLength(12);   //设置宽度后，立即设置长度
```

上述 3 种写法的效果都是一样的。

9.8 综合实训

1.【Jitor 平台实训 9-19】按 Jitor 校验器中的具体要求编写一个复数类。

2.【Jitor 平台实训 9-20】图 9-8 表示居民类和宠物类及其成员，其中的空心菱形箭头表示居民拥有宠物。根据该图并按 Jitor 校验器中的具体要求编写居民类和宠物类。

图 9-8　居民类拥有宠物

3.【Jitor 平台实训 9-21】编写一个学生类，拥有 5 个属性：学校名称 schoolName、班级名称 className、学号 no、姓名 name、多门课程的成绩 score[6]。再编写一个主函数，初始化 3 位学生，每个属性的数据都不相同，并输出学生的所有信息。然后分别改变 schoolName、className 为静态成员变量，观察运行结果有什么不同。

第 10 章 父类和子类——继承性

本章所有实训可以在 Jitor 校验器的指导下完成。

父与子之间有继承关系，儿子继承父亲。一方面，儿子可以继承父亲的财产，另一方面儿子还能够拥有自己的财产。在类与类之间，也可以建立这样的继承关系。

10.1 类的继承

10.1.1 父类与子类

父类与子类

1. 子类继承父类

继承是两个类之间的关系，子类继承父类。语法格式如下：

```
class 子类名: 访问控制符 父类名{
    //类体代码
}
```

从逻辑上看，儿子继承了父亲的财产（成员变量）和行为（成员函数），并且儿子还有自己的财产（成员变量）和行为（成员函数）。

下面用一个例子来说明，这是圆类的代码。

```
class Circle{                //圆类
public:
    double radius;           //半径

    Circle(double radius){
        this->radius = radius;
    }

    Circle(){
    }

    double getArea(){    //求圆的面积
        return 3.14159 * radius * radius;
    }
};
```

下面是圆柱体类的代码。

```
class Cylinder{              //圆柱体类
public:
    double radius;           //半径
    double height;           //高

    Cylinder(double radius, double height){
        this->radius = radius;
        this->height = height;
```

```
    }

    double getArea(){        //求圆柱体的底面积
        return 3.14159 * radius * radius;
    }

    double getVolume(){    //求圆柱体的体积
        return 3.14159 * radius * radius;
    }
};
```

主函数如下：
```
void main(void){
    Circle c = Circle(20);
    Cylinder cy = Cylinder(10, 20);

    cout << "圆的面积是{" << c.getArea() << "}\n";
    cout << "圆柱体的底面积是{" << cy.getArea() << "}\n";
    cout << "圆柱体的体积是{" << cy.getVolume() << "}\n";
}
```

上述圆类和圆柱体类之间没有任何关系，是相互独立的，如图 10-1（a）所示。从代码中看到，圆柱体类的半径属性和求面积函数在圆类中也有一份相同的代码。

从继承的观点来看，可以认为圆柱体类是由圆类扩展而来的。因此，可以定义圆柱体类继承圆类，圆类是父类，圆柱体类为子类，如图 10-1（b）所示，继承关系用一个空心的三角箭头表示，方向是从子类指向父类。

（a）独立　　　　　　　　　　　　　　　　　　　　（b）继承关系

图 10-1　圆类和圆柱体类的关系

将代码改写为圆柱体类继承圆类，代码如下：
```
class Cylinder: public Circle{ //圆柱体类，继承圆类
public:
    //继承了半径属性
    double height;    //高
```

```
Cylinder(double radius, double height){
    this->radius = radius;   //半径属性是继承而来的
    this->height = height;   //高属性是圆柱体自己的
}

//继承了求面积函数

double getVolume(){ //求圆柱体的体积
    return 3.14159 * radius * radius;
}
};
```

这时圆柱体类继承了圆类的半径和求面积函数，只需要加上自己的成员变量（圆柱体的高）和成员函数（求体积函数）。

继承的优点之一是可以减少代码量，提高代码的复用。

2. 子类调用父类的构造函数

在子类的构造函数中可以调用父类的构造函数，语法格式如下：

```
子类名(形参列表): 父类名(实参列表){
    //子类构造函数代码
}
```

圆柱体类还可以修改为调用圆类的构造函数，代码如下：

```
class Cylinder: public Circle{ //圆柱体类，继承圆类
public:
    //继承了半径属性
    double height;      //高

    Cylinder(double radius, double height): Circle (radius){ //调用父类（圆类）的构造函数
        //this->radius = radius;      //这行代码已在父类（圆类）的构造函数中
        this->height = height;
    }

    //继承了求面积函数

    double getVolume(){ //求圆柱体的体积
        return 3.14159 * radius * radius;
    }
};
```

【例 10-1】父类与子类（参见 Jitor 实训平台【实训 10-1】）。

```
#include <iostream.h>
#include <string.h>

class Staff{                //文员
public:
    char name[10];          //姓名
    int age;                //年龄

    Staff(char* name, int age){
        strcpy(this->name, name);
        this->age = age;
```

```
    }

        void working(){              //所有文员都要工作
            cout << name << "{工作中...}\n";
        }
};

class Manager:public Staff{         //经理，继承文员，就是说，经理也是一种文员
public:
    char position[80];
    Manager(char* name, int age, char * position):Staff(name, age){ //在构造函数中调用父类的构造函数
        strcpy(this->position, position);
    }

    void businessTaveling(){        //经理还需要出差
        cout << name << "{出差中...}\n";
    }
};

void main(void) {
    Staff zsan = Staff("张三", 25);   //张三是文员
    zsan.working();

    Manager lisi = Manager("李四", 36, "部门经理");    //李四还是经理，不仅工作，而且要出差
    lisi.working();
    lisi.businessTaveling();
}
```

在这个例子中，经理只是多了一项出差的职能，其余部分与文员是相同的，所以只要继承文员类即可。

10.1.2 程序调试：内存中的父类对象和子类对象

【例 10-2】程序调试：内存中的父类对象和子类对象（参见 Jitor 实训平台【实训 10-2】）。在 Jitor 校验器中按照所提供的操作要求，参考图 10-2 进行实训。

图 10-2 内存中的父类对象和子类对象

10.1.3 访问控制

在第 9 章中讲解过类的访问控制修饰符，它们是 public（公有成员）、protected（保护成员）和 private（私有成员）。当子类继承父类时，还可以用来控制子类能够访问父类的哪些成员，见表 10-1。

表 10-1　访问控制修饰符

访问控制	公开性	继承性
public	公有的，不论从类的内部还是外部都可以访问	可以被继承，从子类访问
protected	保护的，只能从类的内部访问，不能从类的外部访问	可以被继承，从子类访问
private	私有的，只能从类的内部访问，不能从类的外部访问	不可以被继承，不能从子类访问

下面通过例子来说明。

【例 10-3】访问控制（参见 Jitor 实训平台【实训 10-3】）。

```cpp
#include <iostream.h>

class Father { //父亲类：3 种不同访问权限的钱，依次是私有的、保护的和公有的
private:
     float wallet;       //皮夹子里的钱
protected:
     float account;      //银行存款里的钱
public:
     float donation;     //捐出去的钱

     Father(float wallet, float account, float donation) { //把钱分别存入 3 个位置
         this->wallet = wallet;
         this->account = account;
         this->donation = donation;
     }

     void print() { //输出父亲能访问的变量
         cout << "父亲的钱是：\n";
         cout << "父亲的皮夹子里的钱  {" << wallet << "}\n";
         cout << "父亲的银行里的钱  {" << account << "}\n";
         cout << "父亲的捐出去的钱  {" << donation << "}\n";
     }
};

class Son: public Father { //儿子类（公有继承）
public:
     Son(float wallet, float account, float donation) :
                 Father(wallet, account, donation) { //把钱转交给父亲了

     }

     void printSon() {   //输出儿子能访问的变量
         print();
         cout << "\n 儿子能用的钱是：\n";
```

```
//              cout << "儿子能用父亲皮夹子里的钱  {" << wallet << "}\n";   //无法访问
                cout << "儿子能用父亲银行里的钱  {" << account << "}\n";
                cout << "儿子能用父亲捐出去的钱  {" << donation << "}\n";
        }
};

void main(void) {
        Son son = Son(3000, 2000, 1000);      //孙子把钱给了父亲（分为 3 种钱）

        son.printSon();

        cout << "\n 公开能用的钱是：\n";
//      cout << "皮夹子里的钱  {" << son.wallet << "}\n";        //无法访问
//      cout << "银行里的钱  {" << son.account << "}\n";        //无法访问
        cout << "捐出去的钱  {" << son.donation << "}\n";
}
```

运行结果如下：

```
父亲的钱是：
父亲的皮夹子里的钱  {3000}
父亲的银行里的钱  {2000}
父亲的捐出去的钱  {1000}

儿子能用的钱是：
儿子能用父亲银行里的钱  {2000}
儿子能用父亲捐出去的钱  {1000}

公开能用的钱是：
捐出去的钱  {1000}
```

从结果中可以看到，父亲能访问自身公有的、保护的、私有的变量，儿子能访问父亲公有的、保护的变量，而在类的外部只能用父亲公有的变量。

10.1.4 继承方式

继承的方式同样有 3 种：public（公有继承）、private（私有继承）和 protected（保护继承）。因此，成员的访问控制和继承方式之间就产生了 9 种组合，见表 10-2。

表 10-2 访问控制和继承方式的 9 种组合

继承方式	父类特性	子类特性
public（公有继承）	public	public
	protected	protected
	private	不可访问
private（私有继承）	public	private
	protected	private
	private	不可访问

续表

继承方式	父类特性	子类特性
protected（保护继承）	public	protected
	protected	protected
	private	不可访问

10.1.3 小节中的【例 10-3】采用的是 public（公有继承），而 protected（保护继承）比较少用。下面用一个例子来说明 private（私有继承）。

【例 10-4】继承方式（参见 Jitor 实训平台【实训 10-4】）。

这个例子与【例 10-3】的唯一区别是将 public（公有继承）改为 private（私有继承），也就是只需要修改下面这行代码：

```
class Son: private Father { //儿子类 private（私有继承）
```

运行结果如下（需要注释出错的行）：

```
父亲的钱是:
父亲的皮夹子里的钱 {3000}
父亲的银行里的钱 {2000}
父亲的捐出去的钱 {1000}

儿子能用的钱是:
儿子能用父亲银行里的钱 {2000}
儿子能用父亲捐出去的钱 {1000}

公开能用的钱是:
```

因为是私有继承，所以儿子继承到的所有变量都成为了私有变量，无法从外部访问。

10.1.5 单继承与多重继承

1. 多重继承

本章前面的例子都是单继承，C++还支持多重继承，这时可以有多个父类。语法格式如下：

```
class 子类名: 访问控制符 父类名 1, 访问控制符 父类名 2, ...{
    //类体代码
}
```

单继承和多重继承的比较如图 10-3 所示。

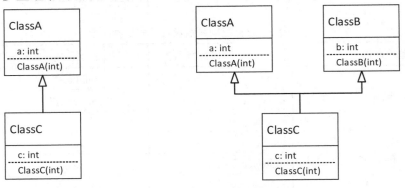

图 10-3　单继承和多重继承

下面是一个例子。

```
#include <iostream.h>

class ClassA{
public:
    int a;
    ClassA(int a){    this->a = a; }
    ClassA(){    }
};

class ClassB{
public:
    int b;
    ClassB(int b){    this->b = b;}
    ClassB(){    }
};

class ClassC: public ClassA, public ClassB{
public:
    int c;

    ClassC(int a, int b, int c){
        this->a = a;
        this->b = b;
        this->c = c;
    }
};

void main(void) {
    ClassC ccc = ClassC(1, 2, 3);
    cout << "a = {" << ccc.a << "}, b = {" << ccc.b << "}, c = {" << ccc.c << "}\n";
}
```

运行结果如下：

```
a = {1}, b = {2}, c = {3}
```

从结果中可以看到，ClassC 从 ClassA 和 ClassB 分别继承了成员变量 a 和 b。

2. 多重继承时调用父类构造函数

子类中的构造函数可以调用多个父类的构造函数。语法格式如下：

```
子类名(形参列表): 父类 1(实参列表), 父类 2(实参列表){
    //子类的构造函数代码
}
```

例如上述 ClassC 的构造函数可以改写如下：

```
class ClassC: public ClassA, public ClassB{
public:
    int c;

    ClassC(int a, int b, int c): ClassA(a), ClassB(b){
        this->c = c;
    }
};
```

10.1.6 构造函数的调用次序

在第 9 章中讲解过成员对象构造函数的调用次序，本节讲解多重继承时父类构造函数的调用次序，以及这两种情况混合时的构造函数的调用次序。

构造函数调用次序的原则如下：

- 多重继承的构造函数的调用次序：由继承时的次序决定。
- 成员对象的构造函数的调用次序：由定义时的次序决定。
- 混合时的构造函数的调用次序：先调用父类的，后调用成员对象的。
- 析构函数的次序：与构造函数相反。

下面以一个例子来说明。

【例 10-5】构造函数的调用次序（参见 Jitor 实训平台【实训 10-5】）。

```
#include <iostream.h>

class Father1{    //父类 1
public:
    Father1(){ cout << "{Father1 默认构造函数}\n"; }
    ~Father1(){ cout << "{Father1 析构函数}\n"; }
};

class Father2{    //父类 2
public:
    Father2(){ cout << "{Father2 默认构造函数}\n"; }
    ~Father2(){ cout << "{Father2 析构函数}\n"; }
};

class Member1{    //成员类 1
public:
    Member1(){ cout << "{Member1 默认构造函数}\n"; }
    ~Member1(){ cout << "{Member1 析构函数}\n"; }
};

class Member2{    //成员类 2
public:
    Member2(){ cout << "{Member2 默认构造函数}\n"; }
    ~Member2(){ cout << "{Member2 析构函数}\n"; }
};

class Son: public Father1, public Father2{ //在这里决定多重继承时构造函数的调用次序
public:
    Member1 m1;    //在这里决定成员对象构造函数的调用次序
    Member2 m2;

    Son():m2(), Father2(), m1(), Father1(){ //父类的构造函数先调用，成员对象的构造函数后调用
        cout << "{Son 默认构造函数}\n";
    }

    ~Son(){
```

```
            cout << "{Son 析构函数}\n";
        }
};

void main(void){
        Son son;
}
```

运行结果如下：

```
{Father1 默认构造函数}
{Father2 默认构造函数}
{Member1 默认构造函数}
{Member2 默认构造函数}
{Son 默认构造函数}
{Son 析构函数}
{Member2 析构函数}
{Member1 析构函数}
{Father2 析构函数}
{Father1 析构函数}
```

上述代码中，多重继承的次序是 Father1、Father2，成员对象定义的次序是 m1、m2，而构造函数的调用次序是 m2()、Father2()、m1()、Father1()，结果显示，实际的调用次序是先以多重继承的次序调用，然后以成员对象定义的次序调用。

析构函数调用的次序与此相反。

10.2 命名冲突和支配规则

10.2.1 多重继承时的命名冲突——域运算符

多重继承会带来一个问题，从多个父类中继承了同名的成员变量或成员函数时会产生命名冲突，在子类中需要一个机制来区分从不同的父类继承到的同名成员。

例如图 10-4 中 ClassC 继承了 ClassA 和 ClassB，而 ClassA 和 ClassB 都有一个名为 var 的变量，ClassC 应该继承到两个 var 变量。

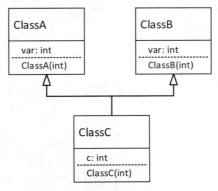

图 10-4 多重继承时的命名冲突

这时需要使用域运算符 "::" 来区分不同来源的同名成员。语法格式如下：

类名::成员

下面用一个例子来说明。

【例 10-6】 多重继承时的命名冲突——域运算符（参见 Jitor 实训平台【实训 10-6】）。

```cpp
#include <iostream.h>

class ClassA{
public:
    int var;      //同名成员变量
    ClassA(int var){ this->var = var; }
    ClassA(){  }
};

class ClassB{
public:
    int var;        //同名成员变量
    ClassB(int var){ this->var = var;}
    ClassB(){  }
};

class ClassC: public ClassA, public ClassB{ //这里调用的是默认构造函数
public:
    int c;

    ClassC(int a, int b, int c){
        this->ClassA::var = a;    //加上域运算符（::）来区分同名成员变量
        this->ClassB::var = b;    //加上域运算符（::）来区分同名成员变量
        this->c = c;
    }
};

void main(void) {
    ClassC ccc = ClassC(1, 2, 3);

    //加上域运算符（::）来区分同名成员变量
    cout << "ClassA::var = {" << ccc.ClassA::var << "}, ClassB::var = {"
        << ccc.ClassB::var << "}, c = {" << ccc.c << "}\n";
}
```

运行结果如下：

ClassA::var = {1}, ClassB::var = {2}, c = {3}

10.2.2 父类与子类的命名问题——支配规则

另外还有一种命名冲突的情况，就是父类的成员名称与子类的成员名称同名。这时也需要一个机制来决定使用的是哪一个成员。

如图 10-5 所示，子类 ClassC 和父类 ClassB 都有一个名为 var 的成员变量。这时 ClassC 类有一个自己的 var 成员，还有一个从 ClassB 类继承到的 var 成员。

这时的处理办法与前一节相比有少许不同。编译器默认子类的同名成员具有优先权，直接访问这个成员时访问的是子类的成员。如果要访问父类的成员，则需要加上域运算符"::"。

这个规则称为支配规则，意思是子类的变量拥有支配权。

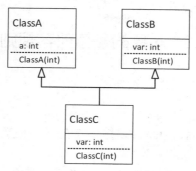

图 10-5　父类与子类的命名问题

下面用一个例子来说明。

【例 10-7】父类与子类的命名问题——支配规则（参见 Jitor 实训平台【实训 10-7】）。

```cpp
#include <iostream.h>

class ClassA{
public:
    int a;
    ClassA(int a){ this->a = a; }
    ClassA(){  }
};

class ClassB{
public:
    int var;        //父类的同名成员变量
    ClassB(int var){ this->var = var;}
    ClassB(){ }
};

class ClassC: public ClassA, public ClassB{ //这里调用的是默认构造函数
public:
    int var;        //子类的同名成员变量

    ClassC(int a, int b, int c){
        this->a = a;
        this->ClassB::var = b;   //加上域运算符（::）来访问父类的同名成员变量
        var = c;        //默认的是子类的同名成员变量（支配规则）
    }
};

void main(void) {
    ClassC ccc = ClassC(1, 2, 3);

    //只有父类的同名变量需要加上域运算符
    cout << "a = {" << ccc.a << "}, ClassB::var = {"
        << ccc.ClassB::var << "}, var = {" << ccc.var << "}\n";
}
```

运行结果如下：

```
a = {1}, ClassB::var = {2}, var = {3}
```

10.3 对象的赋值兼容规则

在第 2 章中讲解过数据类型转换，例如以下代码：

```
int a = 2;
float f = a;
```

变量 a 和 f 的数据类型不同，但是可以将 a 赋值给 f，这就表示数据类型 float 兼容数据类型 int。

类是自定义数据类型，在一个项目中可能存在几十甚至上百个类，这些类之间也有兼容性问题。如果 A 类兼容 B 类，那么 B 类的对象可以赋值给 A 类的对象，如果 A 类不兼容 B 类，那么 B 类的对象就不能赋值给 A 类的对象。

例如定义了学生类（Student）和教室类（Classroom），那么以下赋值语句显然不可能成立：

```
Student zhangsan = Student("张三", 21);    //张三学生
Classroom js201 = Classroom("js201");       //201 教室
zhangsan = js201;                           //将教室 201 赋值给学生张三（绝对不能成立）
```

例如定义了员工类（Staff）和员工类的子类经理类（Manager），那么下述两条赋值语句中，一条成立，一条不成立。

```
Staff staff = Staff ("张三", 21);         //员工
Manager manager = Manager ("李四", 32);   //经理
staff = manager;      //让经理去做员工的工作，这是可以的
manager = staff       //错误：反之，让员工去做经理的工作，这是不允许的（没有能力）
```

C++对象的赋值兼容规则如下：

- 兄弟不兼容：兄弟类的对象之间不能赋值，无继承关系的类更加不兼容。
- 向上不兼容：子类不兼容父类，父类对象不能赋值（转换）为子类对象。
- 向下兼容：父类兼容子类，子类对象可以赋值（转换）为父类对象。

【例 10-8】对象的赋值兼容规则（参见 Jitor 实训平台【实训 10-8】）。

下面用一个例子来说明，如图 10-6 所示。员工类是父类，有两个子类：经理类和工程师类。

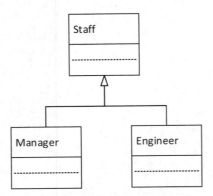

图 10-6　员工类、经理类和工程师类的继承关系

```
#include <iostream.h>
class Staff{ //父类
};
class Manager: public Staff{ //子类
};
class Engineer: public Staff{ //另一个子类
};
void main(void) {
    Staff staff;               //父类的对象
    Manager manager;           //子类的对象
    Engineer engineer;         //另一个子类的对象
    staff = manager;           //向下兼容：父类兼容子类
    staff = engineer;          //向下兼容：父类兼容子类
    manager = staff;           //错误：向上不兼容，子类不兼容父类
    manager = engineer;        //错误：兄弟不兼容，无继承关系的类也不兼容
}
```

编译错误如下：

```
cpp9code.cpp
D:\VC60\cpp9\cpp9code.cpp(19) : error C2679: binary '=' : no operator defined which takes a right-hand
operand of type 'class Staff' (or there is no acceptable conversion)
D:\VC60\cpp9\cpp9code.cpp(20) : error C2679: binary '=' : no operator defined which takes a right-hand
operand of type 'class Engineer (or there is no acceptable conversion)
Error executing cl.exe.

cpp9.exe - 2 error(s), 0 warning(s)
```

错误信息指出最后两行赋值语句是错误的，原因就是类型不兼容。也就是说，员工不能做经理的工作，经理也不能做工程师的工作。

10.4　虚基类（虚继承）

在多重继承关系中，如果两个父类继承了一个共同的祖父类，那么将会继承到两份祖父类的成员。

例如在图 10-7 中，学生类（Student）和老师类（Teacher）都从人员类（Person）继承了姓名、年龄等成员变量，而助教（AsistantTeacher）既是学生，又是老师，将会间接地从两个父类中继承祖父类的姓名、年龄等成员变量，造成了成员变量的重复。

理解虚基类

解决的方式是将共同的祖父类（Person）定义为虚基类，在 Student 类和 Teacher 类的定义中加上虚继承关键字 virtual。语法格式如下：

```
class 父类: virtual public 祖父类{...};
```

或者

```
class 父类: public virtual 祖父类{...};
```

 注意　　由于是虚继承，当孙子类调用父类的构造函数时，父类的构造函数将不再调用祖父类的构造函数，这时需要由孙子类来直接调用祖父类的构造函数。

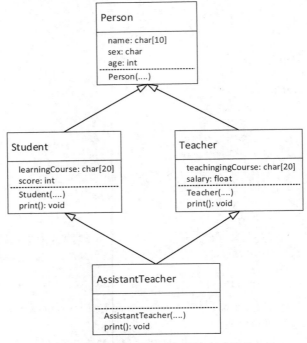

图 10-7　具有共同祖父类的多重继承

【例 10-9】虚基类（虚继承）（参见 Jitor 实训平台【实训 10-9】）。

（1）继承两份祖父类的成员属性（未采用虚继承时）。

```cpp
#include <iostream.h>
#include <string.h>

class Person{
public:
    char name[10];
    int age;

    Person(char* name, int age){
        strcpy(this->name, name);
        this->age = age;
    }

    void print(){
        cout << "\n 姓名{" << name << "}";
        cout << ", 年龄{" << age << "}\n";
    }
};

class Student: public Person{ //继承父类 Person
public:
    char learningCourse[20];
    int score;
```

```cpp
    Student(char* name, int age, char* learningCourse, int score):
            Person(name, age){ //调用父类的构造函数
        strcpy(this->learningCourse, learningCourse);
        this->score = score;
    }

    void print(){
        Person::print();
        cout << "学习课程{" << learningCourse << "}";
        cout << ", 成绩{" << score << "}\n";
    }
};

class Teacher: public Person{ //继承同一个父类 Person
public:
    char teachingCourse[20];
    float salary;

    Teacher(char* name, int age, char* teachingCourse, float salary):
            Person(name, age){ //调用父类的构造函数
        strcpy(this->teachingCourse, teachingCourse);
        this->salary = salary;
    }

    void print(){
        Person::print();
        cout << "教授课程{" << teachingCourse << "}";
        cout << ", 工资{" << salary << "}\n";
    }
};

class AsistantTeacher:public Teacher, public Student{
public:
    AsistantTeacher(char* name, int age,
        char* teachingCourse, float salary,
        char* learningCourse, int score):
        Teacher(name, age+1, teachingCourse, salary),      //年龄加 1，演示继承了两个 Person 类
        Student(name, age+2, learningCourse, score)        //年龄加 2，演示继承了两个 Person 类
    {/*空的构造函数*/}

    void print(){
        Teacher::print();
        Student::print();
    }
};

void main(void) {
    Student student = Student("张学生", 22, "C++程序设计", 86);
    student.print();
```

```
Teacher teacher = Teacher("李老师", 42, "Java 程序设计", 5000);
teacher.print();

AsistantTeacher ta = AsistantTeacher("赵助教", 32, "C++程序设计", 1200, "Python 程序设计", 86);
ta.print();
}
```

运行结果如下：

姓名{张学生}，年龄{22}
学习课程{C++程序设计}，成绩{86}

姓名{李老师}，年龄{42}
教授课程{Java 程序设计}，工资{5000}

姓名{赵助教}，年龄{33}
教授课程{C++程序设计}，工资{1200}

姓名{赵助教}，年龄{34}
学习课程{Python 程序设计}，成绩{86}

重点观察结果中助教的年龄，这是因为在代码中特别作了设置，使继承到的两份祖父类的成员属性值不一样。

（2）修改代码，采用虚继承使 Person 类成为虚基类。

修改之一：父类 Student 添加虚继承关键字 virtual。

```
class Student: virtual public Person{ //继承父类 Person
```

修改之二：父类 Teacher 添加虚继承关键字 virtual。

```
class Teacher: public virtual Person{ //继承同一个父类 Person
```

修改之三：孙子类 AsistantTeacher 构造函数直接初始化祖父类（虚基类）。

```
AsistantTeacher(char* name, int age,
    char* teachingCourse, float salary,
    char* learningCourse, int score):
    Person(name, age),           //需要直接初始化祖父类（虚基类）
    Teacher(name, age+1, teachingCourse, salary),      //年龄加 1，用于演示继承了两个 Person 类
    Student(name, age+2, learningCourse, score)        //年龄加 2，用于演示继承了两个 Person 类
{/*空的构造函数*/}
```

运行结果如下：

姓名{张学生}，年龄{22}
学习课程{C++程序设计}，成绩{86}

姓名{李老师}，年龄{42}
教授课程{Java 程序设计}，工资{5000}

姓名{赵助教}，年龄{32}
教授课程{C++程序设计}，工资{1200}

姓名{赵助教}，年龄{32}
学习课程{Python 程序设计}，成绩{86}

仍然是观察结果中助教的年龄，这时只有一份祖父类的成员属性，所以年龄值是相同的，并且不是由父类（Student 类和 Teacher 类）初始化的。

10.5　综合实训

1.【Jitor 平台实训 10-10】商品、客户和发票类。

在 Jitor 校验器中按照图 10-8 中类图的要求编写商品、客户和发票类。

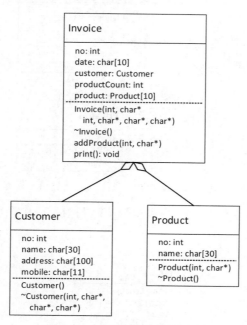

图 10-8　商品、客户和发票类

2.【Jitor 平台实训 10-11】在 Jitor 校验器中按照图 10-9 中类图的要求编写圆类和圆柱体类。

图 10-9　圆类和圆柱体类

3.【Jitor 平台实训 10-12】在 Jitor 校验器中按照图 10-10 中类图的要求编写脊椎动物类、鸟类、哺乳类和灵长类。

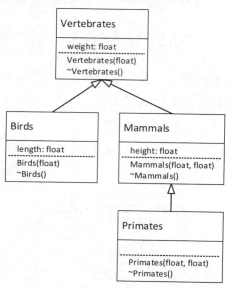

图 10-10 脊椎动物类、鸟类、哺乳类和灵长类

4.【Jitor 平台实训 10-13】在 Jitor 校验器中按照图 10-11 中类图的要求编写员工类、经理类、工程师类和资深职员类。

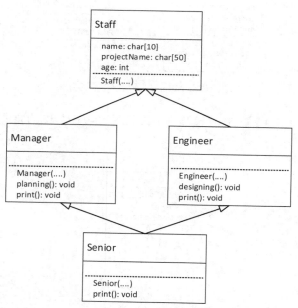

图 10-11 员工类、经理类、工程师类和资深职员类

第 11 章　重载和覆盖——多态性

本章所有实训可以在 Jitor 校验器的指导下完成。

多态分为静态的多态和动态的多态，静态的多态是函数重载和运算符重载，而动态的多态是面向对象程序设计的核心技术。

11.1　静态的多态

静态的多态是函数重载和运算符重载，目的是方便程序员编写程序，可以极大地提高程序的可读性。

11.1.1　函数重载

在"5.7　函数重载"中讲解过函数重载。

函数重载是两个或多个同名的函数，满足以下两个条件之一：

- 不同的参数个数。
- 不同的参数类型。

编译器在编译过程中依靠这种区别自动地选择正确的函数编译到机器码中，但是编译器无法通过函数的返回值类型来区别两个同名函数，因此不同的返回值不能构成函数的重载。

函数重载是为了解决函数的同名问题，方便程序员编写程序，提高可读性。

11.1.2　运算符重载

在 C++中，不仅函数可以重载，运算符也能够重载。

例如加号运算符（+），它可以用于将两个整数相加，也可以用于将两个双精度数相加，这就是运算符（+）的两个重载，函数原型如下：

```
int operator + (int, int);
```

和

```
double operator + (double, double);
```

其中的函数名称是"operator +"，operator 的中文含义是运算符。

上面的两个例子是 C++内置的运算符重载。

可以扩展运算符的功能，例如将两个复数相加，这时就要定义一个复数类 Complex，并定义如下加号运算符"+"的重载函数：

```
Complex operator + (Complex, Complex);
```

然后就能对两个复数用加法运算符"+"进行加法运算。这种对运算符原有功能的扩展就是本节讲解的内容。

运算符重载的语法格式如下：

数据类型　operator 重载运算符 (形参表);

重载运算符可以是二元运算符（如加法运算符、减法运算符等），也可以是一元运算符（如增量运算符）。但是有些运算符是不允许重载的，见表 11-1，除此之外的运算符都是允许重载的。

表 11-1　不允许重载的运算符

运算符	运算符的含义	不允许重载的原因
?:	三元条件运算符	C++没有为三元运算符提供重载功能
.	成员访问运算符	保证访问成员的功能不能被改变
.*	成员指针访问运算符	保证访问成员的功能不能被改变
::	域运算符	运算对象是类型而不是变量或一般表达式，不具备重载的特征
sizeof	长度运算符	运算对象是类型而不是变量或一般表达式，不具备重载的特征

注意以下几点：

- 只能改变运算符的语义（功能），而不能改变运算符的语法（优先级等）。
- 由于运算符的基本数据类型的重载已全部完成，所以运算符的重载中必须至少有一个参数是自定义类型（类或结构体）。
- 重载的方式有普通函数、友元函数和成员函数 3 种。

11.1.3　二元运算符重载（普通函数版）

本小节以复数的加法运算为例，采用普通函数进行加法运算符的重载。

定义复数类，复数有实部和虚部。

```
class Complex{ //复数类
public:
    double real;     //实部
    double image;    //虚部
};
```

采用普通函数实现时，实部和虚部应该是公有的。

复数的加法运算有如下 3 种形式：

- 复数 + 复数，函数原型如下：

    Complex operator + (Complex, Complex);

- 复数 + 双精度数，函数原型如下：

    Complex operator + (Complex, double);

- 双精度数 + 复数，函数原型如下：

    Complex operator + (double, Complex);

因此需要分别编写 3 个重载的函数。其中一个函数定义的代码如下：

```
Complex operator + (Complex x, Complex y){ //函数定义（+号左边是第 1 个形参，右边是第 2 个形参）
    Complex z;
    z.real = x.real + y.real;        //两个参数的实部相加
    z.image = x.image + y.image;     //两个参数的虚部相加
    return z;
}
```

【例 11-1】二元运算符重载（普通函数版）（参见 Jitor 实训平台【实训 11-1】）。

（1）两个复数相加。

```
#include <iostream.h>

class Complex{ //复数类
public:
    double real;      //实部
    double image;     //虚部

    Complex(double real, double image){ //有参构造函数
        this->real = real;
        this->image = image;
    }

    Complex(){}    //默认构造函数

    void print(char* msg){    //输出复数的值
        cout << msg << "{" << real << " + " << image << "i}";
    }
};

Complex operator + (Complex, Complex);    //加运算符重载函数的函数原型

void main(void) {
    Complex a = Complex(5, 3);      //复数 a
    a.print("a = ");
    cout << endl;

    Complex b = Complex(2, 8);      //复数 b
    b.print("b = ");
    cout << endl;

    Complex c = a + b;    //复数+复数：c = a+b
    c.print("c = ");
    cout << endl;
}

Complex operator + (Complex x, Complex y){    //函数定义
    Complex z;
    z.real = x.real + y.real;
    z.image = x.image + y.image;
    return z;
}
```

（2）一个复数与一个双精度数相加。

在上述代码的基础上增加一个函数原型和相应的函数定义并修改主函数。

```
Complex operator + (Complex, double);    //复数+ 双精度数的函数原型

void main(void) {
    Complex a = Complex(5, 3);      //复数 a
```

```
        a.print("a = ");
        cout << endl;

        Complex b = Complex(2, 8);       //复数 b
        b.print("b = ");
        cout << endl;

        Complex c = a + b;      //复数+复数：c = a+b
        c.print("c = ");
        cout << endl;

        c = a + 5.2;     //复数 + 双精度数
        c.print("c = ");
        cout << endl;

//      c = 5.2 + a;     //错误：因为还没有这个重载（双精度数 + 复数）
//      c.print("c = ");
//      cout << endl;
}

Complex operator + (Complex x, double y){ //复数 + 双精度数的函数定义
        Complex z;
        z.real = x.real + y;
        z.image = x.image;
        return z;
}
```

（3）一个双精度数与一个复数相加。

这是完成后的完整代码，包含复数+复数、复数+双精度数、双精度数+复数 3 个重载。

```
#include <iostream.h>

class Complex{    //复数类
public:
        double real;       //实部
        double image;      //虚部

        Complex(double real, double image){ //有参构造函数
                this->real = real;
                this->image = image;
        }

        Complex(){}    //默认构造函数

        void print(char* msg){ //输出复数的值
                cout << msg << "{" << real << " + " << image << "i}";
        }
};

Complex operator + (Complex, Complex);      //加运算符重载函数的函数原型
Complex operator + (Complex, double);       //复数 + 双精度数的函数原型
Complex operator + (double, Complex);       //双精度数 + 复数的函数原型
```

```
void main(void) {
    Complex a = Complex(5, 3);        //复数 a
    a.print("a = ");
    cout << endl;

    Complex b = Complex(2, 8);        //复数 b
    b.print("b = ");
    cout << endl;

    Complex c = a + b;      //复数+复数：c = a+b
    c.print("c = ");
    cout << endl;

    c = a + 5.2;            //复数 + 双精度数
    c.print("c = ");
    cout << endl;

    c = 5.2 + a;            //双精度数 + 复数
    c.print("c = ");
    cout << endl;
}

Complex operator + (double x, Complex y){   //双精度数 + 复数的函数定义
    Complex z;
    z.real = x +y.real;
    z.image = y.image;
    return z;
}

Complex operator + (Complex x, double y){ //复数 + 双精度数的函数定义
    Complex z;
    z.real = x.real + y;
    z.image = x.image;
    return z;
}

Complex operator + (Complex x, Complex y){ //函数定义
    Complex z;
    z.real = x.real + y.real;
    z.image = x.image + y.image;
    return z;
}
```

运算结果如下：

```
a = {5 + 3i}
b = {2 + 8i}
c = {7 + 11i}
c = {10.2 + 3i}
c = {10.2 + 3i}
```

11.1.4 二元运算符重载（成员函数版）

【例 11-1】中的运算符重载函数有一个缺点，当复数的实部和虚部是私有成员时，普通函数就无法访问。

一种解决的思路是采用成员函数来实现。由于成员函数可以访问私有成员，因此复数类的成员属性可以是私有的。

```
class Complex{ //复数类
    private:
        double real;          //实部
        double image;         //虚部

    public:
};
```

这时重载的函数是在类中定义的（引用性说明）。

- 复数 + 复数，函数原型中只需要一个形参，因为对象自身就是一个默认的参数。

```
Complex operator + (Complex);
```

- 复数 + 双精度数，函数原型也要省略代表自身的参数。

```
Complex operator + (double);
```

- 双精度数 + 复数，无法实现。

其中一个定义性说明部分代码如下：

```
Complex Complex::operator + (Complex y){ //函数定义（+号左边是对象自身，+号右边是形参）
    Complex z;
    z.real = this->real + y.real;    //将自身的属性与参数的属性进行运算
    z.image = this->image + y.image;
    return z;
}
```

【例 11-2】二元运算符重载（成员函数版）（参见 Jitor 实训平台【实训 11-2】）。

```
#include <iostream.h>

class Complex{ //复数类
private:
    double real;        //实部
    double image;       //虚部

public:
    Complex(double real, double image){    //有参构造函数
        this->real = real;
        this->image = image;
    }

    Complex(){}    //默认构造函数

    void print(char* msg){    //输出复数的值
        cout << msg << "{" << real << " + " << image << "i}";
    }

    Complex operator + (Complex);    //加运算符重载函数的函数原型
```

```
    Complex operator + (double);        //复数 + 双精度数的函数原型
    //无法实现双精度数 + 复数的函数重载
};


void main(void) {
    Complex a = Complex(5, 3);        //复数 a
    a.print("a = ");
    cout << endl;

    Complex b = Complex(2, 8);        //复数 b
    b.print("b = ");
    cout << endl;

    Complex c = a + b;        //复数+复数：c = a+b
    c.print("c = ");
    cout << endl;

    c = a + 5.2;                //复数 + 双精度数
    c.print("c = ");
    cout << endl;

//    c = 5.2 + a;                //错误：双精度数 + 复数（采用成员函数时无法实现）
//    c.print("c = ");
//    cout << endl;
}

Complex Complex::operator + (double y){ //复数 + 双精度数的函数定义
    Complex z;
    z.real = this->real + y;
    z.image = this->image;
    return z;
}

Complex Complex::operator + (Complex y){   //函数定义
    Complex z;
    z.real = this->real + y.real;
    z.image = this->image + y.image;
    return z;
}
```

11.1.5　二元运算符重载（友元函数版）

【例 11-2】的运算符重载函数也有一个缺点，即无法实现双精度数 + 复数的重载。可以采用友元函数来实现。这时与普通函数的实现基本上是相同的，唯一的区别是将函数原型改为复数类的友元函数。

【例 11-3】二元运算符重载（友元函数版）（参见 Jitor 实训平台【实训 11-3】）。

```
#include <iostream.h>

class Complex{ //复数类
```

```
private:
    double real;        //实部
    double image;       //虚部
public:
    Complex(double real, double image){ //有参构造函数
        this->real = real;
        this->image = image;
    }

    Complex(){}    //默认构造函数

    void print(char* msg){ //输出复数的值
        cout << msg << "{" << real << " + " << image << "i}";
    }

    //将函数原型指定为复数类的友元函数
    friend Complex operator + (Complex, Complex);       //加运算符重载函数的函数原型
    friend Complex operator + (Complex, double);        //复数 + 双精度数的函数原型
    friend Complex operator + (double, Complex);        //双精度数 + 复数的函数原型
};

void main(void) {
    Complex a = Complex(5, 3);      //复数 a
    a.print("a = ");
    cout << endl;

    Complex b = Complex(2, 8);      //复数 b
    b.print("b = ");
    cout << endl;

    Complex c = a + b;      //复数+复数：c = a+b
    c.print("c = ");
    cout << endl;

    c = a + 5.2;            //复数 + 双精度数
    c.print("c = ");
    cout << endl;

    c = 5.2 + a;            //双精度数 + 复数
    c.print("c = ");
    cout << endl;
}

Complex operator + (double x, Complex y){    //双精度数 + 复数的函数定义
    Complex z;
    z.real = x + y.real;
    z.image = y.image;
    return z;
}
```

```
Complex operator + (Complex x, double y){ //复数 + 双精度数的函数定义
    Complex z;
    z.real = x.real + y;
    z.image = x.image;
    return z;
}

Complex operator + (Complex x, Complex y){ //函数定义
    Complex z;
    z.real = x.real + y.real;
    z.image = x.image + y.image;
    return z;
}
```

表 11-2 是上述 3 种方式的比较。

表 11-2　普通函数版、成员函数版和友元函数版 3 种实现方式的比较

实现方式	说明
普通函数版	要求成员变量是公有的，存在安全隐患，不建议使用
成员函数版	成员变量可以是私有的，有时无法实现特殊的需求，如一个双精度数与一个复数相加
友元函数版	成员变量可以是私有的，通过友元函数声明来访问其私有成员，通常建议使用这种方法

11.1.6　一元运算符重载

前面用 3 个例子讲解了加法运算符的复数重载，加法运算符是二元运算符，本节用一个例子来讲解一元运算符的重载。

这个例子是时钟类的增量运算。时钟类拥有时、分、秒 3 个属性，增量运算是针对秒的增量，当秒的值增加到 60 秒，需要向分钟进位，当分钟增加到 60 分，需要向小时进位，同样当小时增加到 24 时，时钟重置为 0（开始新的一天）。

时钟类的定义如下：

```
class Clock{ //时钟类
private:    //私有的
    int hour, minute, second;    //时、分、秒
public:
        //其他代码，包括构造函数等
};
```

增量运算符分为前置和后置两种应用，因此需要两个重载函数来实现这两种应用场景。这两个重载函数的函数原型（作为成员函数）如下：

```
Clock &operator ++ ();        //前置增量
Clock &operator ++ (int);     //后置时，要加一个无意义的整型形参
```

这两个函数返回的是地址，所以函数名前要加上&符号（地址运算符）。

1. 前置增量

对于前置增量，是先增量，然后返回增量后的值。因此，它的函数定义如下：

```
Clock &Clock::operator ++ () { //前置增量
    second++;
    //...... 进位运算
```

```
        return *this;        //返回增量后的值，即自身
    }
```

这时赋值语句：

```
Clock c1;
Clock c2 = Clock(2,12,24);
c1 = ++c2;
```

执行的过程是 c2 先增量，然后 c2 的值赋给 c1。

2. 后置增量

对于后置增量，是先保存原来的值，再增量，最后返回的是原来的值。因此，它的函数定义如下：

```
Clock &Clock::operator ++ (int) {  //后置增量，形参无需命名，因为仅仅是象征性的
        Clock temp = *this;          //后置增量需要保留原来的值，即 this 指针指向的值
        second++;
        //...... 进位运算
        return temp;    //并且返回的是原来的值
    }
```

这时赋值语句：

```
Clock c1;
Clock c2 = Clock(2,12,24);
c1 = c2++;
```

执行的过程是 c2 先增量，然后将 c2 增量前的值赋给 c1。其效果就是先赋值，后增量。

【例 11-4】一元运算符重载（参见 Jitor 实训平台【实训 11-4】）。

```
#include <iostream.h>

class Clock{ //时钟类
private:  //改成员变量为私有的
    int Hour, Minute, Second;   //时、分、秒
public:
    Clock() { //构造函数，初始化时分秒为 0
        Hour = Minute = Second = 0;
    }

    Clock (int Hour, int Minute, int Second){ //构造函数，初始化时分秒
        this->Hour = Hour;
        this->Minute = Minute;
        this->Second = Second;
    }

    void showTime(char *msg){ //显示时:分:秒的成员函数
        cout << msg << " = {" << Hour << ":" << Minute << ":" << Second << "}\n";
    }
    //成员函数，引用性说明
    Clock &operator ++ ();          //前置增量
    Clock &operator ++ (int);       //后置时要加一个无意义的整型形参
};

void main(void) {
    int i;
```

```
        Clock clock = Clock(2,12,24);
        clock.showTime("时间是");

        Clock clock1 = ++clock;
        clock.showTime("前增量后 clock 是");
        clock1.showTime("前增量后 clock1 是");
        for(i=0; i<50; i++){
            ++clock;
        }
        clock.showTime("前增量 50 次是");

        cout << "\n 时钟复位，进行后置增量\n";
        clock = Clock(2,12,24);
        clock1 = clock++;
        clock.showTime("后增量后 clock 是");
        clock1.showTime("后增量后 clock1 是");
        for(i=0; i<50; i++){
            clock++;
        }
        clock.showTime("后增量 50 次是");
}
//成员函数，定义性说明
Clock &Clock::operator ++ (){ //前置增量
    Second++;
    if (Second==60){ //满 60 秒，进 1 分
        Second=0;
        Minute++;
        if (Minute==60){ //满 60 分，进 1 小时
            Minute=0;
            Hour++;
            if (Hour==23){ //满 23 小时，回到 0 时
                Hour=0;
            }
        }
    }
    return *this;
}
//成员函数，定义性说明
Clock &Clock::operator ++ (int){   //后置增量，第 2 个形参无需命名，因为仅仅是象征性的
    Clock temp = *this;        //后置增量需要保留原来的值，即 this 指针的指向值
    Second++;
    if (Second==60){ //除了头尾两行不同外，其余部分相同
        Second=0;
        Minute++;
        if (Minute==60){
            Minute=0;
            Hour++;
            if (Hour==23){
                Hour=0;
            }
```

```
        }
    }
    return temp;      //并且返回的是原来的值
}
```

运行结果如下：

```
时间是= {2:12:24}
前增量后 clock 是= {2:12:25}
前增量后 clock1 是= {2:12:25}
前增量 50 次是= {2:13:15}

时钟复位，进行后置增量
后增量后 clock 是= {2:12:25}
后增量后 clock1 是= {2:12:24}
后增量 50 次是= {2:13:15}
```

11.1.7　字符串类运算符重载

在 C++中，字符串运算是经常使用的，例如比较两个字符串的大小（排序时需要用到），或者是将两个字符串连接起来。

由于字符串的特殊性，编写字符串类比较复杂，本书不对这些代码进行讲解。本小节重点关注对字符串类的两个运算符重载。

```cpp
int operator == (const String &s2) { //字符串比较函数（重载 == 运算符）
    return strcmp(this->m_str, s2.m_str);
}

String operator + (const String &s) { //字符串连接函数（重载 + 运算符）
    String str = String(this->length + s.length);   //申请两个字符串总长度的空间
    strcpy(str.m_str, this->m_str);
    strcat(str.m_str, s.m_str);
    return str;
}
```

这是作为成员函数的运算符重载函数,并且调用 string.h 中的有关函数来简化代码的编写。

> 含有指针的类，应该注意为其编写拷贝构造函数、申请内存构造函数等构造函数，以及在析构函数中回收内存空间。

【例 11-5】字符串类运算符重载（参见 Jitor 实训平台【实训 11-5】）。

```cpp
# include <iostream.h>
# include <string.h>

class String { //字符串类
private:
    int length;        //字符串长度
    char* m_str;       //存储字符串数据（以 0 为结束标志）
public:
    String(int length=0) {   //默认构造函数（带默认值），申请长度为 length 的空间
        this->length = length;
        if(length>0){
```

```cpp
            m_str = new char[length + 1];    //申请内存（长度加结束标志）
        }else{
            m_str = 0;
        }
    }

    String(const char *s) {    //构造函数，参数是一个字符串
        length = strlen(s);
        m_str = new char[length +1];    //申请内存（长度加结束标志）
        strcpy(m_str, s);
    }

    String(const String &s)    //拷贝构造函数（对于具有动态分配内存的类，必须写一个拷贝构造函数）
    {
        length = strlen(s.m_str);
        m_str = new char[length + 1];    //申请内存
        strcpy(m_str, s.m_str);          //复制数据
    }

    ~String() { //析构函数
        if (m_str) {
            delete[] m_str;    //归还内存（对于具有动态分配内存的类，必须在析构函数中归还内存）
        }
    }

    void show(){ //显示字符串函数（缺少这个函数，将无法输出字符串）
        cout << "{" << m_str << "}\n";
    }

    //以上是字符串类必备的 5 个函数，下面才是运算符重载函数
    int operator == (const String &s2) { //字符串比较函数（重载 == 运算符）
        return strcmp(this->m_str, s2.m_str);
    }

    String operator + (const String &s) { //字符串连接函数（重载 + 运算符）
        String str = String(this->length + s.length);    //申请两个字符串总长度的空间
        strcpy(str.m_str, this->m_str);
        strcat(str.m_str, s.m_str);
        return str;
    }
};

void main (void) {
    String s1("Hello");
    String s2 = String ("world");

    s1.show();
    s2.show();

    cout << "\n 比较运算符（==）\n";
```

```
        cout<<"比较结果  {" << (s1==s2) <<"}\n";   //字符串比较

        cout << "\n 加号运算符（+）\n";
        String s = s1 + " " + s2 + "!";   //字符串相加（+号是允许连加的）
        s.show();
}
```

运行结果如下：
```
{Hello}
{world}

比较运算符（==）
比较结果  {-1}

加号运算符（+）
{Hello world!}
```

11.2　动态的多态

动态的多态也称为覆盖，在 C++中称为虚函数。在面向对象的程序设计中，动态的多态才是最为核心的技术，对于程序设计的理念有重大的影响。本书的两个例子仅是简单入门。

11.2.1　虚函数

理解虚函数

虚函数是指子类和父类的同名函数全部满足以下 3 个条件：

● 　相同的参数个数。

● 　相同的参数类型。

● 　相同的返回值类型。

这时可以将父类的同名函数定义为虚函数。定义虚函数的语法格式如下：

```
virtual  数据类型  函数名(形参){...}
```

对比一下函数重载，是指两个或多个同名的函数满足以下两个条件之一：
● 不同的参数个数。
● 不同的参数类型。

例如在图 11-1 中有 3 个类，形状类是父类，它有两个子类：矩形类和圆类。这 3 个类都有一个 draw 函数，它们同时满足参数个数相同、参数类型相同和返回值相同这 3 个条件。

这是形状类的代码。

```
class Shape{   //形状类
public:
    int x;        //位置  x
    int y;        //位置  y

    Shape(int x, int y){
        this->x = x;
        this->y = y;
    }
```

```
        void draw(){ //在屏幕上画出自己
            cout << "在{" << x << "," << y << "} 处画一个形状\n";
        }
    };
```

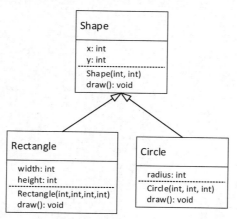

图 11-1　形状类和矩形类、圆类

圆类和矩形类继承形状类，代码如下：

```
class Circle: public Shape{ //圆类，继承形状类
public:
        int radius;

        Circle(int x, int y, int radius): Shape(x,y){
            this->radius = radius;
        }

        void draw(){  //在屏幕上画出自己
            cout << "在{" << x << "," << y << "} 处画 {r=" << radius << "}的圆\n";
        }
};

class Rectangle: public Shape{ //矩形类，继承形状类
public:
        int height;
        int width;

        Rectangle(int x, int y, int height, int width): Shape(x,y){
            this->height = height;
            this->width = width;
        }

        void draw(){  //在屏幕上画出自己
            cout << "在{" << x << "," << y << "} 处画 {h=" << height << ", w=" << width << "}的矩形\n";
        }
};
```

写一个主函数，代码如下：

```
void main(void){
    Shape *shape = new Shape(5,10);
    shape->draw();

    Circle *circle = new Circle(10,20,15);
    circle->draw();

    Rectangle *rec =   new Rectangle(30,20,15,20);
    rec->draw();

    shape = circle;
    shape->draw();
}
```

运行结果如下：

```
1.          在{5, 10}  处画一个形状
2.          在{10, 20}  处画一个  {r=15}的圆
3.          在{30, 20}  处画一个  {h=15, w=20}的矩形
4.          在{10, 20}  处画一个形状
```

仔细观察运行结果，结果的第 1 行到第 3 行都是正常的，但是第 4 行有些问题。第 4 行对应的代码如下：

```
shape = circle;
shape->draw();
```

输出的结果是使用了 circle 的坐标值{10,20}，画的却是形状。就是说，调用了父类的函数，输出的是子类的值。

要解决这个问题，应该将父类的函数定义为虚函数，因此修改父类（形状类）的代码（在draw 函数前加上 virtual 关键字）如下：

```
class Shape{        //形状类
public:
    int x;          //位置  x
    int y;          //位置  y

    Shape(int x, int y){
        this->x = x;
        this->y = y;
    }
    virtual void draw(){    //在屏幕上画出自己，加上关键字 virtual
        cout << "在{" << x << ", " << y << "}  处画一个形状\n";
    }
};
```

这时输出的结果如下：

```
在{5, 10}  处画一个形状
在{10, 20}  处画一个  {r=15}的圆
在{30, 20}  处画一个  {h=15, w=20}的矩形
在{10, 20}  处画一个  {r=15}的圆
```

将父类的函数定义为虚函数后，虽然对象指针 shape 的类型是 Shape，但指向了 Circle 类型的对象 circle 后，调用 shape->draw()时，实际调用的是子类 Circle 的同名函数。这就是虚函

数的作用。

下面的例子再对上述代码作以下两点补充：

● 增加一个正三角形类。

● 用动态数组来管理形状。

【例 11-6】虚函数（参见 Jitor 实训平台【实训 11-6】）。

```
# include <iostream.h>

class Shape{    //形状类
public:
        int x;          //位置 x
        int y;          //位置 y

        Shape(int x, int y){
                this->x = x;
                this->y = y;
        }
        virtual void draw(){    //在屏幕上画出自己，分两次运行：一次加 virtual，一次删除 virtual
                cout << "在{" << x << ", " << y << "} 处画一个形状\n";
        }
};

class Circle: public Shape{ //圆类，继承形状类
public:
        int radius;

        Circle(int x, int y, int radius): Shape(x,y){
                this->radius = radius;
        }

        void draw(){    //在屏幕上画出自己
                cout << "在{" << x << ", " << y << "} 处画 {r=" << radius << "}的圆\n";
        }
};

class Rectangle: public Shape{ //矩形类，继承形状类
public:
        int height;
        int width;

        Rectangle(int x, int y, int height, int width): Shape(x,y){
                this->height = height;
                this->width = width;
        }

        void draw(){    //在屏幕上画出自己
                cout << "在{" << x << ", " << y << "} 处画 {h=" << height << ", w=" << width << "}的矩形\n";
        }
};
```

```
class Triangle: public Shape{ //正三角形类，新加的形状应该继承形状类
public:
    int base;
    int height;

    Triangle(int x, int y, int base, int height): Shape(x,y){
        this->base = base;
        this->height = height;
    }

    void draw(){    //在屏幕上画出自己
        cout << "在{" << x << ", " << y << "} 处画 {b=" << base << ", h=" << height << "} 正三角形\n";
    }
};

void main(void){
    Shape *shape[5];    //这个形状数组可以保存各种形状
    shape[0] = new Shape(5, 10);
    shape[1] = new Circle(10, 20, 15);
    shape[2] = new Rectangle(0, 0, 5, 10);
    shape[3] = new Rectangle(30, 20, 15, 20);
    shape[4] = new Triangle(10, 10, 20, 20);

    for(int i=0; i<5; i++){
        shape[i]->draw();    //根据每种形状画出自己（如果没有采用虚函数，就无法实现）
    }

    for(i=0; i<5; i++){
        delete shape[i];    //回收每一个元素的空间
    }
}
```

运行结果如下：

在{5, 10} 处画一个形状
在{10, 20} 处画 {r=15}的圆
在{0, 0} 处画 {h=5, w=10}的矩形
在{30, 20} 处画 {h=15, w=20}的矩形
在{10, 10} 处画 {b=20, h=20} 正三角形

作为对比，如果没有采用虚函数，则运行结果如下：

在{5, 10} 处画一个形状
在{10, 20} 处画一个形状
在{0, 0} 处画一个形状
在{30, 20} 处画一个形状
在{10, 10} 处画一个形状

11.2.2　程序调试：内存中的虚函数

【例 11-7】程序调试：内存中的虚函数（参见 Jitor 实训平台【实训 11-7】）。

在 Jitor 校验器中按照所提供的操作要求，参考图 11-2 和图 11-3 进行实训。

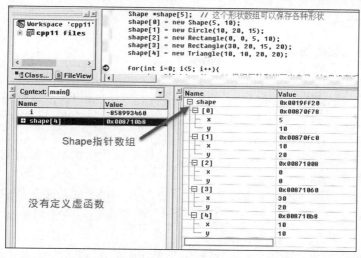

图11-2　未定义虚函数时

图 11-2 显示的是【例 11-6】的代码中未定义虚函数时内存中 shape 数组的情况。这时每个元素（形状、圆、矩形、三角形）都有自己的属性，但 draw 函数却是使用形状 Shape 的 draw 函数。

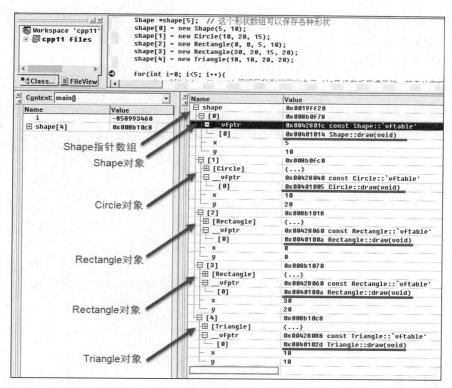

图11-3　内存中的虚函数（【例 11-6】定义虚函数）

图 11-3 显示的是【例 11-6】的代码中定义了虚函数时内存中 shape 数组的情况。这时每个元素（圆、矩形、三角形）都有自己的属性，同时还有自己的 draw 函数，仔细观察每个元

素 draw 函数的地址。

11.2.3　纯虚函数和抽象类

1．纯虚函数

上一小节讲解了虚函数，一旦理解了虚函数，那么就可以很容易理解纯虚函数和抽象类。简单来说，纯虚函数是没有函数体的虚函数，语法格式如下：

virtual　数据类型　函数名(形参) = 0;

纯虚函数应该赋值为 0（函数的地址为 0），它没有函数体也不能保留空的花括号。

使用纯虚函数的理由有以下两点：

● 通常情况下，虚函数并不需要函数体，例如形状类的 draw 函数是不需要画出形状的，因为形状是一个抽象的概念，是画不出来的。能够画出来的应该是具体的形状，如矩形等。

● 将虚函数定义为纯虚函数后，这个类就成为抽象类，而抽象类是不能实例化的（不能定义这个类的对象）。例如形状类的对象是没有意义的，这时将 draw 函数定义为纯虚函数后就可以避免定义 Shape 类的对象。

2．抽象类

含有纯虚函数的类是抽象类，抽象类至少含有一个纯虚函数。

抽象类的特点是不能实例化，即不能定义抽象类的对象。但是可以声明抽象类的指针。

【例 11-8】纯虚函数和抽象类（参见 Jitor 实训平台【实训 11-8】）。

对【例 11-6】的代码作少量修改，修改的部分如下：

```
class Shape{    //形状类
public:
    int x;        //位置 x
    int y;        //位置 y

    Shape(int x, int y){
        this->x = x;
        this->y = y;
    }
    virtual void draw() = 0;    //这时无法画出自己，并且这个类成为抽象类
};
```

这时将出现如下编译错误：

```
cpp9code.cpp
D:\VC60\cpp9\cpp9code.cpp(60) : error C2259: 'Shape' : cannot instantiate abstract class due to following members:
        D:\VC60\cpp9\cpp9code.cpp(3) : see declaration of 'Shape'
D:\VC60\cpp9\cpp9code.cpp(60) : warning C4259: 'void __thiscall Shape::draw(void)' : pure virtual function was not defined
        D:\VC60\cpp9\cpp9code.cpp(12) : see declaration of 'draw'
D:\VC60\cpp9\cpp9code.cpp(60) : error C2259: 'Shape' : cannot instantiate abstract class due to following members:
        D:\VC60\cpp9\cpp9code.cpp(3) : see declaration of 'Shape'
D:\VC60\cpp9\cpp9code.cpp(60) : warning C4259: 'void __thiscall Shape::draw(void)' : pure virtual function was not defined
```

```
            D:\VC60\cpp9\cpp9code.cpp(12) : see declaration of 'draw'
Error executing cl.exe.

cpp9.exe - 2 error(s), 2 warning(s)
```

　　错误信息表明，无法实例化抽象类（创建 Shape 类的对象 new Shape(5, 10)）。下面是出现错误的代码（需要修改的代码）。

```
Shape *shape[5];    //能够定义 Shape 的指针
shape[0] = new Shape(5, 10);   //这时不能定义 Shape 的对象
```

　　修改后的代码的一个例子如下：

```
Shape *shape[5];    //这行不需要修改
shape[0] = new Circle(5, 10, 5);    //改为任何一个具体的形状
```

11.3　综合实训

　　1.【Jitor 平台实训 11-9】定义一个钱币类，包含元、角、分 3 个成员变量。为钱币类编写以下 3 个运算符重载：

- 　加号：仅编写钱币+钱币的重载。
- 　前置增量：对分进行前置增量并需要考虑进位。
- 　后置增量：对分进行后置增量并需要考虑进位。

　　2.【Jitor 平台实训 11-10】根据图 11-4 中的类图定义宠物类、猫类和狗类，它们都有同名、同参数、同返回值的函数 play。其中定义 Pet 类的 play 函数为虚函数，猫类的 play 函数输出"我会爬树"，狗类的 play 函数输出"我会游泳"。然后定义一个 Pet 类的指针数组，分别指向几个猫类和狗类的对象（需要初始化体重），并调用 play 函数。

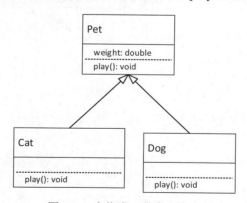

图11-4　宠物类、猫类和狗类

第 12 章　文件操作

本章所有实训可以在 Jitor 校验器的指导下完成。

12.1　输入输出流

说到流，人们首先想到的是水流，例如在水管中流动的自来水。在 C++中，数据也像水流一样，0 和 1 组成的数据流从一个地方流向另一个地方，如图 12-1 所示。

- 输入流：数据流从输入设备流向程序的内存时，这种流称为输入流（input stream）。与输入流有关的设备有键盘、文件等。
- 输出流：数据流从程序内存流向输出设备时，这种流称为输出流（output stream）。与输出流有关的设备有屏幕、文件和打印机等。

图 12-1　输入流和输出流

在 C++中，流与具体的物理设备是解耦的，例如输入处理对于键盘和文件的操作都是相同的。

根据处理的数据的计量单位的不同，流可以分为文本流和二进制流两种。

- 文本流：数据的计量单位是 ASCII 字符时，这种流称为文本流（text stream），也称为字符流。
- 二进制流：数据的计量单位是二进制位（每 8 位组成一个字节）时，这种流称为二进制流（binary stream），也称为字节流。

例如，数字 12 作为文本处理时，是由 1 和 2 两个字符组成的，在文本流中用两个 ASCII 字符 '\x31' 和 '\x32' 来表示。同样是数字 12（整数），作为二进制处理时，就是一个二进制数 00000000 00000000 00000000 00001100（共 4 个字节）。

C++提供了一些用于进行输入和输出（IO）处理的类，这些类的继承关系如图 12-2 所示，对输入输出流的处理就是利用这些类的对象实现的。

图 12-2　输入输出流的继承关系

12.2　文件读写操作

12.2.1　文件读写概述

文件读写操作主要有 4 个步骤。

1. 定义文件流对象

根据项目的要求，选择合适的输入流或输出流，定义流对象。常用的输入流和输出流见表 12-1。

表 12-1　常用的输入流和输出流

IO 类	说明
基类 ios	所有基本流类的基类，其他基本流类均由该类派生出来
输入类 istream	提供输入（提取）操作的成员函数，实现数据输入操作任务
输出类 ostream	提供输出（插入）操作的成员函数，实现数据输出操作任务
输入/输出类 iostream	将类 istream 和 ostream 组合在一起，既可完成输入操作又可完成输出操作

所有与输入流和输出流有关的操作都需要包含以下文件：
```
#include <fstream.h>
```
例如下述代码定义了一个输出文件流对象 outfile。
```
ofstream outfile;                    //定义输出文件
```
2. 打开文件

打开文件的语法格式如下：
```
流对象.open(文件名, 打开方式);        //打开一个文件
```
其中文件名是将要读或写的文件名，常见的打开方式有 6 种，见表 12-2。

表 12-2　常见的文件打开方式

打开方式	含义
ios::in	按读方式打开文件。若文件不存在，则自动建立新文件
ios::out	按写方式打开文件。若文件已存在，则先删空文件中的数据；若文件不存在，则自动建立新文件
ios::app	按增补方式打开文件。若文件已存在，它不会删空文件中的数据，而是追加到文件末尾；若文件不存在，则自动建立新文件

打开方式	含义
ios::nocreate	不允许建新文件。若文件不存在，则打开操作失败，open 函数返回 0 值。通常 nocreate 方式不单独使用，总是与读或写方式同时使用。例如： infile.open("myfile.txt",ios::in | ios::nocreate);
ios::noreplace	不允许替换文件。若文件已存在，则打开操作失败，open 函数返回 0 值。这种方式不能单独使用，必须与写方式同时使用。例如： outfile.open("youfile.txt",ios::out | ios::noreplace);
ios::binay	打开二进制文件。只有明确指定 binary 方式时打开的文件才是二进制文件，它总是与读或写方式同时使用。例如： iofile.open("binfile",ios::binary | ios::in | ios::out);

例如打开文件 d:\\abc.txt 的代码如下：

```
outfile.open("d:\\abc.txt");    //打开输出文件，打开方式采用默认值，即 ios::out
```

执行打开文件后，应该检查打开操作是否成功。如果失败，需要终止程序的运行。具体代码见【例 12-1】。

3. 读或写文件

如同使用 cin 和 cout 一样来对文件进行读写，唯一不同的是用流对象代替 cin 和 cout。在 C++中，cin 是内置的输入流，cout 是内置的输出流。

例如下述代码向输出流 outfile 所代表的文件（前一步打开的 d:\\abc.txt 文件）写入字符串"Hello, world!"。

```
outfile << "Hello, world!";        //向输出流写入字符串
```

4. 关闭文件

读或写文件完成后，必须关闭输入流或输出流。例如以下代码：

```
outfile.close();                //关闭输出流
```

12.2.2 读写和复制文本文件

本小节用例子来说明，内容如下：

● 写文件：读取键盘的输入，然后写入文件。

● 读文件：从刚才写入的文件中读出所有内容，显示到屏幕上。

● 复制文件：将文件读入，然后写到一个新文件中。

【例 12-1】读写和复制文本文件（参见 Jitor 实训平台【实训 12-1】）。

（1）写文件。

```
#include <fstream.h>

char* fileName = "d:\\cpp_text.txt";

void main(void) {
    ofstream outfile;     //定义输出文件流对象
    outfile.open(fileName);        //打开输出文件（第二个参数采用默认值）

    if (!outfile) {
        cout << "打开输出文件失败  {" << fileName << "}\n";
```

```
            return;
        }

        //开始从键盘读数据并写入到文件中
        cout << "输入一些文字（将写入到文件中）：\n";
        char line[80];
        while(1){
            cin.getline(line, 80);
            if(line[0]==0){ //输入空行，结束
                break;
            }
            outfile << line << endl;   //这时是写入文件中，而不是输出到屏幕上
        }

        outfile.flush();   //清空缓存区域后再关闭文件
        outfile.close();   //关闭文件
        cout << "输入的内容成功写入文件：" << fileName << endl;
}
```

（2）读文件。

```
#include <fstream.h>

char* fileName = "d:\\cpp_text.txt";

void main(void) {
        ifstream infile;          //定义输入文件流对象
        infile.open(fileName); //打开输入文件

        if (!infile) {
            cout << "打开输入文件失败  {" << fileName << "}\n";
            return;
        }

        //开始从文件中读数据并输出到屏幕上
        cout << "以下是文件中的内容：\n";
        char line[80];
        while(1){
            infile.getline(line, 80);     //这时是从文件中读取，而不是键盘
            if(infile.eof()){ //如果读到文件末尾（eof = end of file）
                break;
            }
            cout << line << endl;
        }

        infile.close();   //关闭文件
        cout << "读取文件完成：" << fileName << endl;
}
```

（3）复制文件。

```
# include <fstream.h>

void main(void){
```

279

```
            char srcFileName[256], desFileName[256];      //输入文件名和输出文件名

            cout << "输入源文件名: ";   //源文件
            cin >> srcFileName;
            ifstream infile;
            infile.open(srcFileName, ios::in | ios::nocreate);      //找不到文件时出错
            if (!infile){
                cout << "不能打开输入文件（可能不存在）: " << srcFileName << endl;
                return;
            }

            cout << "输入目标文件名: ";   //目标文件
            cin >> desFileName;
            ofstream outfile;
            outfile.open(desFileName, ios::in | ios::noreplace);      //文件已存在时不能覆盖
            if (!outfile){
                cout << "不能打开目标文件（可能已存在）: " << desFileName << endl;
                return;
            }

            infile.unsetf(ios::skipws);      //设置为不要跳过文件中的空格，否则会丢失空格

            //复制文件：每读一个字符，再写一个字符，一直循环到文件结束
            char ch;
            while (infile>>ch)              //从源文件中提取一个字符到变量 ch 中
            {
                outfile<<ch;               //将 ch 中的字符写入目标文件中
            }
            cout << "复制文件结束\n";

            infile.close();      //关闭源文件
            outfile.flush();     //清空缓存区域
            outfile.close();     //关闭目标文件
}
```

12.2.3 读写文本文件（二维数组）

本小节用例子来说明，内容如下：

● 将数组内容写入文件（csv 格式）：每输出一个元素，加一个逗号，当输出一行数组的数据后，加一个换行符。

● 从文件读取数组内容（csv 格式）：每读取一个元素，再读一个分隔符，丢弃这个分隔符。

csv 格式的文件是以逗号分隔的数据，这种文件可以用 Excel 软件打开。

【例 12-2】读写文本文件（二维数组）（参见 Jitor 实训平台【实训 12-2】）。

（1）将数组内容写入文件（csv 格式）。

```
# include <fstream.h>
```

```
#define N 3
#define M 4

char fname[] = "d:\\cpp_data.csv";

void main(void) {
    float a[N][M];
    int i,j;

    ofstream outfile;
    outfile.open(fname);      //打开文件（如果已有文件，则覆盖它）

    if (!outfile) {
        cout << "不能打开目标文件：" << fname;
        return;
    }

    cout << "输入 3 行 4 列数组元素：" << endl;
    for ( i=0; i<N; i++) {
        for (j=0; j<M; j++) {
            cin >> a[i][j];
        }
    }

    //写到文件中
    for(i=0; i<N; i++) {
        for(j=0; j<M; j++) {
            outfile << a[i][j];
            if(j<M-1){
                outfile << ',';
            }
        }
        outfile << '\n';
    }

    outfile.flush();
    outfile.close();      //关闭文件
    cout << "写入文件结束\n";
}
```

（2）从文件读取数组内容（csv 格式）。

```
# include <fstream.h>
#define N 3
#define M 4

char fname[] = "d:\\cpp_data.csv";

void main(void) {
    float a[N][M];
    int i,j;
```

```
        ifstream infile;
        infile.open(fname);      //打开文件（如果文件不存在，则打开空文件）

        if (!infile) {
            cout << "不能打开源文件：" << fname;
            return;
        }

        cout << "从文件读入：" << endl;
        for ( i=0; i<N; i++) {
            for (j=0; j<M; j++) {
                infile >> a[i][j];
                infile.get();        //读取一个字符，即分隔符（逗号或换行符）
            }
        }

        //输出到屏幕上
        for(i=0; i<N; i++) {
            for(j=0; j<M; j++) {
                cout << a[i][j];
                if(j<M-1){
                    cout << '\t';
                }
            }
            cout << '\n';
        }

        infile.close();        //关闭文件
        cout << "读文件结束\n";
}
```

12.2.4 读写文本文件（对象数组）

不仅可以将普通数组的数据写入文件，也可以将对象数组的数据写到文件中。
本小节用例子来说明，内容如下：

● 将对象数组内容写入文件（csv 格式）。
● 从文件读取对象数组内容（csv 格式）。

【例 12-3】读写文本文件（对象数组）（参见 Jitor 实训平台【实训 12-3】）。

（1）将对象数组内容写入文件（csv 格式）。

```
# include <fstream.h>

class Student{ //学生类
public:
    int no;
    char name[20];
    float math;
    float phy;
    float eng;
};
```

```
char fname[] = "d:\\cpp_student.csv";

void main(void) {
    Student s[3];     //3 位学生
    int i,j;

    ofstream outfile;
    outfile.open(fname);     //打开文件（如果已有文件，则覆盖它）

    if (!outfile) {
        cout << "不能打开目标文件：" << fname;
        return;
    }

    cout << "输入 3 位学生的数据（学号、姓名、数学、物理、英语）: " << endl;
    for ( i=0; i<3; i++) {
        cin >> s[i].no;
        cin >> s[i].name;
        cin >> s[i].math;
        cin >> s[i].phy;
        cin >> s[i].eng;
    }

    //写到文件中
    for(i=0; i<3; i++) {
        outfile << s[i].no;
        outfile << ',';
        outfile << s[i].name;
        outfile << ',';
        outfile << s[i].math;
        outfile << ',';
        outfile << s[i].phy;
        outfile << ',';
        outfile << s[i].eng;
        outfile << '\n';
    }

    outfile.flush();
    outfile.close();     //关闭文件
    cout << "写入文件结束\n";
}
```

运行结果如下：

```
输入 3 位学生的数据（学号、姓名、数学、物理、英语）:
1001 张三  80 85 90
1002 李四  70 81 67
1003 王五  78 75 92
写入文件结束
```

（2）从文件读取对象数组内容（csv 格式）。

```
# include <fstream.h>
```

```cpp
class Student{ //学生类
public:
    int no;
    char name[20];
    float math;
    float phy;
    float eng;
};

char fname[] = "d:\\cpp_student.csv";

void main(void) {
    Student s[3];      //3 位学生
    int i,j;

    ifstream infile;
    infile.open(fname);     //打开文件

    if (!infile) {
        cout << "不能打开数据文件: " << fname;
        return;
    }

    cout << "从文件读入 3 位学生的数据: " << endl;
    for ( i=0; i<3; i++) {
        infile >> s[i].no;
        infile.get();     //读一个逗号分隔符，丢弃

        //特别注意这一行是如何写的
        infile.getline(s[i].name, 20, ',');     //一直读到逗号分隔符（第 3 个参数）
        infile >> s[i].math;
        infile.get();
        infile >> s[i].phy;
        infile.get();
        infile >> s[i].eng;
        infile.get();
    }

    //显示到屏幕上
    for(i=0; i<3; i++) {
        cout << s[i].no;
        cout << '\t';
        cout << s[i].name;
        cout << '\t';
        cout << s[i].math;
        cout << '\t';
        cout << s[i].phy;
        cout << '\t';
        cout << s[i].eng;
```

```
            cout << '\n';
        }

    infile.close();        //关闭文件
    cout << "读出数据结束\n";
}
```

12.2.5　复制二进制文件

本小节用例子来说明，内容如下：

● 复制二进制文件：打开文件时，第 2 个参数增加 ios::binary 选项。
● 增加缓存功能：打开文件时，增加第 3 个参数 filebuf::openprot。

【例 12-4】 复制二进制文件（参见 Jitor 实训平台【实训 12-4】）。

（1）复制二进制文件。

```
# include <fstream.h>

char fromFile[] = "d:\\pic.jpg";        //原有图片文件
char toFile[] = "d:\\pic1.jpg";         //复制到新文件

void main(void) {
    //打开原有图片文件，打开的方式：输入流，不创建新文件，增加二进制选项
    ifstream inf(fromFile, ios::in|ios::nocreate|ios::binary);
    if(!inf){
        cout << "打开原有图片文件失败\n";
        return;
    }
    inf.unsetf(ios::skipws);        //保留原有空格（也是图片的数据）

    //打开新文件，打开的方式：输出流，增加二进制选项
    ofstream outf(toFile, ios::out|ios::binary);
    if(!outf){
        cout << "打开新文件失败\n";
        return;
    }

    //复制每一个字节，在下一步骤中使用缓存时可以极大地提高效率
    char c;
    while(inf>>c) outf<<c;

    //关闭两个文件
    outf.flush();
    outf.close();
    inf.close();
    cout << "复制完成!\n";
}
```

（2）复制二进制文件，增加缓存功能。修改上述代码中的两行，提高效率。

```
//打开原有图片文件，打开的方式：输入流，不创建新文件，二进制。增加第 3 个参数：使用缓存
ifstream inf(fromFile, ios::in|ios::nocreate|ios::binary, filebuf::openprot);
```

//打开新文件，打开的方式：输出流，二进制。增加第3个参数：使用缓存
ofstream outf(toFile, ios::out|ios::binary, filebuf::openprot);

增加缓存功能后，读写速度将大大提高。

12.2.6 插入"<<"和提取">>"运算符的重载

在第 11 章中讲解过运算符的重载，但是插入"<<"和提取">>"运算符是与输入输出流有关的，所以插入"<<"和提取">>"运算符的重载要在本章中讲解。

本小节用例子来说明，内容如下：

- 插入"<<"和提取">>"运算符的重载：为复数类提供"<<"和">>"的重载。
- 插入"<<"数据到文件中：将键盘输入的复数写入文件。

【例 12-5】插入和提取运算符的重载（参见 Jitor 实训平台【实训 12-5】）。

（1）插入"<<"和提取">>"运算符的重载。

```cpp
# include <fstream.h>

class Complex{ //复数类
private:
    double real;
    double image;
public:
    Complex(double r=0, double i=0){
        real = r;
        image = i;
    }

    friend ostream& operator << (ostream& out, Complex& t){    //输出  <<的重载
        out << t.real << "+" << t.image << "i\n";
        return out;
    }

    friend istream& operator >> (istream &in, Complex& t){    //输入  >>的重载
        in >> t.real >> t.image;
        return in;
    }
};

void main(void) {
    Complex c;

    cout << "输入实部和虚部：";
    cin >> c;

    cout << "虚数是：";
    cout << c;
}
```

（2）将复数输出到文件中（仅修改主函数）。

```cpp
void main(void) {
    Complex c;
```

```
        cout << "输入实部和虚部：";
        cin >> c;

        char fname[] = "d:\\cpp_image.txt";
        ofstream outfile;
        outfile.open(fname);     //打开文件（如果已有文件，则覆盖它）
        if (!outfile) {
                cout << "不能打开目标文件：" << fname;
                return;
        }

        outfile << c;    //将键盘输入的复数写入文件

        //关闭文件
        outfile.flush();
        outfile.close();
        cout << "写入文件结束\n";
}
```

C++的文件操作是通过类来实现的，这从一个侧面展现了面向对象技术的强大功能。

12.3　综合实训

1.【Jitor 平台实训 12-6】编写一个复制二进制文件的命令行版本的程序，具有缓存功能。运行时源文件名和目标文件名不是直接从键盘输入，而是通过命令行中的参数传给程序。

下面是部分源代码。其中 main 函数的参数的含义和用法请上网查询。

```
#include <iostream.h>
/*
这是一个文件复制程序，采用命令行方式使用
主函数的返回值具有下述含义：
        1 表示命令行格式不正确
        2 表示源文件找不到，或无法打开
        3 表示目标文件已存在，或无法打开
        9 表示其他可能的错误（如硬盘空间不够，不需要实现）
        0 表示复制正常，并完成
 */
int main( int argc, char *argv[] ) {
        if(argc!=3){
                cout << "文件复制程序使用方法：" << "\n\n";
                cout << "cpp12 源文件名 目标文件名" << "\n\n";
                return 1;    //命令行格式不正确
        }else{
                cout << "将把 {" << argv[1]<< "} 复制到 {" << argv[2] << "}中\n";
                //文件复制的代码写在这里

        }

        return 0;    //复制正常，并完成
}
```

程序的使用方法和运行结果如图 12-3 所示。

图 12-3　命令行程序的运行

2.【Jitor 平台实训12-7】为下述学生类编写插入"<<"和提取">>"运算符的重载。并写一个主函数，实现直接从键盘输入学生信息和输出学生信息到屏幕的功能。

```cpp
class Student {
public:
    int no;                              //学号
    char name[30];                       //姓名
    float math, phy, eng;                //三门课程成绩

    float getAvg(){
        return (math+phy+eng)/3;         //计算平均成绩
    }
};
```

第 13 章　综合项目

综合项目分为两个部分：第一部分是按照 Jitor 校验器的要求，一步一步地完成一个项目开发的全过程，从需求分析、技术选型、功能设计、类设计、程序结构设计，一直到代码编写，体验一个完整的实际项目开发过程；第二部分是自选题目，参考第一部分的设计和开发过程，自行完成项目，在这个过程中，可以参考第一部分的源代码，有些部分要自行编写，有些可以直接复制，而有些则是复制以后再进行修改。自选题目没有答案，只要完成自己预先设计的功能即可。

本章可作为课程设计使用。

13.1　学生管理系统

13.1.1　需求分析

1. 项目名称

小型学生管理系统。

2. 项目需求

管理几个班级学生的三门课程成绩，具有数据录入、成绩输出、查询、删除、成绩排序功能，并能够将成绩写入到文件中，需要时再从文件中读出。

3. 信息收集

需要管理的学生信息有：学号、姓名、年龄、性别、班级名、三门课程的成绩。

13.1.2　技术选型和功能设计

1. 技术选型

（1）采用面向对象程序设计技术。从学过的知识来看，从技术上可以使用结构体，也可以使用类。

● 采用结构体技术，思路简单，代码量比较少，但技术水平较低。

● 类是面向对象程序设计技术的核心，是一种更好的技术，虽然在这个项目中会增加一些代码量，但学会这种技术，有助于提高自己的水平。

（2）采用链表技术。从学过的知识来看，存储结构可以使用数组，也可以使用链表。

● 数组技术在需求简单时性能高，但对于动态增加元素、动态删除元素以及排序则比较复杂，也会降低性能。而且代码比较复杂，代码量大。

● 链表技术性能比较高，在复杂的情况下更能体现它的优越性，可以方便地增加元素、动态删除元素以及排序。

2. 功能设计

针对链表的操作和文件访问设计了 9 项功能，其中第 9 项"按班级查询"功能没有实现，读者可以自行编写代码实现。

3. 界面设计

采用字符界面，输出文本菜单，用户通过按键选择所需功能，如图 13-1 所示。

图 13-1　学生管理系统界面

13.1.3　类结构设计

根据应用场景和需求设计了 4 个类，如图 13-2 所示，用户在主函数中，通过 MainClass 类与 LinkedList 类交互并管理 Student 类。

图 13-2　类结构设计

在这 4 个类中，两个类是实体类，它对应着现实世界的实体：人员类 Person 和学生类 Student。

LinkedList 类用于封装链表操作，所有与链表有关的数据（链表头）和操作（增、删、查、排序、读写等）全部封装在这个类里面。

最后一个类是 MainClass 类，它封装了一些常用的操作。有的程序员会把这些操作直接写在主函数文件 Main.cpp 中，这样会使主函数的逻辑结构变得不清晰，降低了可读性。

由于将不同的功能封装到不同的类中，每个类只完成各自特定的功能，从而使整个系统结构清晰，大大提高了可读性和可维护性。

13.1.4 程序结构设计

共有 4 个类 10 个文件，如图 13-3 所示。

图 13-3 程序文件列表

每个类有两个文件：一个是头文件，另一个是源代码文件。类的头文件的基本结构如下：

```
#ifndef PERSON_H_
#define PERSON_H_

class Person {
public:
    Person();
    virtual ~Person();
};

#endif /* PERSON_H_ */
```

类的源代码文件的基本结构如下：

```
#include "Person.h"

Person::Person() {

}

Person::~Person() {

}
```

还有两个文件，即主函数所在的文件 Main.cpp 和测试用的文件 Test.cpp。

主函数在文件 Main.cpp 中，功能是提供中央控制，显示菜单、接受用户的选择并响应用户的选择。由于将大量代码都保存在菜单函数 mainMenu 中，因此主函数的代码非常简洁。

测试用的文件 Test.cpp 包含了测试 Person 类和 Student 类的一些代码。

13.1.5 项目实现

（1）【Jitor 平台实训 13-1】主菜单的设计与实现。

在 Jitor 校验器上，对照"13.1.6 项目完整源代码"中的项目源代码完成这一实训所要求的功能。

注意

> 每次实训都有一定的要求，不要超过实训的要求把全部代码一次性输入，而是应该选取当前的功能要求，选择性地输入需要的代码，这就要求认真阅读完整的代码，理解代码，然后才能根据需要选择使用。

这个过程是模仿实际项目开发的各个阶段，由简单到复杂，一个阶段一个阶段地完成整个项目。

（2）【Jitor 平台实训 13-2】Person 类的设计和实现。

在 Jitor 校验器上，对照"13.1.6 项目完整源代码"中的项目源代码完成这一实训所要求的功能。

（3）【Jitor 平台实训 13-3】Student 类的设计和实现。

在 Jitor 校验器上，对照"13.1.6 项目完整源代码"中的项目源代码完成这一实训所要求的功能。

（4）【Jitor 平台实训 13-4】链表类的设计和实现（一、输入、输出、清空）。

在 Jitor 校验器上，对照"13.1.6 项目完整源代码"中的项目源代码完成这一实训所要求的功能。

（5）【Jitor 平台实训 13-5】链表类的设计和实现（二、删除节点、查询节点）。

在 Jitor 校验器上，对照"13.1.6 项目完整源代码"中的项目源代码完成这一实训所要求的功能。

（6）【Jitor 平台实训 13-6】链表类的设计和实现（三、排序、读写文件）。

在 Jitor 校验器上，对照"13.1.6 项目完整源代码"中的项目源代码完成这一实训所要求的功能。

13.1.6 项目完整源代码

主函数的标准写法是有返回值的，本书为了方便，第 1 章至第 12 章的例子都写成了无返回值的形式，本章采用有返回值的写法，代码如下：

```
int main(void) {
    //代码
    return 0;        //主函数的返回值是返回给操作系统的
}
```

下面是整个项目完成后 10 个文件的完整代码，供读者参考。

1.　Main.cpp

```cpp
#include <iostream.h>
#include <stdlib.h>
//包含 MainClass 类的头文件
#include "MainClass.h"

void testPerson();
void testStudent();
void mainMenu();

//全局变量（文件名），写入或读取都是用这个文件名（LinkedList.cpp 访问它）
char *fileName = "d:\\student.csv";

//全局变量，可以从多个函数访问它，但不能从其他文件访问它
static MainClass mainClass;    //定义一个 MainClass 类的实例

int main(void) {
    while (1) {    //永远为真，无限循环
        mainMenu();
    }
    return 0;
}

//主菜单函数
void mainMenu(){
    cout << endl;
    cout << "**************** 菜单*****************" << endl;
    cout << " 1. 输入成绩  input()" << endl;
    cout << " 2. 输出成绩表  print()" << endl;
    cout << " 3. 清空成绩表  clear()" << endl;
    cout << " 4. 删除指定学号  delNode()" << endl;
    cout << " 5. 查询成绩  findNode()" << endl;
    cout << " 6. 成绩排序  sort()" << endl;
    cout << " 7. 写入文件  write()" << endl;
    cout << " 8. 读出数据  read()" << endl;
    cout << " 9. 按班级查询（未实现）findByClass()" << endl;
    cout << " p. 【测试 Person 类】" << endl;
    cout << " s. 【测试 Student 类】" << endl;
    cout << " 0. 结束程序（按 Ctrl+C 可强制结束程序）" << endl;
    cout << "*************************************" << endl;

    //读取用户的选择
    char choice;
    cout << "请选择功能编号：";
    cin >> choice;

    //根据用户的选择执行不同的代码
    switch (choice) {
    case '1':
        cout << "{========输入成绩========}\n";
```

```
                mainClass.input();
                break;
        case '2':
                cout << "{=========输出成绩表=========}\n";
                mainClass.print();
                break;
        case '3':
                cout << "{=========清空成绩表=========}\n";
                mainClass.clear();
                break;
        case '4':
                cout << "{=========删除指定学号=========}\n";
                mainClass.delNode();
                break;
        case '5':
                cout << "{=========查询成绩=========}\n";
                mainClass.findNode();
                break;
        case '6':
                cout << "{=========成绩排序=========}\n";
                mainClass.sort();
                break;
        case '7':
                cout << "{=========写入文件=========}\n";
                mainClass.write();
                break;
        case '8':
                cout << "{=========读出数据=========}\n";
                mainClass.read();
                break;
        case '9':
                cout << "{=========按班级查询=========}\n";
                //TODO: 待完成
                break;
        case 'p':
                cout << "{=========【测试 Person 类】=========}\n";
                testPerson();
                break;
        case 's':
                cout << "{=========【测试 Student 类】=========}\n";
                testStudent();
                break;
        case '0':
                cout << "{=========结束程序=========}\n";
                exit(0);     //无限循环中，必须要有退出循环的地方
                break;
        default:
                cout << "{=========重新选择=========}\n";   //提示用户选择错误
        }
    }
```

2. Person.h

```cpp
#ifndef PERSON_H_
//防止重复包含以下内容
#define PERSON_H_

//头文件中是类的定义，函数是引用性说明，定义性说明放在 cpp 文件中
//父类，这些代码可以复用
class Person {
public:
    //构造函数和析构函数
    Person();
    Person(char *name, int age, char sex);
    virtual ~Person();

protected:
    //可以被继承
    char name[20];   //姓名
    int age;         //年龄
    char sex;        //性别

public:
    //访问私有变量
    char *getName();        //访问私有变量
    int getAge();
    char getSex();

    //功能性函数
    void showTitle();       //显示列名，将被覆盖
    void showData();        //显示数据，将被覆盖
};

#endif /* PERSON_H_ */
```

3. Person.cpp

```cpp
#include <iostream.h>
#include <string.h>

#include "Person.h"

//人的函数的实现
Person::Person() {
    cout << "Person 无参构造函数\n";
}

Person::Person(char *name, int age, char sex) {
    strcpy(this->name, name);
    this->age = age;
    this->sex = sex;
    cout << "Person " << name << " 构造函数\n";
}
```

```
Person::~Person() {
    cout << "Person " << name << " 析构函数\n";
}

//访问私有变量
char *Person::getName() {
    return name;
}

int Person::getAge() {
    return age;
}

char Person::getSex() {
    return sex;
}

//显示列名
void Person::showTitle() {
    cout << "姓名,年龄,性别";
}

//显示数据
void Person::showData() {
    cout << name << "," << age << "," << sex;
}
```

4．Test.cpp

```
#include <iostream.h>
#include "Student.h"

void testStudent() {
//测试 Student 类的代码
    cout << "==测试 Student==\n";
    Student s, s2;
    s.input();
    s2.input();

    //录入时数据不要输入错误
    int sss[] = { 67, 77, 88 };
    Student s3 = Student("Ming", 23, 'M', 12003, "sw12", sss);

    cout << endl;
    s.showTitle();
    s.showData();
    s2.showData();
    s3.showData();
}

void testPerson() {
    //测试 Person 类的代码
```

```
        cout << "==测试 Person==\n";

        //录入时数据不要输入错误
        Person *p = new Person("Liming", 21, 'M');

        cout << "{";
        p->showTitle();
        p->showData();
        cout << "}";
}
```

5. Student.h

```
#ifndef STUDENT_H_
//防止重复包含以下内容
#define STUDENT_H_

//父类的定义
#include "Person.h"

//课程门数：3 门，分别是 C++、SQL、Java
#define    COURSE_NO 3

//头文件中是类的定义，函数是引用性说明，定义性说明放在 cpp 文件中
class Student: public Person { //继承 Person 类
public:
        //构造函数和析构函数
        Student();
        //注意下一行代码的长度超过 80 列，需要换行
        Student(char *name, int age, char sex, int id, char *className,
                    int score[]);
        virtual ~Student();
private:
        int id;                  //学号
        char className[20];         //班级名
        int score[ COURSE_NO];   //几门课程的成绩（数组）

public:
        //几门课的名称（静态的，所有学生相同的课程）
        static char courseName[ COURSE_NO][20];

        //访问私有变量
        int getId();         //id 是私有的，通过函数来访问（只读）
        char *getClassName();
        int *getScore();

        //功能性函数
        void input();           //从键盘读入学生的数据
        void showTitle();       //覆盖父类的同名函数
        void showData();        //覆盖父类的同名函数
        float getAvgScore();    //求平均成绩
};
```

```
#endif /* STUDENT_H_ */
```

6．Student.cpp

```cpp
#include <iostream.h>
#include <string.h>

//父类的定义
#include "Person.h"
//包含学生类的定义（在头文件中）
#include "Student.h"

//静态变量，三门课程的名称，在这个项目中所有学生是相同的
char Student::courseName[ COURSE_NO][20] = { "CPP", "SQL", "Java" };

//学生的函数的实现
Student::Student() {
    cout << "Student  无参构造函数\n";
}

//下面这行代码超过 80 列，需要换行，并且调用父类构造函数应单独一行
Student::Student(char *name, int age, char sex, int id, char *className,
        int score[]) :
        Person(name, age, sex) {
    this->id = id;
    strcpy(this->className, className);
    for (int i = 0; i < COURSE_NO; i++) {
        this->score[i] = score[i];
    }
    cout << "Student " << name << " 构造函数\n";
}

Student::~Student() {
    cout << "Student " << name << " 析构函数\n";
}

//返回私有变量的值
int Student::getId() {
    return id;
}

//get 函数
char *Student::getClassName() {
    return className;
}

int *Student::getScore() {
    return score;
}

//从键盘输入学生信息
```

```cpp
void Student::input() {
    static int first=1;

    if (first) {
        cout << "学号 班级 姓名 年龄 性别 CPP SQL Java （班级和姓名中不能有空格）\n";
        first = 0;
    }
    cin >> id >> className >> name >> age >> sex;
    for (int i = 0; i < COURSE_NO; i++) {
        cin >> score[i];
    }
}

//显示列名（还要调用父类的显示列名函数）
void Student::showTitle() {
    cout << "{";
    cout << "学号,班级名,";
    Person::showTitle();
    for (int i = 0; i < COURSE_NO; i++) {
        cout << "," << courseName[i];
    }
    cout << ",平均成绩}";
    cout << endl;
}

//显示数据（还要调用父类的显示数据函数）
void Student::showData() {
    cout << "{";
    cout << id << "," << className << ",";
    Person::showData();
    for (int i = 0; i < COURSE_NO; i++) {
        cout << "," << score[i];
    }
    cout << "," << getAvgScore();
    cout << "}\n";
}

//求平均成绩
float Student::getAvgScore() {
    float sum = 0;
    for (int i = 0; i < COURSE_NO; i++) {
        sum += score[i];
    }
    return sum / COURSE_NO;
}
```

7. LinkedList.h

```cpp
#ifndef LINKEDLIST_H_
//防止重复包含以下内容
#define LINKEDLIST_H_
```

```cpp
#include "Student.h"

//头文件中是类的定义，函数是引用性说明，定义性说明放在 cpp 文件中

//这是链表的节点，非常简单，用结构体来定义
struct Node {                       //结构体，链表的节点
    Student *data;                  //节点中有一个学生的数据
    Node *next;                     //下一节点
};

//以下是 LinkedList 链表管理类，它要使用前面定义的节点结构体
class LinkedList {
private:
    Node *head;                     //链表的头指针
public:
    //构造函数和析构函数
    LinkedList();
    virtual ~LinkedList();

public:
    void append(Student *pn);       //将节点添加到链尾
    void print();                   //输出链表到屏幕上
    void clear();                   //清空链表
    Student *findNode(int id);      //查找指定的节点
    void delNode(int id);           //删除指定的节点
    void sort();                    //排序
    void writeToFile();             //写入到文件中
    void readFromFile();            //从文件中读数据
};

#endif /* LINKEDLIST_H_ */
```

8．LinkedList.cpp

```cpp
#include <iostream.h>
# include <fstream.h>    //读写文件需要这个包含文件

//包含链表的头文件
#include "LinkedList.h"

//外部变量（文件名），写入或读取都是用这个文件名（在 Main.cpp 文件中定义）
extern char *fileName;

//构造函数，初始化链表为空
LinkedList::LinkedList() {
    head = NULL;
}

//析构函数，删除整个链表
LinkedList::~LinkedList() {
    clear();
}
```

```
//将节点追加到链表的尾部
void LinkedList::append(Student *s) {
    Node *pn = new Node;        //创建一个新的节点
    pn->data = s;               //节点包含了要插入的学生实例
    if (head == NULL) {         //链表为空，添加为首节点

        head = pn;
        pn->next = NULL;
        cout << "{添加为首节点}" << endl;
    } else {                    //否则插入到当前节点之后

        Node *p = head;         //链表头指针赋给 p
        while (p->next != NULL) {   //找到尾节点

            p = p->next;
        }
        p->next = pn;           //添加到尾节点之后
        pn->next = NULL;
        cout << "{添加到尾节点之后}" << endl;
    }
}

//打印链表
void LinkedList::print() {
    if (!head) {
        cout << "{链表为空}\n";
        return;
    }

    Node *p = head;             //链表头指针赋给 p

    cout << "{输出链表中的各节点值：}\n";
    p->data->showTitle();
    while (p) {
        p->data->showData();
        p = p->next;
    }
}

//清空链表
void LinkedList::clear() {
    Node *p = head;             //链表头指针赋给 p
    while (head) {              //当链表非空时删除节点

        head = p->next;         //将链表下一个节点指针赋给 head
        cout << "{删除" << p->data->getId() << ", " << "}\n";
        delete p->data;         //先删除数据
        delete p;               //删除链表的第一个节点
        p = head;               //再将头指针赋给 p
```

```
    }
        cout << "{整个链表被删除}\n";
}


//查找节点
Student *LinkedList::findNode(int id) {
    Node *p = head;

    while (p) {
        if (p->data->getId() == id) {
            return p->data;          //返回找到的节点
        }
        p = p->next;
    }
    cout << "{节点（id=" << id << "）未找到！}\n";
    return NULL;                     //返回空指针，表示未找到
}


//删除指定节点
void LinkedList::delNode(int id) {
    if (head == NULL){               //链表为空
        cout << "{链表为空，无节点可删！}\n";
        return;
    }

    Node *pc = head;        //当前节点，初始化为首节点
    if (pc->data->getId() == id){ //首节点为要删除节点
        head = pc->next;        //将第二个节点的地址赋给 head
        delete pc->data;
        delete pc;              //删除首节点
        cout << "{删除了首节点！}\n";
        return;
    }

    Node *pa = head;        //当前节点之后的节点
    while (pc != 0 && pc->data->getId() != id){   //查找要删除的节点
        pa = pc;               //当前节点地址由 pc 赋给 pa
        pc = pc->next;         //pc 指向下一个节点，成为当前节点
    }

    if (pc == NULL){                 //pc 为空表示未找到
        cout << "{链表中没有要删除的节点！}\n";
    } else{                          //否则是找到
        pa->next = pc->next;         //将下一节点地址赋给上一节点指针
        delete pc->data;
        delete pc;                   //删除指定节点
        cout << "{删除一个节点！}\n";
    }
}
```

```cpp
//以总成绩排序（冒泡法）
void LinkedList::sort() {
    Node *pc = head;
    Node *pt = NULL;
    while (pc != pt) {
        cout << "轮次： " << pc->data->getId() << endl;
        while (pc->next != pt) {
            cout << "比较： " << pc->data->getId() << endl;
            if (pc->data->getAvgScore() > pc->next->data->getAvgScore()) {
                Student *t = pc->data;
                pc->data = pc->next->data;
                pc->next->data = t;
            }
            pc = pc->next;
        }
        pt = pc;
        pc = head;
    }
}

//写入到文件中
void LinkedList::writeToFile() {
    ofstream outfile;
    outfile.open(fileName);                //打开目标文件

    if (!outfile) {
        cout << "不能打开目标文件： " << fileName << endl;
        return;
    }

    outfile << "学号,班级,姓名,年龄,性别,CPP,SQL,Java" << endl;
    if (!head) {
        return;
    }

    Node *p = head;                //链表头指针赋给 p

    p->data->showTitle();
    while (p) {
        outfile << p->data->getId() << ",";
        outfile << p->data->getClassName() << ",";
        outfile << p->data->getName() << ",";
        outfile << p->data->getAge() << ",";
        outfile << p->data->getSex() << ",";
        int *score = p->data->getScore();
        outfile << score[0] << ",";
        outfile << score[1] << ",";
        outfile << score[2] << "\n";
        p = p->next;
    }
```

```cpp
        outfile.close();              //关闭目标文件
        cout << "{写入到文件中}\n";
}

//从文件中读取
void LinkedList::readFromFile() {
        ifstream infile;
        infile.open(fileName);          //打开源文件

        if (!infile) {
                cout << "不能打开输入文件: " << fileName << endl;
                return;
        }

        infile.unsetf(ios::skipws);      //设置为不要跳过文件中的空格

        char line[80];
        infile.getline(line, 80);         //读取第一行的表头文字并丢弃
        cout << line << endl;
        while (!infile.eof()) {
                int id;
                char className[80];
                char name[80];
                int age;
                char sex;
                int score[COURSE_NO];

                char tmp;
                infile >> id;
                if(id==0){ //读取不到数据
                        break;
                }
                infile >> tmp;    //读取分隔符（逗号）并丢弃

                infile.getline(className, 80, ',');
                infile.getline(name, 80, ',');

                infile >> age;
                infile >> tmp;

                infile >> sex;
                infile >> tmp;

                infile >> score[0];
                infile >> tmp;
                infile >> score[1];
                infile >> tmp;    //读取分隔符（逗号）并丢弃
                infile >> score[2];
                infile >> tmp;    //读取分隔符（换行符）并丢弃
```

```
            //根据读入的数据创建一个学生对象
            Student *s = new Student(name, age, sex, id, className, score);
            append(s);    //添加到链表中
        }

        cout << "从文件读取数据结束\n";
        infile.close();    //关闭源文件
}


//还有按班级查询（结果直接显示到屏幕上），比较简单，与打印链表的代码相似
//读者可以自己去完成
```

9．MainClass.h

```
#ifndef MAINCLASS_H_
#define MAINCLASS_H_

//这个类需要用到 Student 类
#include "Student.h"
//包含头文件
#include "LinkedList.h"

class MainClass {
    //构造函数和析构函数可以使用默认的，不需要自己写了
    //public:
    //      MainClass();
    //      virtual ~MainClass();
private:
    LinkedList linkedList;

public:
    //封装了下述 9 项功能（操作）
    //1．追加（输入）成绩
    void input();
    //2．打印（输出）成绩
    void print();
    //3．清空成绩
    void clear();
    //4．删除指定
    void delNode();
    //5．查询成绩
    void findNode();
    //6．排序
    void sort();
    //7．写入文件
    void write();
    //8．读出数据
    void read();
```

```
        //9．按班级查询
        void findByClass();      //待实现（学生可以自己去完成）
};

#endif /* MAINCLASS_H_ */
```

10．MainClass.cpp

```cpp
#include <iostream.h>

//包含所有用到的类的头文件
#include "Student.h"
#include "LinkedList.h"
#include "MainClass.h"

//封装了下述 9 项功能（操作）

//1．输入成绩
void MainClass::input() {
    while (1) {
        Student *s = new Student();
        s->input();
        linkedList.append(s);

        cout << "继续吗（y/n）？";
        char c;
        cin >> c;
        if (c != 'y') {
            return;
        }
    }
}

//2．输出成绩
void MainClass::print() {
    linkedList.print();
}

//3．清空成绩
void MainClass::clear() {
    cout << "将要清空全部数据，继续吗（y/n）？";
    char c;
    cin >> c;
    if (c == 'y') {
        linkedList.clear();
    }
}

//4．删除指定
void MainClass::delNode() {
    while (1) {
        int id;
```

```
            cout << "输入要删除的学号：";
            cin >> id;
            linkedList.delNode(id);

            cout << "继续吗（y/n）？ ";
            char c;
            cin >> c;
            if (c != 'y') {
                    return;
            }
        }
    }
}

//5．查询成绩
void MainClass::findNode() {
    int id;
    cout << "查找的学号：";
    cin >> id;
    Student *s = linkedList.findNode(id);
    if (s != NULL) {
        s->showData();
    }
}

//6．成绩排序
void MainClass::sort() {
    linkedList.sort();
}

//7．写入文件
void MainClass::write() {
    linkedList.writeToFile();
}

//8．读出数据
void MainClass::read() {
    linkedList.readFromFile();
}

//9．按班级查询
//待实现（学生可以自己去完成）
```

13.1.7　开发过程总结

在完成项目之后，再重新整理一遍思路，重新审视整个过程，从需求分析开始，在回顾开发过程中，想一想为什么要这样设计，最终的结果是否满足了需求。然后再做几遍这个项目，也可以尝试一下脱离 Jitor 校验器的指导，尽量不参考教程中的源代码，独立自主地完成。

要重视项目的需求分析和系统设计，在写代码之前把设计做好。设计分为系统设计、功能设计、类设计、程序结构设计等，等设计好了再开始写代码。

13.2 自定义管理系统

由读者自行选择一个系统，例如图书管理系统、宿舍管理系统、工资管理系统、考勤管理系统、商品销售管理系统、餐饮管理系统等。

由读者设计，参考"13.1 学生管理系统"的设计和实现过程进行设计和编码实现，完成基本的功能。

这部分内容是创新性设计，因此不在 Jitor 校验器的检查范围之内。

参考文献

[1]   侯正昌，周志德. C++程序设计[M]. 4 版. 北京：电子工业出版社，2015.

[2]   谭浩强. C++程序设计[M]. 3 版. 北京：清华大学出版社，2015.

[3]   谭浩强. C 语言程序设计[M]. 3 版. 北京：清华大学出版社，2014.

[4]   Stanley B. Lippman. C++ Primer[M]. 5 版. 王刚，等译. 北京：电子工业出版社，2013.

附录 A　ASCII 码表

控制字符			可打印字符								
Dec	Hex	含义	Dec	Hex	字符	Dec	Hex	字符	Dec	Hex	字符
0	00	NUL	32	20	(space)	64	40	@	96	60	`
1	01	SOH	33	21	!	65	41	A	97	61	a
2	02	STX	34	22	"	66	42	B	98	62	b
3	03	ETX	35	23	#	67	43	C	99	63	c
4	04	EOT	36	24	$	68	44	D	100	64	d
5	05	ENQ	37	25	%	69	45	E	101	65	e
6	06	ACK	38	26	&	70	46	F	102	66	f
7	07	BEL	39	27	'	71	47	G	103	67	g
8	08	BS	40	28	(	72	48	H	104	68	h
9	09	HT	41	29	)	73	49	I	105	69	i
10	0A	LF	42	2A	*	74	4A	J	106	6A	j
11	0B	VT	43	2B	+	75	4B	K	107	6B	k
12	0C	FF	44	2C	,	76	4C	L	108	6C	l
13	0D	CR	45	2D	-	77	4D	M	109	6D	m
14	0E	SO	46	2E	.	78	4E	N	110	6E	n
15	0F	SI	47	2F	/	79	4F	O	111	6F	o
16	10	DLE	48	30	0	80	50	P	112	70	p
17	11	DC1	49	31	1	81	51	Q	113	71	q
18	12	DC2	50	32	2	82	52	R	114	72	r
19	13	DC3	51	33	3	83	53	S	115	73	s
20	14	DC4	52	34	4	84	54	T	116	74	t
21	15	NAK	53	35	5	85	55	U	117	75	u
22	16	SYN	54	36	6	86	56	V	118	76	v
23	17	ETB	55	37	7	87	57	W	119	77	w
24	18	CAN	56	38	8	88	58	X	120	78	x
25	19	EM	57	39	9	89	59	Y	121	79	y
26	1A	SUB	58	3A	:	90	5A	Z	122	7A	z
27	1B	ESC	59	3B	;	91	5B	[	123	7B	{
28	1C	FS	60	3C	<	92	5C	\	124	7C	|
29	1D	GS	61	3D	=	93	5D	]	125	7D	}
30	1E	RS	62	3E	>	94	5E	^	126	7E	~
31	1F	US	63	3F	?	95	5F	_	127	7F	DEL

注：Dec 表示十进制，Hex 表示十六进制。

附录 B　C++关键字

asm	do	if	return	typedef
auto	double	inline	short	typeid
bool	dynamic_cast	int	signed	typename
break	else	long	sizeof	union
case	enum	mutable	static	unsigned
catch	explicit	namespace	static_cast	using
char	export	new	struct	virtual
class	extern	operator	switch	void
const	FALSE	private	template	volatile
const_cast	float	protected	this	wchar_t
continue	for	public	throw	while
default	friend	register	TRUE	
delete	goto	reinterpret_cast	try	

附录 C C++运算符与优先级

优先级	运算符	含义	操作数	结合性
1	( ) [ ] . ->	圆括号 索引运算符 成员运算符 指向成员运算符		自左至右
2	! ~ +、- ++、-- (类型) * & sizeof	逻辑非运算符 按位取反运算符 正、负运算符 自增、自减运算符 类型转换运算符 指针运算符 取地址运算符 长度运算符	一元	自右至左
3	*、/、%	乘、除、求余运算符	二元	自左至右
4	+、-	加、减运算符	二元	自左至右
5	<<、>>	左移、右移运算符	二元	自左至右
6	<、<=、>、>=	关系运算符	二元	自左至右
7	==、!=	等于、不等于运算符	二元	自左至右
8	&、^、|	按位与、按位异或、按位或运算符	二元	自左至右
9	&&、||	逻辑与、逻辑或运算符	二元	自左至右
10	?:	条件运算符	三元	自右至左
11	=、+=、-=、*=、/=、%=	赋值运算符、复合赋值运算符	二元	自右至左
12	,	逗号运算符		自左至右

附录 D C++常用库函数

附表 D-1 常用数学函数（<math.h>）

函数原型	功能	返回值	说明
int abs(int)	求整数的绝对值	绝对值	—
double fabs(double)	求实数的绝对值	绝对值	—
double fmod(double, double)	求实数的余数	余数的双精度数	—
double sqrt(double)	求平方根		—
double sin(double x)	计算 sin(x)的值	计算结果	x 的单位为弧度
double cos(double x)	计算 cos(x)的值	计算结果	x 的单位为弧度
double exp(double x)	求 e 的 x 次方	计算结果	—
double pow(double x, double y)	求 x 的 y 次方	计算结果	—
double log(double x)	计算 ln(x)的值	计算结果	—
double log10(double x)	计算 log10(x)的值	计算结果	—

附表 D-2 常用字符串函数（<string.h>）

函数原型	功能	返回值	说明
int strlen(const char *)	求字符串长度	字符串所包含的字符个数	不包括结束标志
char* strcpy(char *,const char *)	字符串复制	目的字符串地址	—
char* strcat(char *,const char *)	字符串连接	目的字符串地址	—
int strcmp(const char *, const char *)	字符串比较	0=相同；1=大于；-1=小于	—
char* strupr(char *);	字符串转大写	目的字符串地址	
char* strlwr(char *);	字符串转小写	目的字符串地址	

附表 D-3 其他常用函数（<stdlib.h>）

函数原型	功能	返回值	说明
void abort(void)	异常终止程序的执行	—	不做结束工作
void exit(int)	终止程序的执行	—	做结束工作
double atof(const char *s)	将 s 所指向的字符串转换成实数	实数值	—
int atoi(const char *s)	将 s 所指向的字符串转换成整数	整数值	—
int rand(void)	产生一个随机整数	随机整数	—
void srand(unsigned int)	初始化随机数发生器	—	—
int system(const char *s)	执行 s 所指向的字符串（作为一个可执行文件）	—	—